大数据技术与应用专业系列教材

数据挖掘

实用案例分析 第2版

赵卫东 董亮 著

清华大学出版社

北京

<h1>内 容 简 介</h1>

数据挖掘已经广泛应用于各行各业,并推动了商务数据分析的兴起。本书结合项目实践,首先对数据挖掘的核心问题进行总结,讨论数据挖掘过程的主要步骤。在此基础上,使用 Python 语言详细地分析数据可视化、随机森林、GBDT、XGBoost、AdaCostBoost、逻辑回归等在医疗保险稽核、淡水质量预测、弹幕情感分析、机器学习书籍市场分析、慢性肾脏病状态预测、行车记录仪销量分析、商务酒店竞争分析等典型领域的应用。

全书内容深入浅出,案例生动形象,应用性强,可以作为高等学校相关专业"数据挖掘""商务数据分析"等课程的实验和实训教材,也适合对数据分析感兴趣的广大读者使用。

图书在版编目(CIP)数据

数据挖掘实用案例分析/赵卫东,董亮著. —2 版. —北京:清华大学出版社,2024.3
大数据技术与应用专业系列教材
ISBN 978-7-302-65809-2

Ⅰ. ①数…　Ⅱ. ①赵…②董…　Ⅲ. ①数据采集—案例—高等学校—教材　Ⅳ. ①TP274

中国国家版本馆 CIP 数据核字(2024)第 049897 号

责任编辑:闫红梅　李　燕
封面设计:刘　键
责任校对:郝美丽
责任印制:沈　露

出版发行:清华大学出版社
　　　　　　网　　　址:https://www.tup.com.cn,https://www.wqxuetang.com
　　　　　　地　　　址:北京清华大学学研大厦 A 座　　　　　**邮　　编:**100084
　　　　　　社 总 机:010-83470000　　　　　　　　　　　　**邮　　购:**010-62786544
　　　　　　投稿与读者服务:010-62776969,c-service@tup.tsinghua.edu.cn
　　　　　　质量反馈:010-62772015,zhiliang@tup.tsinghua.edu.cn
　　　　　　课件下载:https://www.tup.com.cn,010-83470236
印 装 者:三河市龙大印装有限公司
经　　销:全国新华书店
开　　本:185mm×260mm　　　　**印　张:**17.75　　　　　**字　　数:**432 千字
版　　次:2018 年 2 月第 1 版　　2024 年 3 月第 2 版　　　　**印　　次:**2024 年 3 月第 1 次印刷
印　　数:1~2500
定　　价:89.00 元

产品编号:101942-01

前　言

目前,市场上单纯地介绍数据挖掘理论的教材比较多,这类教材在国内存在着以下明显问题:一是数据挖掘的应用案例比较粗略,问题也比较简单,分析过程不具体,难以支撑数据挖掘的实验和实训教学,而实践教学却是培养数据分析应用人才非常重要、不可或缺的环节;二是数据量比较小,分析的问题只是实际问题的模拟,数据分析的深度、算法的复杂度还达不到数据挖掘教学的要求;三是难度适中、适合教学、能满足实战性要求的教材不多。本书是作者针对目前数据挖掘对学生实践能力要求高的特点,通过分析目前高等学校"数据挖掘"课程教学的痛点,即与实际应用结合不紧密等问题而编写的实验、实训教材。

作者深耕数据挖掘多年,与企业合作成功实施了多项数据分析的项目,熟悉数据挖掘的基本原理,并对 Python 编程比较熟悉,积累了一些详细的案例,这为本书的写作奠定了基础。

Python 语言在高等学校已经被各类专业的大学生选修,数据分析也成为一种基本的技能。为适应高等学校"数据挖掘"课程的教学,本书使用 Python 语言对原有的部分案例进行重新改写,并且增加了几个综合性的案例。

本书是在第 1 版的基础上进行的修订、改版。书中使用 Tableau、Python 等数据分析工具和语言,通过精心选择应用场景、设计面向实际问题的解决思路,突出数据分析过程中常遇到的问题。学生参考这些案例,不仅能消化理解 Python 主流机器学习库的基本用法,还能针对实际问题进行一定深度的分析,具有较强的实用性。此外,学生可以模仿实验,举一反三,针对新问题提出合理的解决思路。

本书还引进了 Intel 公司的机器学习开源加速器 OneAPI 的相关内容,可以针对数据量比较大的情况,提升决策树、随机森林、回归分析、逻辑回归、神经网络、聚类等常用的数据挖掘算法的训练速度。这在实际工程中是非常必要的。

为了便于学生自学,本书配套相应的课件、实验数据、Python 代码和思考题。学生可以根据书中的思路进行实验,思考其中的数据预处理和数据建模方法,并在此基础上解决新的问题。

在本书的编写过程中,研究生周一航、李欣迪、吴乾奕、陈思玲、纪振宇、张洁莹等同学在资料收集等方面做了很多工作,在此一并表示感谢。由于作者水平有限,书中难免存在不足之处,敬请读者批评指正。

赵卫东

2024 年 1 月于复旦大学

目　录

IV

V

第 1 章　数据分析基础

数据分析是一门入门容易却很难精通的学科,做好数据分析并非依赖于某一种技术或方法,其关键是分析思路,通过对业务进行调研,思考过程具有逻辑,并引入一定的创新理念,最后形成可行性建议。数据分析人员为了完成分析任务,获得较好的分析结果,不仅要懂得行业知识,对业务流程有一定的了解,还要理解数据背后的隐含信息,能够对数据进行合理的解读,而且要从变化的角度和时间维度对需求进行把握,确定用哪些数据来解决行业问题,这是数据分析的基础。

数据分析的主要流程是明确分析目标、数据收集、数据处理、建模分析、结果可视化、结论整理及建议,通过对现状、原因等分析最终实现预测分析,确保在数据分析维度的充分性和结论的合理有效。

1.1　业务理解

数据分析过程中需要理解需求和分析目标,深入理解与所分析的目标相关联的业务背景,包括行业知识、领域知识及业务流程等,数据分析人员对业务背景不熟悉,其分析方法和过程就难以贴合实际需求,往往分析的结论业内专业人员以之为常识。

为了从数据中挖掘出有价值的结果,与领域专家进行充分交流,要亲临一线来了解业务实际情况,切忌进行"数据空想",理解业务知识的逻辑和原理,不仅有助于在数据预处理过程中对异常数据进行甄别和剔除,而且有助于在分析过程中对数据探索和挖掘方法进行选择,对于结果是否符合预期也可直观得出结论,否则容易出现模型的准确率很高,但经过业务专家评价发现模型价值不大。

对数据分析目标的理解包括定性分析和定量分析,前者给出与目标变量关联的自变量列表或目标变量的性质预测等,后者除列举相关自变量外,还要对其权重等进行定量分析,在实际数据分析过程中,需要依据不同的业务目标设计分析方案。

在业务理解中,要从方法论的层面进行流程梳理,以实现快速确认与所分析的目标相关联的影响因素,将分析规划以结构化的方式展现,利于理顺思路,而且不局限于某一行业应用,只要变换行业影响因素,即可应用于其他行业。例如,在企业经营活动的分析中,可以应用如图 1.1 所示的分析框架,其中主要包括产业基础、运营分析、财务分析、竞争分析、营销分析、客户分析等,此分析框架基本涵盖大部分的企业经营活动,在具体分析中可以适当进行增减和完善,并且可以按照不同的行业进行细化,形成行业分析框架。

在对业务理解的分析框架中,主要是从宏观的角度结构化、模块化指导数据分析,把问题分解成各个相关联的子模块,对后续数据分析的维度进行规划,起到提纲挈领的作用。

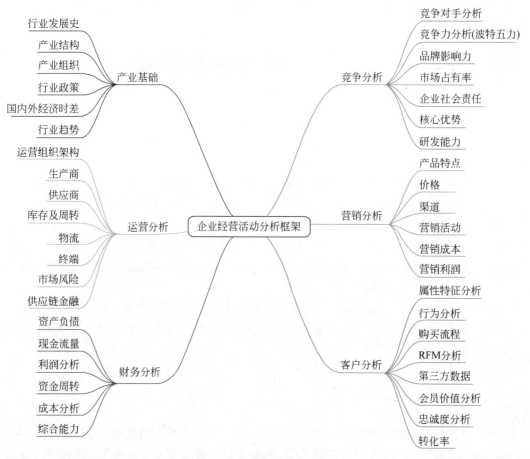

图 1.1　企业经营活动分析框架

1.2　数据理解

数据分析从字面来看是由数据和分析两部分组成的，其中数据是基础和根本，没有数据样本作为支撑，再好的结论也是无本之木，对现有数据理解到位有助于建立合理的分析框架。分析目标相关联的自变量数据往往可遇不可求，多数情况下，数据资料与分析的目标没有直接相关性，需要对数据本身进行探索，查看其数据特性或样本特征，结合这些特征来挖掘其与分析目标之间的关系。

为了提高数据分析的准确性，需要多维的源数据，数据量较大可能会产生更多的冗余数据，处理过程较麻烦，经过预处理和降维后可以得到更多样的支持数据，在数据量较少的情况下，可通过爬虫抓取非结构化数据并转换为结构化数据作为补充。

了解业务流程中数据的产生过程，明确数据所代表的意义，并对数据的结构和各字段之间的关系进行分析，在分析过程中需要结合业务逻辑，对数据的理解是整个数据分析过程的基础，如果这一过程出现问题，将影响最终分析结果的正确性。

从历史的角度，数据的产生过程本身是变化的，在时间的维度上，不仅要关心数据是如何产生的及产生的频度，还要关心用户的动作数据，这些都将产生趋势特征，在数据分析过程中,需要关注业务变化导致的数据变化。

由于需求会发生变化,新的数据会加入进来,数据分析方案也要具有一定的扩展性,以应对企业发展变化和原始数据变化带来的影响,能够在设计模型后进行修正和动态改进。

1.3　数据质量问题与预处理

数据质量要求数据是完整的和真实的,并且具有一致性和可靠性。在数据分析过程中,高质量的数据其结果更容易具有较高的区分度;相反,在数据分析领域,有一个著名的"垃圾进,垃圾出"结论,如果数据具有较多缺失值、异常值和无效记录,那么依此数据建立的模型在实际应用中将无法保证其结果的真实性和有效性。数据预处理占用整个数据挖掘项目60%～70%的工作量,目标就是保证输入模型的数据是符合业务实际情况的,基于正确的数据才可以谈模型的选择和应用。

1. 数据量较少

数据挖掘需要有一定的数据量作为支撑,随着数据量的增多,其中的规律愈发明显,也更容易发现其中与分析目标相关的因素,特别是在神经网络或深度学习等算法中,其前提条件是要有大量的训练数据,否则很容易引起模型过拟合问题。

在数据分析过程中,一般要将样本划分为训练集、验证集、测试集,如果数据量较少,可以只划分为训练集和测试集,其中训练集的数据量一般在80%左右,总数据量一般要超过1000,在某些数据质量较高、区分度较明显的业务场景中,数据量可以更少,一般来说数据量是自变量数量的10～20倍为佳。

在数据量足够多的情况下,还要关注数据的质量,如果给定的数据虽然较多,但其中样本的覆盖范围较小,与分析目标相关维度的数据数量才是关键,否则最终分析得到的结论可能会有较大的局限,不能完全反映数据的本质。

2. 数据量过多

数据集中的数据量过多时,对全部数据集进行分析要耗费更多的计算资源,要求硬件配置较高,并且由于数据中各类数据的比例往往是不均衡的,例如两家公司的产品销售的开始时间点并不一致,其销量相差悬殊,如果直接应用到模型中进行竞争分析,则可能出现较大的结果误差,这种情况可以应用数据采样技术随机提取样本子集。

在面对海量的同质化数据时,例如商品交易数据,可以通过聚集技术按照时间、空间等属性进行平均值等汇总,减少数据量,由于采用了统计汇总后的数据,因此结果的可视化层次更高,也更加稳定,缺点是可能存在细节丢失。

另一种情况是在小概率事件的处理中,需要关心数据集的不平衡问题,例如在车辆运行异常检测中,车辆正常运行的时间远超过出现故障的时间,所以正常的数据占了绝大多数,异常的数据极少,或者是在广告点击事件、地震检测、入侵检测、垃圾邮件过滤等稀有事件的分析中,要对数据集应用采样技术,或对异常数据进行加权提高其占比。

3. 维度灾难

当数据中的自变量较多时会出现维度灾难问题,特别是在矩阵数据中,其中冗余变量占比较高时,可用数据变成稀疏矩阵,在使用分类算法处理时就没办法可靠地进行类别划分,在聚类算法中则容易使聚类质量下降,为了从中获得稳定的分析结果,需要耗费大量的运算时间,分析过程低效。为了应对此问题,可以采用线性代数的相关技术将数据从高维空间映射到低维空间,其中主成分分析(Principal Component Analysis,PCA)、奇异值分解(Singular Value Decomposition,SVD)等方法比较常用。

降低维度的另一种方法是通过特征子集选择将那些不相关的特征(例如身份证号、姓名等)剔除,只选择与目标变量紧密相关的特征。除剔除属性外,还可以使用特征加权技术,结合领域知识人为赋予某些特征更大的影响力权重。

在深度学习领域,常用的特征提取和特征创建技术将原始数据中的特征进行重构,以获得模型需要的特征,并且在重构过程中加以格式转换和数据变换。常用的技术包括傅里叶变换和小波变换,前者将时域信号转换为频域信号,后者主要处理时间序列等类型。

4. 数据不完整

除数据量要多外,还要求数据的种类要多,例如要对企业产品的销售情况进行分析或预测,除企业产品相关的市场、销售情况等信息外,还需要有客户相关资料、竞品的销售情况、市场数据、财务数据等,甚至是交通物流、CPI等宏观数据支持。但是现实情况中,很多数据缺失,要么并没有对这些数据进行记录,要么它们保存在竞争对手的系统中,无法获得,这种情况将直接影响数据挖掘方法的选择,可以通过编写程序来爬取外部数据作为补充。

数据缺失也是数据不完整的一种表现,可能是空白值或空值,也可能存在大量的无效值,例如所有记录的某一字段值均相同,或者某一字段中超过一半的记录为空或无效。在出现数据缺失时,分析人员要查找缺失原因,是原始信息录入系统缺陷还是人为操作失误,或者是字段为选填等业务原因,并按照不同的原因进行数据预处理。例如由于系统 Bug 导致的,则需要修复 Bug 并重新计算,如果当前字段中的数值是随时间逐渐生成的,则为业务原因,需要结合实际业务进行处理。

可以采用众数、中位数、均值、最近距离等方法对缺失值进行人为补充,或者通过回归或贝叶斯定理等预测缺失值。为了提高数据的纯度,也可以删除含有缺失值的记录,但如果缺失值的记录数较多,删除操作可能会丢失样本特征,此时可以删除对应的字段,对于超过30%的缺失值字段,可不作为模型输入变量。

5. 异常数据

在数据收集阶段,由于人为或系统处理等原因会导致产生异常数据,其中异常数据分为两类:一类是错误的数据;另一类为小概率事件,或称为稀有事件。在系统预处理阶段,要视情况对数据进行探索,并结合行业内的业务知识对其进行识别,一旦发现错误数据,则将其剔除或修正。对于稀有事件,如信用卡欺诈行为、垃圾邮件等,这类异常数据不但不能修正和删除,反而要重点分析其特征。

当异常数据并非在离群点时,没有显著异常,可能是由于人为输入错误或系统误差导致的。虽然这些数值是不正确的,但是由于其与真实值的差别较小,因此较难发现这类噪声数据。可以通过抽样的方式进行人工检测,或者对比不同数据源系统中的数据,进行一致性检测。

6. 重复数据

在数据分析中,如果出现较多的重复数据,将对模型的结果产生误差。在数据处理过程中,可以使用 SQL 或 Excel 中的去重复方法将重复数据滤除。有时记录中的所有字段都是非重复数据,但选择其中部分字段容易产生重复样本,即样本子集中含有重复数据,特别是手动选取某几个字段作为模型输入时,容易忽略这一细节,所以在将其应用到模型之前需要进行过滤,将重复数据滤除。

7. 数据不一致

随着数据源增多,不同数据源中不同结构类型的数据可能会产生冲突,导致数据不一致或相互矛盾,也可能是由于名称或标识不同导致的,例如中文和英文表示同一对象,或由于变量的统计口径不同。在数据处理中需要对其进行筛选,结合实际业务选择正确的数据,例如对不同数据源的数据进行优先级标记,出现不一致的情况时优先使用某一源的样本。

数据不一致的另一个表现是记录中某些字段不符合规范,使其与数据逻辑不一致,可以通过建立有效性检测规则对数据进行验证。

1.4 数据分析常见陷阱

由于业务复杂度和数据多样,以及数据分析人员考虑不周等原因,在数据分析过程中会有很多陷阱,为了在应用中进行规避,这里列举部分常见的问题。

1. 错误理解相关关系

很多事物之间都存在相关性,但并不意味着其存在因果关系,或者有可能二者的因果关系颠倒了。要避免此类问题,一方面需要深入理解业务,这样可以规避大部分错误;另一方面要分析是否由第三方变量同时引起两种变量的变化,找出其变化原因。

2. 错误的比较对象

在数据分析中对结果或效果进行比较时,容易对不同样本集的结果进行比较,比较对象不合理,其结果自然无效,结论便不能成立。

3. 数据抽样

在数据抽样时,如果出现偏差,可能会影响分析结果。因此,在抽样时,需要考虑什么时候进行,如何进行随机,即按照什么标准来保证其子集能够代表全部样本,特别是在分类问题中,如果目标类别的比例在采样时失去平衡,将直接影响分类结果。

4. 忽略或关注极值

有些时候极值点或异常点是需要关注的,如果忽视它们,将可能失去某类样本或丢失某项重要特征,而如果在某些时候过于关注极值点,则可能会对结果造成偏差,影响结论。如何处理需要结合实际应用进行判断,特别是分析这些极值点出现的原因,从而决定其去留。

5. 相信巧合数据

有些数据分析结果会造成一种假象,即结果恰好印证了之前的某个判断或猜想。实际上,如果重新进行多次实验,就会发现这不过是某种巧合而已。这类问题一般容易出现在医疗或生物学科领域中,或者是在回归分析中,两个变量之间具有某种关联可能是巧合。

6. 数据未进行归一化处理

两个数据指标进行比较时,容易进行总数比较而忽视比例的比较,例如对比两个地区房价的增长情况,房屋单价同样涨 1000 元,上海可能涨幅只有 2%,而太原涨幅可能达到 15%。忽视了总量对于指标的影响,必然影响结果的准确性。

7. 忽视第三方数据

在分析时往往只盯着手上的数据,由于维度有限,因此很多结论或观点是无法进行验证

数据分析基础

的。为了进一步深入分析,有必要搜集或使用爬虫获取更多数据,使数据源更加丰富,这样也有利于比较分析,使论证更加充分。

8. 过度关心统计指标

过于相信数据分析方法中的各项指标,就会忽视某些方法或结论成立的前提条件。例如在处理分类问题时,如果类别比例非常不平衡,99%为负例,只有 1%的正例,这种情况下,分类器一般会不作分析直接返回负例结果,准确率可以达到 99%,但是实际上没有意义,如果不加注意,就可能会被指标欺骗。

1.5 数据分析方法的选择

数据分析方法要从业务的角度分析其目标,并对目前现有的数据进行探查,发现其中的规律,大胆假设并进行验证,依据各模型算法的特点选择合适的模型进行测试验证,分析并对比各模型的结果,最终选择合适的模型进行应用。

理解目标要求是选择分析方法的关键,首先对要解决的问题进行分类,如果数据集中有标签,则可进行监督式学习,反之可进行无监督学习。在监督式学习中,对定性问题可用分类算法,对定量分析可用回归方法,如逻辑回归或回归树等;在无监督学习中,如果对样本进行细分,则可应用聚类算法,如需找出各数据项之间的内在联系,可用关联分析。

熟悉各类分析方法的特性是选择分析方法的基础,不仅需要了解如何使用各类分析算法,还要了解其实现原理,这样在参数优化和模型改进时可减少无效的调整。在选择分析方法的过程中,由于分析目标的业务要求及数据支持程度差别较大,因此很难第一眼就确认哪种分析方法效果最佳,需要对多种算法进行尝试和调优,尽可能提高准确性和区分度。

在选择模型之前要对数据进行探索性分析,了解数据类型和数据特点,发现各自变量之间的关系,以及自变量与因变量的关系。特别注意,在维度较多时,容易出现变量的多重共线性问题,可应用箱线图、直方图、散点图查找其中的规律性信息。

在模型选择过程中,先提出多个可能的模型,然后对其进行详细分析,并选择其中可用于分析的模型,在选择自变量时,大多数情况下需要结合业务来手动选择自变量。在选择模型后,比较不同模型的拟合程度,可统计显著性参数、R^2、修正 R^2、最小信息标准、BIC 和误差准则、Mallow'sCp 准则等。在单个模型中,可将数据分为训练集和测试集用来做交叉验证和分析结果的稳定性,反复调整参数使模型趋于稳定和高效。

1.5.1 分类算法

分类算法是应用规则对记录进行目标映射,将其划分到不同的分类中,构建具有范化能力的算法模型,即构建映射规则来预测未知样本的类别。一般情况下,映射规则是基于经验的,所以其准确率不会达到 100%,只能获得一定概率的准确率,准确率与其结构、数据特征、样本的数量相关。

分类模型包括预测和描述两种,经过训练集学习的预测模型在遇到未知记录时,应用规则对其进行类别划分,而描述型的分类主要是对现有数据集中的特征进行解释并进行区分,其应用场景如对动植物的各项特征进行描述,并进行标记分类,由这些特征来决定其属于哪一类目。

主要的分类算法包括决策树、支持向量机(Support Vector Machine，SVM)、最近邻(K-Nearest Neighbor，KNN)、贝叶斯网络(Bayes Network)、神经网络等。

1. 决策树

决策树是一棵用于决策的树，目标类别作为叶节点，特征属性作为非叶节点，而每个分支是特征属性的输出结果。决策过程是从根节点出发，测试不同的特征属性，按照结果的不同选择分支，最终转到某个叶节点，获得分类结果。主要的决策树算法有 ID3、C4.5、C5.0、CART、CHAID、SLIQ、SPRINT 等。

决策树的构建过程不需要业务领域的知识支撑，其构建过程就是按照属性特征的优先级或重要性来逐渐确定树的层次结构，分支分裂的关键是要使其叶节点尽可能"纯净"，尽可能属于同一类别，一般采用局部最优的贪心策略来构建决策树，即 Hunt 算法。决策树算法特点比较如表 1.1 所示。

表 1.1 决策树算法特点比较

决策树算法		特　　点	输出变量
ID3	优点	采用信息增益作为选择标准，整棵决策树的熵值最小	分类
	缺点	只能处理离散变量，属性类别较多时结果不稳定，算法效率低	
C4.5	优点	采用信息增益率作为标准，可处理不完整数据，规则易理解	分类
	缺点	数据集超过内存大小无法计算；多次扫描和排序，算法低效	
C5.0	优点	基于 C4.5 改进，更加稳健和准确，内存占用少；规则易于理解	分类
	缺点	输出变量必须为分类型	
CART	优点	自动忽略无贡献变量，训练时间短且结果稳健	连续/分类
	缺点	对数值型输出变量的准确性低	
CHAID	优点	多分支树合并，按统计显著性确定分支变量和分割值	连续/分类
	缺点	无法处理大规模数据	
SLIQ	优点	采用广度优先策略构建树效率高，处理数据集比 C4.5 更大	分类
	缺点	数据集需常驻内存，算法复杂度与数据量呈非线性关系	
SPRINT	优点	减少常驻内存数据量，扫描效率高	分类
	缺点	难以对非分裂属性进行分裂；大数据集中需分批执行，效率低	
QUEST	优点	采用二元分类法，比 CART 更加简单高效	分类
	缺点	目标字段须为分类，不能使用加权变量，有序字段须为数字型	
随机森林	优点	克服了过拟合，更加稳健，并行处理高维数据	连续/分类
	优点	对整体信息分析能力差，整体分类强度较低	

2. 支持向量机

支持向量机(Support Vector Machine，SVM)是由 Vapnik 等设计的一种线性分类器准则，其主要思想是将低维特征空间中的线性不可分问题进行非线性映射转换为高维空间使其线性可分，此外，应用结构风险最小理论，在特征空间最优分割超平面，可以找到尽可能宽的分类边界，特别适合两个分类不容易分开的情况，例如在二维平面图中，某些点是杂乱排布的，无法用一条直线分为两类，但是在三维空间中，可能通过一个平面可以将其完美划分。

为了避免在低维空间向高维空间转换的过程中增加计算复杂性和"维数灾难"，支持向量机通过应用核函数的展开原理，不需要关心非线性映射的显式表达式，直接在高维空间建立线性分类器，极大地优化了计算复杂度。支持向量机常见的核心函数有 4 种，分别是线性核函数、多项式核函数、径向基函数、二层神经网络核函数。

支持向量机的目标变量以二分类最佳,虽然可以用于多分类,但效果不好。相较于其他分类算法,支持向量机在小样本数据集中的效果更好。由其原理可知,支持向量机擅长处理线性不可分的数据,并且在处理高维数据集时具有优势。

3. 最近邻

通过对样本实例之间应用向量空间模型,将相似度高的样本分为一类,应用训练得到的模型对新样本计算与之距离最近(最相似)的 k 个样本的类别,新样本就属于 k 个样本中的类别最多的那一类。可以看出,分类结果影响的三个因素分别为距离计算方法、最近的样本数量 k 值和距离范围。

最近邻(K-Nearest Neighbor,KNN)算法支持多种相似度距离计算方法:欧氏距离(Euclidean Distance)、曼哈顿距离(Manhattan Distance)、切比雪夫距离(Chebyshev Distance)、闵可夫斯基距离(Minkowski Distance)、标准化欧氏距离(Standardized Euclidean Distance)、马氏距离(Mahalanobis Distance)、巴氏距离(Bhattacharyya Distance)、汉明距离(Hamming Distance)、夹角余弦(Cosine)、杰卡德相似系数(Jaccard Similarity Coefficient)、皮尔逊相关系数(Pearson Correlation Coefficient)。

在 k 值选择中,如果设置较小的 k 值,说明在较小的范围内进行训练和统计,误差较大且容易产生过拟合的情况;k 值较大时,意味着在较大的范围内学习,可以减小学习的误差。

KNN 算法的主要缺点是在各分类样本数量不平衡时误差较大。由于其每次比较要遍历整个训练样本集来计算相似度,因此分类的效率较低,时间和空间复杂度较高,k 值的选择不合理可能会导致结果的误差较大。在原始 KNN 模型中没有权重的概念,所有特征采用相同的权重参数,这样计算出来的相似度易产生误差。

4. 贝叶斯网络

贝叶斯网络又称为置信网络(Belief Network),是基于贝叶斯方法绘制的具有概率分布的有向弧段图形化网络,其理论基础是贝叶斯公式,网络中的每个点表示变量,有向弧段表示两者间的概率关系。

相较于神经网络,网络中的节点都具有实际的含义,节点之间的关系比较明确,可以从贝叶斯网络中直观地看到各变量之间的条件独立和依赖关系,可以进行结果和原因的双向推理。

贝叶斯网络分类算法分为简单(朴素)贝叶斯算法和精确贝叶斯算法,在节点数较少的网络结构中可选精确贝叶斯算法以提高精确概率,在节点数较多时,为减少推理过程和降低复杂度,一般选择简单贝叶斯算法。

5. 神经网络

传统的神经网络为 BP(Back Propagation)神经网络,目前的递归神经网络(Recursive Neural Network,RNN)、卷积神经网络(Convolutional Neural Network,CNN)等均为神经网络在深度学习方面的变种,其基础还是由多层感知机(Multilayer Perceptron,MLP)的神经元构成的。本部分仅介绍 BP 神经网络的特点,基本的网络中包括输入层、隐藏层和输出层,每个节点代表一个神经元,节点之间的连线代表权重值,输入变量经过神经元时会运行激活函数对输入值按照权重和偏置进行计算,将输出结果传递到下一层中的神经元,而权重值和偏置是在神经网络训练过程中不断修正得到的。

神经网络的训练过程主要包括前向传输和逆向反馈,前者是将输入变量逐层向下传递,最后得到一个输出结果,并对比实际的结果,如果发现预测结果与实际结果不符,则逐层逆向反馈,对神经元中的权重值和偏置进行修正,然后重新前向传递结果,依此反复迭代,直到最终预测结果与实际结果一致。

BP 神经网络的结果准确性与训练集的样本数量和分类质量有关,如果样本数量过少,那么可能会出现过拟合的问题,无法泛化新样本。同时,BP 神经网络对训练集中的异常点比较敏感,需要分析人员对数据做好预处理,例如数据标准化、去除重复数据、移除异常数据,从而提高 BP 神经网络的性能。

由于神经网络是基于历史的数据构建的分析模型,如果新的数据产生的新规则可能出现不稳定的状态,就需要进行动态优化。例如随着时间变化,通过应用新的数据对模型进行追加训练来调整参数值。

1.5.2 聚类算法

聚类是基于无监督学习的分析模型,不需要对原始数据进行标记,按照数据的内在结构特征进行聚集形成簇群,从而实现数据的分离,其中聚集的方法就是记录之间的区分规则。聚类与分类的主要区别是其并不关数据是什么类别,而是把相似结构的数据聚集起来形成某一类簇。

在聚类的过程中,首先选择有效特征存于向量中,必要时将特征进行提取和转换获得更加突出的特征,然后按照欧氏距离或其他距离函数进行相似度计算,并划分聚类,通过对聚类结果进行评估,逐渐迭代生成新的聚类。

聚类的应用领域广泛,可以用于企业发现不同的客户群体特征、消费者行为分析、市场细分、交易数据分析等,还可以应用于生物学的动植物种群分类、医疗领域的疾病诊断、环境质量检测等,还可用于互联网和电商领域的客户分析、行为特征分类等。在数据分析过程中,可以先用聚类对数据进行探索,发现其中蕴含的类别特征,再用其他方法对样本进一步分析。

按照聚类方法分类,可分为基于层次的聚类(Hierarchical Method)、基于划分的聚类(Partitioning Method,PAM)、基于密度的聚类、基于机器学习的聚类、基于约束的聚类、基于网络的聚类等。

基于层次的聚类是将数据集分为不同的层次,并将其按照分解或合并的操作方式进行聚类,主要包括 BIRCH(Balanced Iterative Reducing and Clustering using Hierarchies,利用层次方法的平衡迭代规约和聚类)、CURE(Clustering Using Representatives,基于代表点的聚类法)等。

基于划分的聚类是将数据集划分为 k 个簇并对其中的样本计算距离以获得簇的中心点,然后以簇的中心点重新迭代计算新的中心点,直到 k 个簇的中心点收敛为止。基于划分的聚类包括 K 均值(K-Means)等。

基于密度的聚类是根据样本的密度不断增长聚类,最终形成一组"密度连接"的点集,其核心思想是只要聚类簇之间的密度低于阈值就将其合并成一个簇,它可以过滤噪声,聚类结果可以是任意形状,不必为球形,主要包括 DBSCAN(Density-Based Spatial Clustering of Application with Noise,含噪声基于密度的空间聚类方法)、OPTICS(Ordering Points To

数据分析基础

Identify the Clustering Structure,点排序以此来确定簇结构）等。

1. BIRCH 算法

BIRCH 算法是指利用层次方法来平衡迭代规则和聚类,它只需要扫描数据集一次便可实现聚类,它利用了类似 B＋树的结构对样本集进行划分,叶节点之间用双向链表进行连接,逐渐对树的结构进行优化获得聚类。其主要优点是空间复杂度低,内存占用少,效率较高,能够对噪声点进行滤除。其缺点是其树中节点的聚类特征树有个数限制,可能会产生其与实际类别个数不一致的情况;对样本有一定的限制,要求数据集的样本是超球体,否则聚类的效果不佳。

2. CURE 算法

传统的基于层次聚类的方法得到的是球形的聚类,对异常数据较敏感。而 CURE 算法是使用多个代表点来替换层次聚类中的单个点,算法更加健壮,并且在处理大数据时,采用分区和随机取样,使其处理大数据量的样本集时效率更高且不会降低聚类质量。

3. K-Means 算法

传统的 K-Means 算法的聚类过程是在样本集中随机选择 k 个聚类质心点,对每个样本计算其应属于的类,在得到类簇之后重新计算类簇的质心,循环迭代直到质心不变或收敛。K-Means 算法存在较多变体和改进算法,如初始化优化 K-Means＋＋算法、距离优化 Elkan K-Means 算法、K-Prototype 算法等。

K-Means 算法的主要优点是可以简单、快速地处理大数据集,并且是可伸缩的,当数据集中结果聚类之间是密集且区分明显时,聚类效果最好。其缺点是必须先给定 k 值,即聚类的数目,大部分时间分析人员并不知道应该设置多少个聚类。此外 K-Means 算法对 k 值较敏感,如果 k 值不合理,可能会导致结果局部最优(不能保证全局最优)。

4. DBSCAN 算法

DBSCAN 算法的目标是过滤低密度区域,发现稠密度样本点。跟传统的基于层次的聚类和划分聚类的凸形聚类簇不同,其输出的聚类结果可以是任意形状的聚类。其主要优点是与传统的 K-Means 算法相比,不需要输入要划分的聚类个数,聚类结果的形状没有偏倚,支持输入过滤噪声的参数。

DBSCAN 算法的主要缺点是当数据量增大时,会产生较大的空间复杂度;当空间聚类的密度不均匀、聚类间距相差很大时,聚类质量较差。

5. OPTICS 算法

在 DBSCAN 算法中,有两个初始参数 E(邻域半径)和 MinPts(E 邻域最小点数)需要用户手动设置,这两个参数较关键,不同的取值将产生不同的结果。而 OPTICS 算法克服了上述问题,为聚类分析生成一个增广的簇排序,代表了各样本点基于密度的聚类结构。

1.5.3 关联分析

关联分析(Associative Analysis)是通过数据集中某些属性同时出现的规律和模式来发现其中的属性之间的关联、相关、因果等关系,其典型的应用是购物篮分析,通过分析购物篮中不同商品之间的关联,分析消费者的购买行为习惯,从而制定相应的营销策略,为商品促销、产品定价、位置摆放等提供支持,并且可用于不同消费者群体的划分。关联分析主要包括 Apriori 算法和 Apriori 的改进算法 FP-Growth。

1. Apriori 算法

Apriori 算法的主要实现过程是首先生成所有频繁项集,然后由频繁项集构造出满足最小信任度的规则。任一频繁项集的所有非空子集也是频繁的是其重要性质。

由于 Apriori 算法要多次扫描样本集,需要由候选频繁项集生成频繁项集,在处理大数据量数据时效率较低,其只能处理分类变量,无法处理数值型变量。

2. FP-Growth 算法

为了改进 Apriori 算法在处理大数据时比较低效的问题,Jiawei Han 等提出了基于 FP 树生成频繁项集的 FP-Growth 算法。该算法只进行两次数据集扫描且不使用候选项集,直接按照支持度来构造出一个频繁模式树,用这棵树生成关联规则,在处理大数据集时效率比 Apriori 算法大约快一个数量级,对于海量数据,可以通过数据划分、样本采样等方法进行再次改进和优化。

1.5.4 回归分析

回归分析是一种研究自变量和因变量之间关系的预测模型,用于分析当自变量发生变化时因变量的变化值。要求自变量不能为随机变量,需要具有一定的相关性。回归分析既可以用于定性预测分析,也可以用于定量分析各变量之间的相关关系。

1. 线性回归

应用线性回归进行分析时,要求自变量是连续型或离散型的,因变量则为连续型的,线性回归用最适直线(回归线)来建立因变量 Y 和一个或多个自变量 X 之间的关系。其主要的特点是:

(1) 自变量与因变量之间必须有线性关系。

(2) 多重共线性、自相关和异方差对多元线性回归的影响很大。

(3) 线性回归对异常值非常敏感,其能严重影响回归线,最终影响预测值。

(4) 在多元的自变量中,可以通过前进法、后退法和逐步法来选择最显著的自变量。

2. 逻辑回归

逻辑回归一般应用在分类问题中,如果因变量类型为序数型的,则称为序数型逻辑回归,如果因变量为多个,则称为多项逻辑回归。逻辑回归的主要特点是,相较于线性回归,逻辑回归应用非线性对数转换,使自变量与因变量之间不一定具有线性关系才可以分析。

为防止模型过拟合,要求自变量是显著的,且自变量之间不能存在共线性。可以使用逐步回归方法来筛选出显著性变量,然后应用到逻辑回归模型中。

逻辑回归需要大样本量,在小样本量的情况下效果不佳,因为最大似然估计对小样本量时统计结果误差较大。

3. 多项式回归

在回归分析中,有时会遇到线性回归的直线拟合效果不佳,如果发现散点图中的数据点呈曲线状态显示,可以考虑使用多项式回归来分析。使用多项式回归可以降低模型的误差,从理论上多项式可以完全拟合曲线,但是如果处理不当,易造成模型结果过拟合。在分析完成之后需要对结果进行分析,并将结果可视化以查看其拟合程度。

4. 逐步回归

在处理多个自变量时,需要用逐步回归的方法来自动选择显著性变量,不需要人工干预。其思想是将自变量逐个引入模型中,并进行 F 检验、t 检验等来筛选变量,当新引入的变量对模型结果没有改进时,将其剔除,直到模型结果稳定。

逐步回归的目的是保证所有自变量集为最优的。用最少的变量来最大化模型的预测能力,它也是一种降维技术。主要的方法有前进法和后退法,前者是以最显著的变量开始,逐渐增加次显著变量;后者是逐渐剔除不显著的变量。

5. 岭回归

岭回归又称为脊回归,在共线性数据分析中应用较多,是一种有偏估计的回归方法,在最小二乘估计法的基础上做了改进,通过舍弃最小二乘法的无偏性,以损失部分信息为代价获得回归系数更稳定和可靠。其 R^2 会稍低于普通回归分析方法,但其回归系数更加显著,主要用于变量间存在共线性和数据点较少时。

6. LASSO 回归

LASSO(Least Absolute Shrinkage and Selection Operator)回归的特点与岭回归类似,在拟合模型的同时进行变量筛选和复杂度调整。变量筛选是逐渐把变量放入模型,从而得到更好的自变量组合。复杂度调整是通过参数调整来控制模型的复杂度,例如减少自变量数量等,从而避免过拟合。

LASSO 回归也是擅长处理多重共线性或存在一定噪声和冗余的数据,可以支持连续型因变量、二元及多元离散变量的分析。

7. ElasticNet 回归

ElasticNet 回归结合了 LASSO 回归和岭回归的优点,同时训练 L1 和 L2 作为惩罚项在目标函数中对系统约束进行约束,所以其模型的表示系数既有稀疏性又有正则化约束。ElasticNet 回归特别适用于许多自变量相关的情况,这时 LASSO 回归会随机选择其中一个变量,而 ElasticNet 回归则会选择两个变量。相较于 LASSO 回归和岭回归,ElasticNet 回归更加稳定,并且在选择自变量的数量上没有限制。

1.5.5 深度学习

深度学习方法是通过构建多个隐藏层和大量数据来学习特征,从而提升分类或预测的准确性。与传统的神经网络相比,不仅在层数上较多,而且采用了逐层训练的机制来训练整个网络以防出现梯度扩散。深度学习包括卷积神经网络(Convolutional Neural Network, CNN)、深度神经网络(Deep Neural Network, DNN)、循环神经网络(Recurrent Neural Network, RNN)、生成对抗网络(Generative Adversarial Network, GAN)以及各种变种网络结构。其本质是对训练集数据进行模式识别及特征提取和选择,然后应用于样本的分类。

目前深度学习方法在图像和音视频的识别、分类和模式检测等领域已经非常成熟,除此之外,还可以用于衍生新的训练数据以构建生成对抗网络,从而利用两个模型之间互相对抗来提高模型的性能。

在数据量较多时可考虑采用这一算法,应用深度学习的方法进行分析时,需注意训练集(用于训练模型)、开发集(用于在开发过程中调参和验证)、测试集的样本分配,一般以 6∶2∶2 的比例进行分配,此外,采用深度学习进行分析时,对数据量有一定的要求,如果数据量只有几千或几百条,极易出现过拟合的情况,其效果不如使用支持向量机等分类算法。

常见的权重更新方式为 SGD(Stochastic Gradient Descent, 随机梯度下降)和 Momentum

（动量）。网络结构不合理或参数初始值设置不当容易引起梯度消失或梯度爆炸问题。随着时间的推移，可以逐渐减少学习率。

1.5.6 统计方法

应用统计方法是基于传统的统计学、概率学知识对样本集数据进行统计分类，是数据分析的基本方法，例如基于性别的数据进行分类、对年龄分类进行统计等。虽然看起来比较简单，但是在数据探索阶段尤其重要，可以发现一些基本的数据特征，分析技术并没有高深简易之分，与业务相结合、实用方便才是关键，所以不要小看统计方法。经过认真细致的分析探索，样可以发现数据中蕴藏的有价值规律。

统计方法源于用小样本集来获得整体值集的各种特征，主要的统计方法或指标包括频率度量，如众数指标；位置度量，如均值或中位数；散度度量，如极差、方差、标准差等；数据分布情况度量，如频率表和直方图；多元汇总统计，如相关矩阵和协方差矩阵。

根据汇总统计中置信度的计算方法，置信度为95%以上，误差在±2.5%以内，即置信区间宽度为5%，在汇总统计中需要的样本数至少为1000个，样本数越多，其误差就越小，所以在此类分析中要尽可能多地收集数据。

在描述型统计分析中，往往会对不同维度的样本进行分拆，划分越细，样本的纯度越高，信息就越有效，所以其结论的准确率就会越高。但是需要注意，分拆之后子维度的样本数量不能过少，否则结论的准确率过低会失去统计意义。

1.6 数据分析结果的评价

分析算法及其衍生的算法有很多，不同的算法具有不同的特点，并且在不同的数据集上表现也不一样，所以对分析结果的评价很重要，这样才能够知道在哪种情况下选择哪种算法，使用哪种标准能达到分析的目标。

在对结果进行分析时，常见的问题是容易混淆因果关系和相关性，例如分析发现汽车中保养比较规律的比保养不规律的更难出现意外事故，就认为保养规律与不出现意外事故呈现因果关系。而实际上可能是因为保养规律的驾驶人更自律，或者是其更加认真地遵守交通规则，与是否发生意外事故只是相关关系。

在模型评价中容易出现主观性问题，由于数据采集或业务理解的局限，容易让分析人员认为某种方案的改进一定可以解决企业的问题，没有综合数据、业务、场景等多个维度对模型分析结果进行解读，如果分析报告虽然很有逻辑性，看起来很合理，但是不符合企业实际应用场景，反而会对企业决策产生负面作用。所以分析结果的评估需要业务专家参与，对结果的合理性、可理解性、实用性进行评估，使其具有落地价值。

1.6.1 分类算法的评价

对分类算法的结果评价主要有精确率（Precision）、F-Score、准确率（Accuracy）、召回率（Recall）、特效度（Specificity）、ROC（Receiver Operating Characteristic）曲线、曲线包围面积（Area Under Curve，AUC）。

上述指标涉及混淆矩阵的概念，其中精确率是模型精确性的度量，预测正例数占所有正例数的比例。准确率是所有预测正确的记录数与总记录数之比,召回率是模型覆盖面的度量,表示多少个正例被识别为正例,体现了分类器对正例的识别能力。ROC 曲线是由负正例率(False Positive Rate,FPR)作为横坐标,真正例率(True Positive Rate,TPR)作为纵坐标,ROC 曲线距离参考线越远,其检验的准确度越高。AUC 是 ROC 曲线下的面积,其值越大越好。

对于不同的分析任务,可在上述指标中选择某几个指标作为衡量标准,例如在疾病预测时,需要着重关注召回率,而不是精确率,因为疾病在多数情况下是正例(不患病),负例(患病)较少,在两个类的样本比例差别很大的情况下,例如 100 条记录中,5 次发现患病,其中 4 次为误报,1 次为识别患病的模型,相较于全部识别为正常的精确率 99%,虽然精确率降低为 96%,但是召回率却由原来的 0 升到了 100%,虽然误报了疾病(经过复查可以排除),但是却没有遗漏、错过真正患病的人群。

在属性选择中,勾选重合矩阵可以显示混淆矩阵的数值,如果勾选置信度图,则会显示置信度值报告,在评估度量中可以查看分区中训练集和测试集的 AUC 和 Gini 值。

1.6.2 聚类结果的评价

由于聚类是在没有类别标准的情况下对数据进行类簇划分,因此聚类分析结果的评价首先要由业务专家对其业务含义进行评估,通过应用到实际的场景中来评价结果的好坏,看一下其区分程度。

应用散点图分析聚类结果,将聚类结果通过散点图的形式显示到二维或三维空间中,查看各个聚类的分布情况,可以直观看到类与类之间的区分程度。例如在 SPSS Modeler 中,可以使用"图形板"节点可视化显示聚类中各维度变量的结果。除此之外,还有以下聚类指标。

1. RMSSTD

群体中所有变量的综合标准差,RMSSTD(Root Mean Square STD)越小,表明群体内个体对象相似程度越高,聚类效果越好。

2. R-Square

表示聚类后群体间差异的大小,R-Square 越大,表明不同的簇群间的相异度越高,聚类效果就越好。

3. SPR

用于凝聚层次聚类算法的评价,表示当原来两个群体合并成新群体时,其所损失的群内相似性的比例。一般来说,SPR(Semi Partial R-Square)越小,表明合成新的群体时,损失的群内相似性比例就越小,新群体的相似性就越高,聚类效果就越好。

4. 簇类间距离

主要用于层次聚类算法的聚类评价,表示在要合并两个细分群体时,分别计算两个群体的中心,以求得两个群体的距离。一般情况下,聚类间的距离越小,说明两个聚类越适合合并成一个新的聚类。

1.6.3 关联分析的评价

关联分析中几个重要的概念分别是支持度(Support)、置信度(Confidence)、提升度

(Lift),其中支持度是指某一项集(若干商品的集合)出现的可能性,即 $support\{x \rightarrow y\} = p(x,y)$,如果支持度较低,则这一项集为非频繁项集,不具有研究价值。

置信度是指项集中 x 出现的情况下,y 出现的概率,即包括 x 的项集中同时包括 y 的可能性:$Confidence(x,y) = p(y|x) = p(x,y)/p(x)$。

提升度是在包含 y 的项集中,同时包含 x 的项集比例:$Lift(x \rightarrow y) = p(y|x)/p(y) = Confidence(x \rightarrow y)/p(y)$,提升度是为了弥补置信度的缺陷,主要用于分析 x 与 y 之间的关联强度,值越高说明关联性越强。

1.6.4 回归分析结果的评价

回归分析结果的评价分为两部分:首先是模型的评价指标,对模型结构的合理性和显著性进行评价;其次是回归模型中回归系数的评价指标。

模型指标包括 R、R^2、修正 R^2(Adjusted R-Square)、因变量预测标准误差、总离差、自由度、平均离差(Mean Square)、F 值、F 值的显著性水平(Sig)等,其中比较重要的是以下几个。

1. R^2

在模型概述表中查看,R^2 用于评价回归模型的总体表现,又称为确定性系数,表示自变量对因变量的解释程度,取值在 0 和 1 之间,值越大说明解释能力越强。

2. 调整 R^2

调整 R^2 是对 R^2 进行修正后的值,对非显著性变量给出惩罚,没有了 R^2 的统计学意义,与实际的样本的数值无关。相较于 R^2,其误差较小,是回归分析中重要的评价指标,其值越大说明模型效果越好。

3. 因变量预测标准误差

标识因变量的实际值与预测值的标准误差,其值越小说明模型的准确性越高,代表性越强,拟合性越好。

4. F 值

在方差分析表中查看,F 值用于检测回归方法的相关关系是否显著,如果显著性水平 Sig 指标大于 0.05,表示相关性较弱,没有实际意义。如果发现模型的 Sig 指标低于 0.05,但是各自变量的 Sig 指标均超过 0.05,就需要应用 t 检验来查看回归系数表中各变量的显著性水平,或者是由于自变量之间出现了共线性问题,需要通过逐步回归的方法将显著性较差的自变量剔除。

多元回归方程公式如下:

$$y = b_0 + b_1 x_1 + b_2 x_2 + \cdots + b_k x_k + e \tag{1.1}$$

要求每个 x_i 必须是相互独立的,其中 b_i 表示回归系数,回归系数可以在回归系数表中查看,其评价指标主要包括以下几个。

1) 非标准化系数

非标准化系数(Unstandardized Coefficients)就是多元回归方程公式(1.1)中的 b_i,表现在几何上是斜率,为了对非标准化系数的准确性进行衡量,使用非标准化系数误差(SER)来对样本统计量的离散程度和误差进行衡量,也称为标准误,它表示样本平均值作为总体平均估计值的准确度,SER 值越小说明系数预测的准确性越高。

2)标准化系数

在多元回归分析中,由于各自变量的单位可能不一致,因此难以看出哪个自变量的权重较高,为了比较各自变量的相对重要性,对系数进行标准化处理,标准化系数(Standardized Coefficients)大的自变量更重要。

3)t 检验及其显著性水平(Sig)

t 值是由系数除以标准误得到的,t 值相对越大,表示模型能以更高的精度估计系数,其 Sig/p 指标小于 0.05,说明显著性水平较高,如果 t 值较小且 Sig/p 指标较高,说明变量的系数难以确认,需要将其从自变量中剔除,然后继续进行分析。

4)B 的置信区间

有来检验 B 的显著性水平,主要是为了弥补 t 检验和其 Sig 值的不足,如果 B 的置信区间下限和上限之间包含 0 值,即下限小于 0 而上限大于 0,则说明变量不显著。

1.7　数据分析团队的组建

随着大数据、人工智能广泛受到关注,各企业的决策者已经具备数据驱动的意识,认识到数据分析对企业发展的潜在推动力,其中,在信息技术、金融等信息化程度较高的行业,数据分析团队建设处于领先地位,在公共管理、医疗、能源、科教等领域中已经具备信息化基础,也在逐步自建或外包数据分析团队,像制造业、建筑行业等传统行业还处在信息化建设时期,未来对数据分析的需求较大。

目前数据分析团队属于新出现的职能部门,很多数据分析团队的建设过程也面临着一些问题,如数据分析结果很难落地、业务部门缺乏协作的动力、数据分析人才紧缺等,导致虽然公司领导对数据分析团队寄予厚望,但实际对业务带来的价值却有限。面对这些问题,就要求机构在组建数据分析团队时,要建立清晰的团队建设目标,将数据分析纳入决策流程,真正建立数据驱动的决策文化。

在实践中,可按机构的信息化水平和业务特点渐进式构建数据分析团队,常见的数据分析团队的组织架构分为金字塔式和矩阵式。金字塔式结构是由首席数据官或项目经理作为领导者,带领数据科学家、数据工程师和业务专家,配合各个业务部门进行嵌入式的分析工作,这种模式可以将分析技术进行复用,又可以快速响应业务部门的要求。矩阵式结构通常没有具体的负责人,而是以数据采集、数据清洗、数据分析、决策报告等工作来划分小团队,同一个小团队可以向多个业务部门提供服务,其好处是各数据小团队专业做自己擅长的技术,数据分析专业化程度较高;缺点是要求数据团队的成员对各业务部门的知识都熟悉。

数据分析团队按照职能划分,可以分为项目经理、业务专家、数据提取人员、预处理人员、建模人员、测试人员。在实际的分析过程中,可以将部分职能岗位进行细分或合并,如数据提取人员和数据预处理人员可为同一(组)人。

1.7.1　项目经理

项目经理或团队领导者通常肩负着定义团队目标、组建管理团队、出具数据分析报告等至关重要的职责,主要负责整个分析任务的目标设计、分工协调、方案设计和最终分析报告的总结生成等,其核心工作在于将各职能人员的目标尽可能保持一致,并对各成员的输出进行确认,以防止出现数据处理不合格影响模型的效果,最终无法得到最优模型。

要求项目经理具备丰富的项目管理经验,对于算法、模型、技术有一定的了解,最好是技术出身,静可研究技术,动可理解沟通业务,能够与业务部门合作,减少团队成员的工作阻力,激发团队热情,挖掘更多的数据价值。

1.7.2 业务专家

在某些专业性较强的领域中,数据分析人员需要对业务需求尽快熟悉,需要在业务专家的指导下对需求或目标进行细化,以制定相应的数据要求说明书和分析模型设计规划。业务专家的角色在数据分析中非常重要,对模型在实际应用中进行应用检验都需要业务人员的确认,否则模型容易得出某些行业常识性结论,贻笑大方。

1.7.3 数据工程师

数据工程师需具有编程能力,对算法、数据架构、软件工程有深入理解,对数据分析有一定的理解更好,其主要工作是将分析模型集成和应用,还要对数据进行收集、整理和清洗,好的数据质量可以极大地减少建模的工作量和提高模型的性能。此外,在模型的实际应用过程中,部署和维护都需要有较强的软件系统设计和开发能力。从职能上可将数据分析工程师细分为数据平台架构师、开发工程师、运维工程师等。

在数据分析过程中,很多数据是可遇不可求的,在实际分析过程中,需要对第三方的数据进行提取以补充到数据集中,这部分人员要求有一定的编程经验,特别是需要掌握一定的爬虫技术,对于 HTTP 等网络协议有一定的了解,能够在较短的时间内编写相应的代码对网站内容进行爬取。常见的爬取编程语言为 Python 等,其优势是目前有较多的第三方框架支持快速抓取内容,当然 Java、C♯ 等也可以实现相同的功能。

数据预处理的主要工作是对数据进行清洗,包括去除空值、异常数据,从而提高原始数据集的质量。另一项工作是通过对数据进行多表关联查询和统计,将复杂字段统计之后提交给模型分析人员,减少模型的预处理时间,提高效率,并在建模之前对数据进行探索,能够进行统计型的数据分析。

1.7.4 数据建模人员

数据建模人员包括两大类,分别是数据分析师和数据挖掘工程师。数据分析师要有科研能力,主要工作是对行业数据进行整理、分析,以做出行业研究、评估和预测等,通过使用工具软件来实现数据的商业价值。数据分析师至少要熟练掌握 SPSS、EViews、SAS 等数据分析软件中的一种,最好具备一定的编程能力。

数据挖掘工程师需要具备一定的数学知识,掌握类似高等数学、概率统计、线性代数等数理常识,要对各种分类、聚类、关联、回归等算法的特点和应用条件较为熟悉,能够结合业务情况和实际提供的数据集进行相应算法的选择,并且能够对算法进行一定程度的调优。

1.7.5 可视化人员

一图胜千言,分析结果的呈现是整个分析任务的整体表现,好的数据可视化不仅采用图形表格,而且对数据变化的过程和趋势进行展示,需要可视化人员依据行业或产品进行设计,按照不同场景和性能要求,选择合适的可视化技术,并制作样例。优秀的可视化工程师不仅可进行视觉设计,还具有一定的前端开发能力,使用 Node.js 或其他第三方组件进行数据动态展现。

1.7.6　评估人员

模型建好之后,需要在测试环境和生产环境进行测试和验证,评估人员在业务专家的配合下对模型进行不同应用场景的测试,以便查找模型中的过拟合、异常情况处理不足等问题,特别是在医疗领域,需要经过多轮反复验证后才可以投入使用。

1.8　数据分析人才培养的难题

数据分析行业可附加至其他行业中,所以这方面的人才需求缺口很大,只要具有一定的数据分析能力,薪资待遇普遍较高,但是岗位要求不低,需要的是复合型人才,具有发现问题、分析问题、解决问题的能力,能够结合商业、数据、问题等形成解决方案。

具体来看,数据分析人员需要掌握数据挖掘、统计学、数学等基本的数理原理和常识,需要掌握并熟练运用某一数据挖掘软件,如 SPSS、SAS、R 等。除此之外,还需要熟悉各类模型算法的特点,以及在各种场景中如何进行选择和应用,相应的人才标准较高,培养难度较大,需要经过实战案例训练逐步提高数据挖掘水平。

1.8.1　数理要求高

鉴于数学相关专业的学习曲线较为陡峭,大多数人对于数学相关的理论望而生畏,愈发难以深入学习。目前对从事数据分析行业的人才这方面的要求较高,在数据分析过程中,需要运用高等数学、线性代数、概率论、离散数学、统计学等,如果缺少扎实的数学基础,在模型建模过程中很难做到创新,只能照猫画虎。

1.8.2　跨学科综合能力欠缺

如果是开发人员,可以通过编程实现,可以使用 Python 等语言应用相关模型,或者使用 Weka 框架来实现。这就需要有一定的软件工程师的背景,或者具有较快的跨学科学习和应用能力,可以快速使用现有框架进行模型建模和应用。

在目前的软件从业人员中,大部分开发人员对于数理知识并不精通,特别是统计学等理论。而数学、统计学等专业人员往往更精通理论而缺少编程经验,对于快速实现模型的应用又具有局限性,特别是在数据提取、预处理、分析结论可视化等方面,需要与软件开发人员进行配合。

在数据分析过程中,需要掌握的技术除建模软件和分类、聚类、回归等算法外,还需要对 Spark、Flink 等平台具有应用经验,对编程语言 Java、Python 或 R 等至少熟练运用,同时还要求熟悉数据库等,具有一定的数据管理优化能力。综合能力要求较高,而上述技术或框架是近几年刚开始流行的且更新很快,每个分支达到熟练应用均需花费较长时间进行学习与实践,对从业者的能力和能否持续学习都具有考验。

1.8.3 国内技术资料少

由于数据分析属于 IT 行业新兴行业分支,国内的技术资料较少,如果要与时俱进,需直接阅读国外资料,要求能够流畅阅读国外技术资料和书籍,同时要具有较强的信息检索和查找能力,在遇到问题时,可快速定位问题的原因并获取其他人的解决方案。

1.8.4 实践机会少

目前数据分析行业的实践机会较少,一方面是企业对于数据分析的投入相较于信息化建设较少,数据分析项目虽然越来越多,但总体数量上仍然具有更大的潜力;另一方面,软件开发和数学专业的从业人员更愿意停留于当前专业领域中,对于主动从事跨专业研究的动力不足。随着数据分析人员的需求增多,待遇随之水涨船高,将吸引更多的人才跨专业学习,主动进入数据分析行业。

数据分析行业虽然前景好、待遇高、人才需求大,但与其他行业一样,并非所有人都适合此行业,在入行之前,首先要对岗位和自身进行评估,好好思考这些问题:What、Why、How,即数据分析行业是干什么的,有哪些知识要求?我为什么要加入这一行业,是因为兴趣吗?我自身有哪些优势?要想达到较高的水平,要如何干?可从以下几方面进行评估。

1. 职业爱好

数据分析行业仍然属于 IT 行业,这一行业普遍要求务实、严谨、少说多做的风格,属于在后台默默工作付出的那一层级,需要思考能否与枯燥的代码为伴,并乐在其中。

2. 思维能力

数据分析人员要求具有较强的逻辑思维和推理能力,需要从数字中探寻出业务的核心规律,最好能有见微知著和创新的能力,如果经过培训之后仍然对于数据没有感觉或不敏感,可能说明不适合与数据打交道。

3. 学习能力

技术发展很快,需要不断跟进学习新的技术、新的处理过程等,这是与其他行业差别较大的地方,在 IT 行业中,某一项技术从流行到消失一般只有几年的时间,所以要求从业人员不断学习,不断提高。当然,IT 行业的原理性知识,如数理知识、数据结构、操作系统等技术理论变化很少,主要的变化还是理论的具体应用,万变不离其宗。

4. 沟通能力

数据分析行业需要跨部门沟通,与业务部门、研发部门进行合作,特别是项目经理等领导岗位,既要有合作意识又要有推动能力,在协调过程中争取更多的支持,减少摩擦,使最终分析结果能够给各企业带来正向的收益。

5. 业务知识

理解业务知识可以快速选择合适的模型和算法,少走很多弯路,不需要对模型结果反复评估就可以确认此模型是否符合业务需要。理解数据与业务流程、组织架构对企业的影响,对业务具有敏感度,可以更好地推动数据分析为产品服务,不至于闭门造车,最终帮业务部门提供快速决策支持。

数据分析基础

思 考 题

1. 数据分析的价值是什么？
2. 举例说明数据分析的过程。
3. 数据预处理阶段包括哪些工作？
4. 概述常见的数据分析方法。
5. 对数据分析师的基本要求是什么？

第2章 Anaconda 的安装与使用

Python 目前普遍应用于人工智能、科学计算以及大数据处理等领域，调用 Python 中数量庞大的标准库和第三方库可实现不同的应用。正是由于库的数量庞大，管理及维护这些库成为一件复杂且费力的工作。Anaconda 就是这样一个 Python 的集成平台，包含数百个科学包。

2.1 Anaconda 的下载与安装

进入官方网站下载页面，下载对应平台的安装包。这里以 Windows 64 位系统为例，下载 64 位 Windows 包后开始安装，安装过程中会出现是否将 Anaconda 添加至环境变量中的选项，勾选后安装程序将自动将 Anaconda 添加至环境变量中，如图 2.1 所示。若不勾选，则需要在安装完成后手动添加路径。

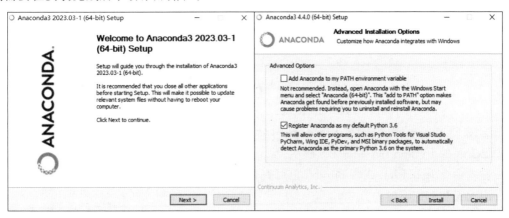

图 2.1 Anaconda 的安装过程

在 Anaconda 安装完成后，可在 Windows 开始菜单中找到 Anaconda 相关菜单，如图 2.2 所示。

或者打开命令行 cmd(Anaconda Prompt)，输入命令 pip --version，若安装成功，则会显示当前安装 pip 的版本号，如图 2.3 所示。

打开 Anaconda，其界面如图 2.4 所示，包括 JupyterLab、RStudio 以及 Spyder 等集成开发环

图 2.2 Anaconda 菜单栏

图2.3　pip版本号

境。Environments 中可自定义环境,并在环境中添加所需的 Python 库,如图2.4所示。

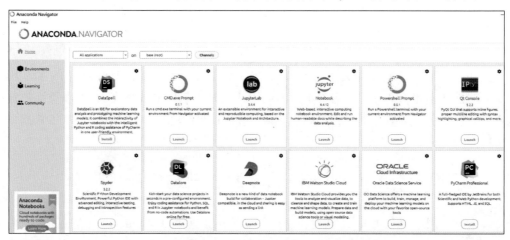

图2.4　Anaconda Navigator 主页

pip 和 conda 是常用的包管理器。pip 允许用户在任何环境中安装 Python 包,但不进行严格的依赖检查,否则容易产生冲突;而 conda 允许用户在 conda 环境中安装库,库之间有严格的依赖检查。pip 已经内置在系统中,除使用命令 pip install --upgrade pip 升级外,无须再次安装。

2.2　配置 Python 库

选择 Environments,安装 Anaconda 时会自行创建一个 base(root)环境,右侧是这个环境中已安装的 Python 库,如图2.5所示。

输入命令 conda list 或者 pip list 也可查看 base 环境下安装的库,如图2.6所示。

库的安装有如下两种方式。

(1)通过控制台 cmd 安装。

输入命令 pip install --name<env_name><package_name><==version>。

其中,--name<env_name>指该库所安装的环境名,<package_name>指该库的名称。若不指定环境名,则默认在目前选定的环境下安装该库,通过指令 activate<env_name>可切换当前环境。<==version>指该库的版本号,若不指定,则默认为新版本。例如安装1.9.3版本的 NumPy,则命令为 pip install numpy==1.9.3。

(2)在 Anaconda 内直接安装。

在选定环境内查看所有(All)或未安装(Notinstalled),然后在 Search Packages 中输入需要安装的库名称并进行搜索。例如需要在 base 环境下安装 TensorFlow 库,则输入 TensorFlow 后进行搜索,得到的结果如图2.7所示。

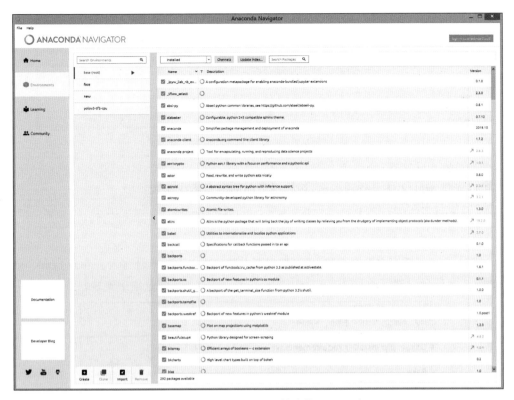

图 2.5　配置 Anaconda 环境中的 Python 库

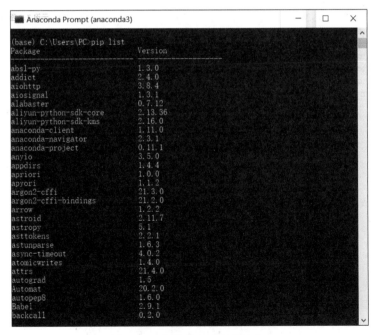

图 2.6　查看所有已安装的库

选中需要安装的 TensorFlow 库后单击 Apply。Anaconda 将搜索新版本的 TensorFlow 库,随后单击 Apply 即可安装。若需安装旧版本的库,则需使用 cmd 命令进行安装。

24

图 2.7　搜索 TensorFlow 库

（3）安装 whl 文件。

可以先把 whl 文件下载到本地，然后用下面的命令离线安装：

```
pip install matplotlib-3.4.1-cp39-cp39-win_amd64.whl
```

（4）集中安装多个库。

如果一个项目需要安装多个库，可以把需要安装的库以及版本号写入 requirements. txt 文件，如图 2.8 所示。然后通过 pip install -r requirements. txt 命令集中安装。

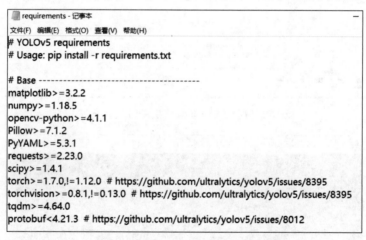

图 2.8　requirements. txt 文件示例

查看已经安装的库（例如 Tensorflow）可以使用以下命令：

```
pip show tensorflow
```

卸载已经安装的库可以使用以下命令：

```
pip uninstall package_name
```

把本地已经安装的库信息保存到 TXT 文件中可以使用以下命令：

```
pip freeze > requirements.txt
```

2.3　创建自定义新环境

在编写代码时，可能会使用到各种类型的库，然而有些库版本过高或过低可能导致无法调用该库或出现运行错误。通常情况下在一个环境内无法共存一个库的多个不同版本，而每次运行时修改环境内库的版本又过于烦琐。在这种情况下，可以使用 Anaconda 定义一个新环境解决该问题。在 Anaconda 界面中选择 Environments，并选择 Create 创建新环境 new，如图 2.9 所示。

图 2.9　使用 ANACONDA NAVIGATOR 创建新环境

随后输入新环境的名称，并选择 Python 版本，进行创建。也可使用命令 pip create --name < env_name > python==<版本号>来创建该环境。可在 Anaconda Navigator 主页切换环境，如图 2.10 所示。

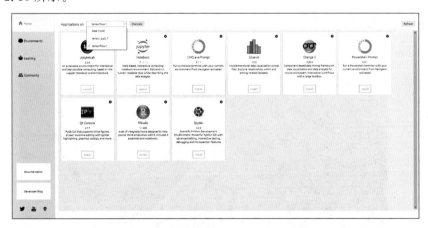

图 2.10　在 Anaconda Navigator 主页切换环境

2.4　集成开发环境的使用

在 Anaconda Navigator 首页（home）或 Windows 启动菜单 Anaconda 中选择 Spyder，创建或打开一个 Python 程序，即可进行调试、运行，如图 2.11 所示。

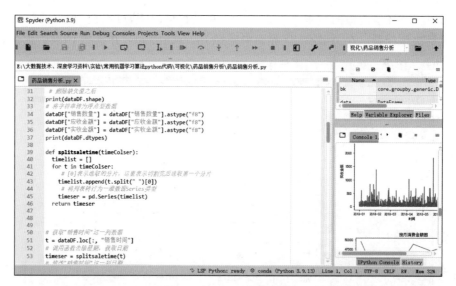

图 2.11　Spyder 集成环境

也可以在 Anaconda Navigator 首页（home）或 Windows 启动菜单 Anaconda 中选择 Jupyter Notebook，创建或打开一个新的 jupyter notebook 文件，如图 2.12 所示。

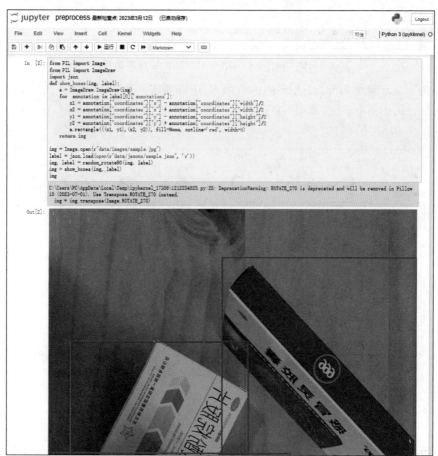

图 2.12　Jupyter Notebook 程序

单击上方的运行按钮▶可以逐段执行、调试代码。

2.5 搭建 GPU 环境

在神经网络训练过程中，经常面临神经网络过于复杂，训练集过于庞大，导致训练时间过长的问题。GPU 是常用的工具，而 Anaconda Distribution 可以很容易地启动 GPU 计算。

首先使用 Anaconda 创建一个新的 GPU 环境，随后输入命令 pip activate＜env_name＞，其中 env_name 为搭建的 GPU 环境名称，以激活该环境。

检查 TensorFlow(或 PyTorch)同 CUDA、cuDNN 版本的对应关系，以确定安装的版本号。进入 TensorFlow 官方网站，确认对应的 TensorFlow 版本。

输入命令 pip install Tensorflow-gpu＝＝＜版本号＞，如图 2.13 所示。

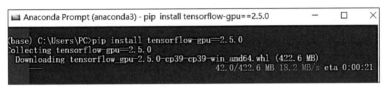

图 2.13　安装 GPU 支持的 TensorFlow

安装完成后，通过以下代码确认，若返回 True，则安装成功。

```
import Tensorflow as tf
print(tf.test.is_gpu_available())
```

思　考　题

1. 如何在 Anaconda 中安装和删除某个版本的库？
2. 讨论如何查询是否已经安装某个库，并把它更新到新的版本。
3. 如何批量安装某些版本的库？
4. 如何设置 Python 虚拟环境？
5. 如何使用 Notebook 工具调试和运行 Python 程序？

第3章 医疗保险稽核

保险欺诈是在保险孕育之初就存在的重要问题,如今所有理赔案件中赔付率和赔付金额高居不下,并且有逐年上升的趋势,成为目前保险行业的一大隐患。

目前国内外的很多保险公司都实现了线上理赔,保单数据、理赔案件大量地在线上作业完成,这对于提高用户体验有很大的促进作用,同时也提升了保险公司的整体生产效率。但是在保险理赔风险把控上存在明显不足。如何有效提高风控能力是各大保险公司目前亟须解决的问题。

3.1 数据预处理

医疗保险稽核业务具有多年的业务历史,在保险稽核行业多年信息化建设中,保险公司积累了大量的保险数据信息,这些数据具有多维度、数值化数据多等特点。然而保险稽核数据存在大量冗杂属性、噪声、数据缺失和数据错误的情况。在开始数据挖掘工作之前,需要进行数据集成、数据清洗、数据转换、特征工程和数据平衡等方面的预处理。

3.1.1 特征选择

保险稽核的数据主要来源于案件信息 CLAIM、保单信息 POLICY、医疗账单信息 BILL、银行账户信息 ACCOUNT、理赔申请 APPLICATION 等复杂的数据关系表,其主要依靠报案号 REPORT_NO 联系在一起。对这些数据表格的整理得到的类如图 3.1 所示。

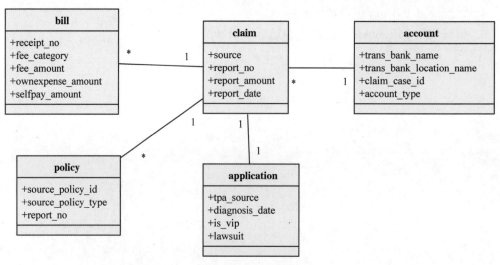

图 3.1 数据关系类图

选择 Pandas 库的 read_csv 读取数据并查看样本信息:

```
df = pd. read_csv('creditcard.csv')
df. info()
```

运行后结果如下:

```
< class'pandas. core. frame. DataFrame'>
RangeIndex:3512entries,0to3511
Datacolumns(total38columns):
# Column
---------
0id
1age
2customer_months
3policy_bind_date
4policy_state
5source
6loss_code
7area
...
30total_claim_amount
31injury_claim
32property_claim
33vehicle_claim
34auto_make
35auto_model
36auto_year
37fraud
dtypes:float64(1),int64(18),object(19)
memoryusage:897.9 + KB
```

所有的字段并非都是需要的特征,需要分析这些字段对稽核案件的影响,去除对结果影响不大的字段,这有助于算法将训练的注意力集中在主要的特征上,提升模型的泛化能力。选择过程如下:

```
< class'pandas. core. frame. DataFrame'>
df = df[[
'age',
'customer_months',
'policy_bind_date',
'policy_state',
'phone',
'source',
'loss_code',
'area',
'insured_zip',
'insured_sex',
'insured_education_level',
'insured_occupation',
'insured_hobbies',
...
'incident_hour_of_the_day',
'number_of_vehicles_involved',
'property_damage',
'bodily_injuries',
```

```
'witnesses',
'police_report_available',
'amount',
'injury_claim',
'property_claim',
'vehicle_claim',
'fraud']]
```

3.1.2　数据清洗

由于系统的不断升级换代，表结构会经常变化，这样会导致后续新增的字段在历史数据中缺失。前端限制需求在不断变化后，对数据的标准也会有影响。这样的数据如果直接应用到数据挖掘中，很容易造成模型结果的失真，所以在使用这些数据之前，需要进行数据清洗。

1. 缺失值处理

执行代码 df_null＝df.isnull()后，可以得出每个特征的取值缺失比例如下：案件来源缺失笔数为 1150，出险地区缺失笔数为 1042，固定电话缺失笔数为 32，出险经过缺失笔数为 345，出险原因缺失笔数为 560。对于这些缺失的数据，一般会采用插补和直接删除两种方案处理。

固定电话 PHONE 字段是系统的主要数据，在正常情况下是必填字段，不会出现这样的缺失值，在查找具体存库的时间和原因后，发现是系统 Bug 导致的，对于这样的数据，由于本身缺失的比例比较小，可以直接进行删除。代码如下：

```
df.dropna(self,axis = 0,how = 'any')
```

此外，还存在部分案件来源 SOURCE、出险原因 LOSS_CODE 的缺失数据，由于案件来源和出险原因是通过下拉页面选择的，都属于分类变量，有选项范围和默认值，一般这种缺失值可以通过默认值和众数进行插补。可以通过使用 KNN 方法选择目标数据邻近的 k 个数据，对缺失目标的缺失值进行补充。此方法在处理缺失数据时的优点是快速、高效，在面对连续有较多缺失数据时会有降低准确性的风险。

```
def missingData(data):
    #基于业务填补
    data.SOURCE[data.SOURCE.isnull()] = data.SHRP[data.SOURCE.isnull()]
    data.LOSS[data.LOSS.isnull()] = data.SHRP[data.LOSS.isnull()]
    data = fitDGFNatureByCLAC(data)
    #KNN 填补
    return KNN(k = 3).fit_transform(data)
```

2. 错误数据处理

在分析数值型变量时，发现药品费用、诊疗费用、材料费用、手术费用、住院费用等与正常值有较大差距的值，为了不影响这些数据对模型的负面影响，需要先找出这些数据。对于这些数据进行标准化，去除绝对值对结果的影响，然后用箱线图的方式进行异常值的查找。其中，上边界以上、下边界以下的数据可以认为是异常数据。对异常的数据采用删除的方式。下面箱线图的代码展示了药品、诊疗、材料、手术、住院 5 个类别的数值分布，可见材料和手术中的数据有较多的异常值是偏大的。

```
path = 'claim.csv'
data = pd. read_csv(path,sep = ',')
drug = data['drug']
treatment = data['treatment']
material = data['material']
operation = data['operation']
in_hospital = data['in_hospital']
labels = {'药品','诊疗','材料','手术','住院'}
plt. boxplot([drug,treatment,material,operation,in_hospital],labels)
plt. show()
```

就诊金额数据的箱线图如图 3.2 所示。

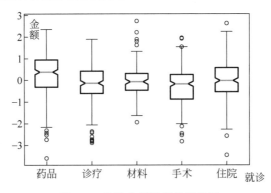

图 3.2　就诊金额数据的箱线图

3.1.3　数据离散化

稽核数据中有很多是连续的数据,对这些数据进行离散化,能够提高算法的效率。在分析药品金额时,金额的绝对值不利于理解,这里把药品金额按照数值的高低分为一、二、三、四、五 5 个档次,这样在分析每个理赔报案的药品金额时能够在全局上对该理赔报案人员进行把握。此外,把所有客户的报案次数进行离散化,可以分为一般用户、报案偏多用户和异常用户三种类型。应用 K-Means 算法对药品金额进行聚类离散化。

```
data = pd. read_csv(r'.\claim.csv',encoding = 'gbk')
x = data[['Shd','Amount']]
♯聚类实现
kms = KMeans(n_clusters = 3)
♯进行聚类,确定每一行的数据属于哪一类
y = kms. fit_predict(x)
```

3.1.4　特征值处理

在上述数据清洗后,还需要对数据进行降维,可以采用以下降维方法:因子分析、独立成分分析和主成分分析(PCA)。

通过对众多特征值的分析处理,删除对分类模型影响不大的特征:出险地点、案件来源、银行信息、缴费频率、医院等级等,选择主要的特征变量:出险原因、索赔金额、是否黑名单、药品/诊疗/材料/手术费用和总金额的比值。

3.1.5 数据平衡

fraud 字段表示该样本是否为欺诈样本,使用以下代码对欺诈和非欺诈样本比例进行查看:

```
df['fraud'].value_counts()
```

结果如下:

```
99228
525
Name:fraud,dtype:int64
```

近 10 万条训练样本中,具有欺诈风险的数据,即数据集中类为 1 的数据有 525 条。欺诈风险案件和正常案件的比值是 1:189,这种数据分布是不平衡的。

对模型训练而言,如果欺诈的训练样本太少,容易导致分类模型缺少足够的学习样本,进而导致无法判断出少量样本的类。数据不平衡常用的方法是过采样和增加权值等方案。这里采用的是过采样,通过使用重复、自举或合成少数类过采样的 SMOTE 算法来生成新的欺诈风险案件的数据。

```
from imblearn.over_sampling import SMOTE
smo = SMOTE(random_state = 42)
df,label = smo.fit_sample(df,label)
```

通过 SMOTE 算法,系统将欺诈和非欺诈案件的数量比例设置为 1:1,以补充小类数据的不足。

3.1.6 样本权重系数设置

在保险欺诈场景下,将负样本预测为正样本比将正样本预测为负样本代价要大得多,因此在训练中可能需要对训练样本设置权重,让样本在训练时乘以一个系数。这里通过添加一个新定义的代价调整函数来实现。可以手动调参,例如将错误分类为正确的样本权重设置为 7,正确分类为错误的样本权重设置为 1。

```
#新定义的代价调整函数
def _beta(self,y,y_hat):
    res = []
    for i in zip(y,y_hat):
        if i[0] == i[1]:
            res.append(1)
        elif i[0] == 1 and i[1] == -1:
            res.append(7)
        elif i[0] == -1 and i[1] == 1:
            res.append(1)
        else:
        print(i[0],i[1])
        return np.array(res)
```

3.1.7 数据转换

自理、自费等项目的费用对于不同的疾病情况有不同的阈值参考,绝对值不能直接用于数据分析,也没有参考意义,因此利用它和发票总金额的比值作为特征值进行分析。

投保人与被保人的关系包括本人、配偶、子女、父母等多种情况。在分析欺诈风险的案件中,只要考虑本人和非本人就够了,具体的投保人和被保人的关系对结果的影响不大,所以投保人和被保人的关系主要分为本人和非本人。

3.2　医疗保险稽核建模和评估

在数据预处理后,可以进行模型的训练。本案例主要运用 AdaCostBoost 算法对稽核数据进行训练,并进行验证。

对比传统的 AdaBoost,其改进版 AdaCostBoost 算法更加注重将负样本错分类为正样本的情况。在 AdaBoost 训练的过程中,对于分类错误的样本,模型会为这个样本增加对应的权重,而不分正负样本,而改进的 AdaCostBoost 算法将对把负样本分类为正样本的情况放大,具体的做法是乘以 beta 系数,让模型更加关注将负样本错分类为正样本的情况。

sklearn 库中的 AdaBoostClassifier 用于分类,可以使用下面的语句实现模型的构建:

```
bdt = AdaBoostClassifier(algorithm = "SAMME", n_estimators = 200, learning_rate = 0.8)
bdt.fit(x, y)
```

通过 sklearn. metrics 中的 accuracy_score, recall_score, f1_score 可以得到 AdaBoost 模型的评估结果。

通过分析数据可知,AdaBoost 的总体准确率有 89%。然而在保险欺诈的场景下,该算法在错误分类时,对于负样本错判为正样本,或者正样本错判为负样本,由于代价不同,需要进行权值调整。在上一节准备了 beta 调整函数,通过新增的调整函数可以将错分样本按照代价大小再次做权值区分,_boost_real() 中的权值需要乘上新增函数 self._beta(y, y_predict)。

```
sample_weight * = np. exp(estimator_weight * ((sample_weight > 0)|
(estimator_weight < 0)) * self._beta(y, y_predict))
```

通过调整 beta 系数,在精确性提升的同时召回率有了一定的下降,以 F1 作为一个整合的指标。对比可知,通过阈值的设置,改进后的算法的精确值和 F1 值更高了。

AdaBoostClassifier 算法中主要的参数有 n_estimators,即基分类器提升次数,默认是50 次。n_estimators 过大或过小都会有不足:值过大,模型容易过拟合;值过小,模型容易欠拟合。

上面当 n_estimators＝200,ACC 为 0.91,REC 为 0.86,F1 为 0.91 时,效果不是很好。通过增加弱分类的数量至 700,三个值分别是 0.92、0.84 和 0.91。由于在 n_estimators 取值 300 再新增弱分类器个数后,数据的精确度有所下降,故认为 n_estimators＝300 时的效果最好。错误率随 n_estimators 的调参变化如图 3.3 所示。

通过上面的过程,发现 AdaCostBoost 这种自适应的模型与报案稽核模型判断的准确度是很契合的,能够满足稽核业务的预测要求,减少了大量人力的支持。

经过上述分析,说明在保险稽核业务汇总 AdaCostBoost 对于业务的分析是很合适的,能够有效地识别问题案件,并且获得比较高的准确性。

选用其他模型与 AdaCostBoost 进行对比。

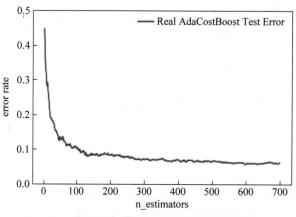

图 3.3　错误率调参曲线图

（1）SVM 模型：

```
from sklearn.svm import SVC
svm = SVC(C = 100, probability = True)
svm.fit(x, y)
svm_score = svm.score(valid_x, valid_y)
```

（2）逻辑回归模型（LR）：

```
from sklearn.linear_model import LogisticRegression
lr = LogisticRegression()
lr.fit(x, y)
lr_score = lr.score(valid_x, valid_y)
```

（3）随机森林模型（RF）：

```
RF = RandomForestClassifier(max_features = None, bootstrap = False)
RF.fit(x, y)
RF_score = RF.score(valid_x, valid_y)
```

（4）KNN 模型（KNN）：

```
knn = KNeighborsClassifier(n_neighbors = 3)
knn.fit(x, y)
knn_score = knn.score(valid_x, valid_y)
```

（5）决策树模型（DT）：

```
DT = DecisionTreeClassifier()
DT.fit(x, y)
DT_score = DT.score(valid_x, valid_y)
```

（6）朴素贝叶斯模型（GS）：

```
GS = GaussianNB()
GS.fit(x, y)
GS_score = GS.score(valid_x, valid_y)
```

（7）伯努利朴素贝叶斯模型（BNL）：

```
BNL = BernoulliNB()
BNL.fit(x, y)
BNL_score = BNL.score(valid_x, valid_y)
```

（8）XGBoost 模型：

```
import xgboost as xgb
xgb_train = xgb.DMatrix(x,y)
xgb_test = xgb.DMatrix(valid_x,valid_y)
xgb_model = xgb.train(dtrain = xgb_train,params = params)
xgb_predict = xgb_model.predict(xgb_train)
```

将多种模型与 AdaCostBoost 算法进行对比，比较的指标包括 ACC、REC、F1、AUC 等。其中部分模型的比较如表 3.1 所示。

表 3.1 算法比较

算　　　法	ACC	REC	F1	AUC
AdaCostBoost	0.92	0.84	0.91	0.97
SVM	0.88	0.79	0.88	0.96
LR	0.87	0.92	0.87	0.87
GS	0.86	0.72	0.84	0.85
XGBoost	0.85	0.77	0.87	0.88
BNL	0.89	0.84	0.87	0.90
RF	0.90	0.85	0.84	0.89

通过实验分析可知，在小样本的数据训练中，SVM 的效率更高，但是准确率比较低，毕竟 AdaCostBoost 算法是一种自适应的算法，通过大量的数据和多种弱分类不断自适应后，AdaCostBoost 的效果要更好。而在保险稽核这种核心业务中，精准性是优先考虑的因素，着重关注对于欺诈案件的稽核，实际业务中宁可错分正常案件为欺诈案件，也不愿漏过真正有欺诈风险的报案。几种算法的性能比较如图 3.4 所示。

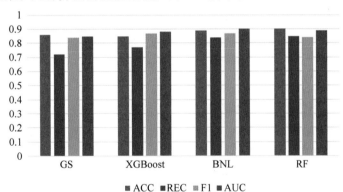

图 3.4 不同模型保险稽核预测比较

3.3 结 果 分 析

通过分析实验结果可知，对于准确率指标，AdaCostBoost 最高有 92％，比 SVM 和 LR 都高，比较符合模型要求，由于提高了准确率，因此召回率有所降低。以 AUC 值作为最终的判别标准来看，AdaCostBoost 达到了最高的 97％，AdaBoost、AdaCostBoost（靠上的曲线）的 ROC 曲线图如图 3.5 所示。在模型评估时，准确率不是唯一的指标，需要结合召回率、AUC 值和 F1 值综合考虑。在召回率可以接受的情况下，准确率最高的 AdaCostBoost 算法能有效地降低欺诈风险案件误判的概率。

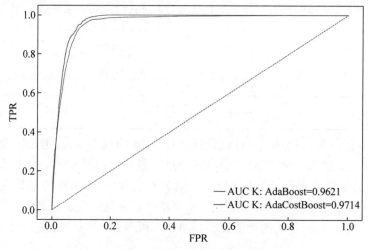

图 3.5　不同模型的保险稽核算法 ROC 曲线

思 考 题

1. 讨论如何对连续变量进行离散化。
2. 讨论如何处理数据的噪声。
3. 举例说明 SMOTE 算法的作用。
4. 如何比较不同分类算法性能的优劣。
5. 与 AdaBoost 算法相比，AdaCostBoost 算法做了哪些改进？

第4章 机器学习书籍市场分析

机器学习是人工智能的核心技术。随着人工智能的快速发展,越来越多的从业者加入这一领域,而研读机器学习书籍是常见的入门方式。我国的电子商务平台,如京东、淘宝、当当等在2010年前后如火如荼地扩张,到现在已经占领几乎一半的消费者市场。对于图书出版商和经销商,什么样的机器学习书籍能够带来较高的经济收益是需要关注的重点。对读者而言,了解机器学习书籍的市场情况也有助于挑选和甄别内容丰富、质量上乘的好书。

本案例主要从电商的视角出发,通过数据可视化技术,从价格分布、出版时间、出版社、品牌、店铺和所占市场份额等多方面分析机器学习书籍的市场情况。基于随机森林、XGBoost等方法对畅销因素进行分析,并通过K-Means算法对书籍进行聚类,分析各类别特征。然后,尝试对电商平台上机器学习书的销量进行预测建模,分析应用效果。最后,基于分析结果对机器学习书的销售提出建议。

4.1 数 据 获 取

数据获取是数据分析的第一步。要获取电商平台上机器学习书的多维度属性数据,需要对机器学习书的市场做一个较为全面、客观的认识和分析:明确在市场分析过程中的代表性字段,这些字段需要具有实际意义,并避免冗余。然后,从分析实际问题的角度,将数据分成书籍本身的属性和其他属性两大类。

在书籍属性上,用户首先看到的是商品名和商品描述,一般由较长的文本表示,包含概要、面向人群、书籍类型、使用何种编程语言等丰富信息。此外,搜索算法也会偏重于这两个字段匹配结果,因此,书名和描述较为关键。其次,价格是顾客是否购买一件商品的重要因素。除此之外的店铺名、出版社、品牌能够为书籍内容和书籍质量背书,好的出版社或品牌出版的图书也更容易被社会认可。书籍相关的硬件属性包括包装、用纸、正文语种、页数,这些信息也有助于了解书籍的总体情况。

在其他数据中,与平台服务相关的预置属性为商品标签。这类字段描述了电商平台所提供的整个购买流程加售后服务所能提供的保障。例如,在某些电商平台上,商品标签就包含"自营""放心购"等。一般来说,顾客购买带有这些商品标签的商品得到的整体服务质量是要更高的,现今的电商平台消费者对于物流、运输等服务的要求比以往更高,因此可以认为这些商品标签也会对顾客的购买行为有影响。

将商品的网站链接和商品ID一并收集整理,以便后续可以进入页面查看具体信息。

经过以上分析,共收集整理18个字段,如图4.1所示,分别为商品链接、商品ID、商品名、描述、价格、店铺名、商品标签(是否为"自营"或"放心购"认证商品)、作者、出版社、品牌、包装、出版时间、用纸、正文语种、页数、评论数量、好评数、差评数。

	A	B	C	D	E	F	G	H	I	J	K	L	M	N	O	P	Q	R
1	商品链接	商品ID	商品名	描述	价格	店铺名	商品标签	作者	出版社	品牌	包装	出版时间	用纸	正文语	页数	评论数量	好评数	差评数
2	https://it	3.509E+10	机器学习 周志华 人工	智能入门教程 西瓜书机	75.2	经纶风图	放心购		清华大学出版社							179	25	0
3	https://it	11867803	机器学习	击败AlphaGo的武林秘	72.5	清华大学	自营|放心	周志华	清华大学出版社	清华大学	平装	2016/1/1	纯质纸			121528	75083	150
4	https://it	12732035	机器学习实战：基于S	"美亚"人工智能畅销榜	109.3	机械工业	自营|放心	奥雷利安	机械工业出版社	机工出版	平装	2020/10/1	胶版纸		677	47877	12950	45
5	https://it	11242112	机器学习实战(图灵出	人工智能开发图书.深度	51.4	人民邮电	自营|放心	Peter Harr	人民邮电出版社	iTuring	平装	2013/6/1	胶版纸	中文	332	116203	67591	167
6	https://it	12871544	机器学习理论导引 周	机器学习领域著名学者	62.3	机械工业	自营|放心	周志华	机械工业出版社	机工出版	平装	2020/6/1	胶版纸		193	13899	1570	5
7	https://it	12522711	机器学习基础	机器学习领域的里程碑	76.9	机械工业	自营|放心	梅尔亚·	机械工业出版社	机工出版	平装	2019/5/1	胶版纸		274	20885	5060	20
8	https://it	2.045E+10	【正版】深度学习 DeepLearning中文版 AI圣		117.5	凤凰新华书店旗舰店		伊恩·古	人民邮电出版社	凤凰新华	平装	2017/8/1				530	230	1
9	https://it	7.036E+10	周志华作品 AI人工智	周志华作品 AI人工智能	125	芝麻开门	放心购|门	周志华	清华大学出版社			2020/5/31				766	78	0
10	https://it	12654474	Python机器学习手册：	用近200个小任务的解决	70.2	电子工业	自营|放心	ChrisAlbo	电子工业出版社	博文视点	平装	2019/7/1	胶版纸	中文	368	9412	1258	8
11	https://it	12951372	阿里云天池大赛赛题	揭开人工智能算法的神	81.1	电子工业	自营|放心	天池平台	电子工业出版社	博文视点	平装	2020/9/1	胶版纸		376	43082	22092	61
12	https://it	11676112	图解机器学习(图灵出	图解机器学习(图灵出品	41	人民邮电	自营|放心	杉山将	人民邮电出版社	iTuring	平装	2015/4/1	胶版纸	中文	226	95076	54621	189
13	https://it	12593313	机器学习中的数学 人	一本有趣、好学的机器	73.6	中国水利	自营|放心	孙博	中国水利水电出	智博尚书	平装	2019/11/1	胶版纸		357	25352	7932	23
14	https://it	4.058E+10	Python机器学习(原书第2版)		67.6	文轩网旗舰店		塞巴斯蒂	机械工业出版社	文轩		2019/1/1				59	8	0
15	https://it	12626565	Python编程从数据分析	手机扫码看608分钟同步	49.9	智博尚书	自营|放心	刘瑜	中国水利水电出	智博尚书	平装	2020/2/1	胶版纸		439	40012	12397	61
16	https://it	12941944	机器学习的数学理论	涵盖机器学习的各种数	53.6	机械工业	自营|放心	史斌	机械工业出版社	机工出版	平装	2020/8/1	胶版纸	中文	152	20885	5060	20
17	https://it	12954866	TensorFlow深度学习—	系统论述深度学习的算	70.4	清华大学	自营|放心	龙良曲	清华大学出版社	清华大学	平装	2020/7/1	胶版纸		416	937	100	0
18	https://it	12429306	机器学习实战：基于S	前谷歌工程师撰写，"美	87.3	机械工业	自营|放心	奥雷利安	机械工业出版社	机工出版	平装	2018/8/1	胶版纸		459	47877	12950	45
19	https://it	12301195	Python机器学习基础教	Python机器学习基础教	66.2	人民邮电	自营|放心	安德里亚	人民邮电出版社	iTuring	平装	2018/1/1	胶版纸	中文	285	116204	67592	167
20	https://it	1.167E+10	Python机器学习		60	文轩网旗舰店		塞巴斯蒂	机械工业出版社	文轩		2017/3/1				118	44	0
21	https://it	12685964	机器学习：原理、算法	机器学习：原理、算法	74.8	清华大学	自营|放心	雷明	清华大学出版社	清华大学	平装	2019/9/1	胶版纸		416	3742	552	2
22	https://it	7.036E+10	周志华作品 AI人工智	周志华作品 AI人工智能	58	芝麻开门	放心购|门	周志华	清华大学出版社			2020/5/31				766	78	0
23	https://it	12935194	机器学习中的数学修	步步为营，砥砺机器学	70.4	清华大学	自营|放心	左飞	清华大学出版社	清华大学	平装	2020/7/1	胶版纸		420	850	116	0
24	https://it	1.016E+10	机器学习	新华书店正版保证，关	59.5	文轩网旗	满99-5	周志华著	清华大学出版社	文轩		2016/1/1				6610	5604	24
25	https://it	12615065	深入浅出图神经网络：	极验AI&图项目团队倾	69.1	机械工业	自营|放心	刘忠雨	机械工业出版社	机工出版	平装	2020/1/1	胶版纸		224	47877	12950	45
26	https://it	2.616E+10	Python机器学习基础教程		58.5	文轩网旗舰店		安德里亚	人民邮电出版社	文轩		2018/1/1				342	162	2
27	https://it	12957010	程序员面试宝典：百	人工智能时代程序员不	157.5	人民邮电	自营|放心	葫芦娃	人民邮电出版社	异步图书	平装	2020/8/1	胶版纸			386	33	1
28	https://it	12685447	白话机器学习的数学(	基于Python代码的机器	49.4	人民邮电	自营|放心	立石贤吾	人民邮电出版社	iTuring	平装	2020/6/1	胶版纸	中文	260	116203	67591	167
29	https://it	12510821	机器学习：算法视角	CRCPress机器学习领域	76.9	机械工业	自营|放心	史蒂芬·	机械工业出版社	机工出版	平装	2019/4/1	胶版纸		288	20885	5060	20
30	https://it	[illegible]	[illegible]	[illegible]	106.4	[illegible]	[illegible]	[illegible]	[illegible]	[illegible]	[illegible]	2020/5/1	胶版纸		456	13606	5514	30

商品数据

图 4.1　收集的商品数据

书籍评论共整理 1264 条，存储在 comments. xlsx 文件中。书籍评论中包括书籍编号(Book_id)、评论用户名(Username)、评论时间(Comment_time)和评论内容(Comment)等，如图 4.2 所示。

Book_id	Username	Comment_time	Comment
70360732846	jd_187388rfo	2020/12/2 20:02	非常好，包装的非常精美，
70360732846	Kushim_Hu	2020/9/3 10:57	品相很好，书页质量没得说，文字打印清晰
70360732846	流小熙	2020/7/29 09:19	书很新很好\n下次还会再来\n机器学习冲冲冲
70360732846	白色的米	2020/12/20 17:14	书本外包装完好无损，里面字体打印清晰，很好
70360732846	j***p	2020/12/4 17:17	图书很好，包装精细，内容详实
70360732846	Starryhzx	2020/11/18 13:20	书很好，字印的很清楚。
70360732846	y***5	2020/11/2 09:30	很好啊，大神力作，值得细读。。。
70360732846	jd_151266svo	2020/9/15 12:05	书很好，物流也非常的快
70360732846	jd_178639tqb	2020/9/2 17:16	书很好~包装也很好~没有破损也没有空白页~纸张的质量也不错~开始学习！
70360732846	高乐高lego	2020/12/21 14:12	西瓜书已经在看了，一眼正品，大吉大利，最近吃瓜！
70360732846	jd_187388rfo	2020/12/2 20:02	非常好，包装的非常精美，
70360732846	Kushim_Hu	2020/9/3 10:57	品相很好，书页质量没得说，文字打印清晰
70360732846	流小熙	2020/7/29 09:19	书很新很好\n下次还会再来\n机器学习冲冲冲
70360732846	白色的米	2020/12/20 17:14	书本外包装完好无损，里面字体打印清晰，很好
70360732846	j***p	2020/12/4 17:17	图书很好，包装精细，内容详实
70360732846	Starryhzx	2020/11/18 13:20	书很好，字印的很清楚。
70360732846	y***5	2020/11/2 09:30	很好啊，大神力作，值得细读。。。
70360732846	jd_151266svo	2020/9/15 12:05	书很好，物流也非常的快
70360732846	jd_178639tqb	2020/9/2 17:16	书很好~包装也很好~没有破损也没有空白页~纸张的质量也不错~开始学习！
70360732846	高乐高lego	2020/12/21 14:12	西瓜书已经在看了，一眼正品，大吉大利，最近吃瓜！
70360732846	jd_187388rfo	2020/12/2 20:02	非常好，包装的非常精美，
70360732846	Kushim_Hu	2020/9/3 10:57	品相很好，书页质量没得说，文字打印清晰
70360732846	流小熙	2020/7/29 09:19	书很新很好\n下次还会再来\n机器学习冲冲冲
70360732846	白色的米	2020/12/20 17:14	书本外包装完好无损，里面字体打印清晰，很好
70360732846	j***p	2020/12/4 17:17	图书很好，包装精细，内容详实
70360732846	Starryhzx	2020/11/18 13:20	书很好，字印的很清楚。

图 4.2　收集的商品评论

这里以评论的文本内容分析为例，基于中文分词、关键词提取和文本情感分析等方法，对书籍的优点和不足进行分析，为市场分析提供支持。

4.2　数据预处理

首先进行数据清洗。观察数据可以发现，在关键词"机器学习"的搜索结果中存在一些并非机器学习书的条目，例如图 4.3(a)中存在智能早教机器人、为机器学习提供性能服务的工作站等噪声数据。由于此类产品价格较高,均在 500 元及以上,因此在 Excel 表中对价格排序即可将这些噪声数据检索出来并去除。

收集到的数据中还存在一些以"拍拍"为前缀的二手书,如图 4.3(b)所示。这些数据虽然书名与真实书名一致,但是因为其二手属性,价格比正常销售的书籍更低,且评论数量远低于正常销售的书籍。因此,对这些二手书籍也进行数据清洗。经过清洗之后,数据量从 5916 条降低到 5282 条。

(a) 噪声信息:早教机器人

(b) 二手书数据

图 4.3　噪声信息

通过观察,还发现亟待处理的问题:

(1) 同一字段的数据格式不统一。

(2) 存在缺失值和异常零值。

缺失值处理的三种方法:

(1) 直接使用含有缺失值的特征。

(2) 删除含有缺失值的特征。

(3) 缺失值补全。

按下来进行常规的数据预处理操作。

1. 去除唯一属性

唯一属性通常是一些 ID 属性,这些属性并不能刻画样本自身的分布规律,所以直接删除这些属性即可。

2. 特征编码

(1) 数据离散化:离散化的过程是将连续数值型的属性转换为离散数值型的属性,设定一个阈值作为划分属性值的分隔点。将价格和畅销程度做数据离散化,这样处理过的数值更适合进行分类分析。

(2) 特征数值化:将文本字段的特征转换为机器可以处理的离散数值。将是否实战、PyTorch 框架是否做了 0/1 数值化,对于商品标签做了统计数值化,对于出版社、品牌、作者进行数值化打分,为后续的随机森林、K-Means 聚类分析做准备。

(3) 独热编码(One-Hot Encoding):对品牌进行独热编码,独热编码采用 N 位状态寄存器来对 N 个可能的取值进行编码。其优点是能够处理非数值属性;在一定程度上扩充了特征;编码后的属性是稀疏的,存在大量的零元分量。因为机器学习领域的品牌并不多,因此 One-Hot 向量并不会太长。编码后可以使后续分析建模更加方便。

3. 数据标准化

有些算法要求样本具有零均值和单位方差,以消除样本不同属性具有不同量级时的影

机器学习书籍市场分析

响,主要原因包括以下几点:

(1)数量级的差异将导致量级较大的属性占据主导地位。

(2)数量级的差异将导致迭代收敛速度减慢。

(3)依赖于样本距离的算法对于数据的数量级非常敏感。

例如在数据分析阶段,进行回归分析建模的过程中,数据标准化对模型的准确性以及训练速度产生积极影响。

对数据进行预处理,还包括以下内容。

1. 格式不统一

可以发现在整理"出版社"字段的过程中,会有同一出版社被编辑成不同字段名的情况,例如"机械工业出版社"被写成"机械工业出版社""机械工业"等多种格式,如图4.4所示。可采取如下解决方案:

(1)在数据预处理过程中将其格式统一。

(2)对属于相同信息的不同格式字段进行分组,如图4.5所示。

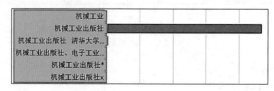

图4.4　出版社名称格式不一致

图4.5　对格式不一致的数据分组

2. 从整理的原始字段生成计算字段

第一个计算字段是"出版年份",即将 YYYY/MM/DD 格式的出版时间离散化为出版年份。原始数据的出版时间粒度精确到"天",粒度划分太细会导致在可视化和聚类等模型分析中过于分散。在 Excel 中使用 VBA 语言将出版时间格式化为年份。

```
= TEXT([@出版时间],"YYYY")
```

将时间格式化成只包括年的4位数字,处理后的字段如图4.6所示。

第二个计算字段是"是否为实战类书籍",即在书名和描述中检索是否有类似"实战"等关键词。在机器学习书市场中,实战类机器学习书和非实战类机器学习书是势均力敌的两类图书,前者以案例为出发点,指导读者进行实践或实验;后者偏向理论学习。

使用 Excel 的 VBA 语言在书名中检测是否带有"实战""案例"或"实践"这样的词语,若有则归类为实战类图书,用1表示,反之则归类为非实战类图书,用0表示。导出"是否实战"字段的 VBA 程序语句如下:

出版时间	出版年份
2016/1/1	2016
2020/10/1	2020
2013/6/1	2013
2020/6/1	2020
2019/5/1	2019
2017/8/1	2017
2020/5/31	2020
2019/7/1	2019
2020/9/1	2020
2015/4/1	2015
2019/11/1	2019
2019/1/1	2019
2020/2/1	2020
2020/8/1	2020

图4.6　导出"出版年份"

$= IF(COUNTIF(B2,"*案例*") + COUNTIF(B2,"*实战*") + COUNTIF(B2,"*实践*") > 0,1,0)$

如图 4.7 所示,计算后的字段如第 T 列所示。对这个属性进行统计,实战类的图书有 247 条记录。

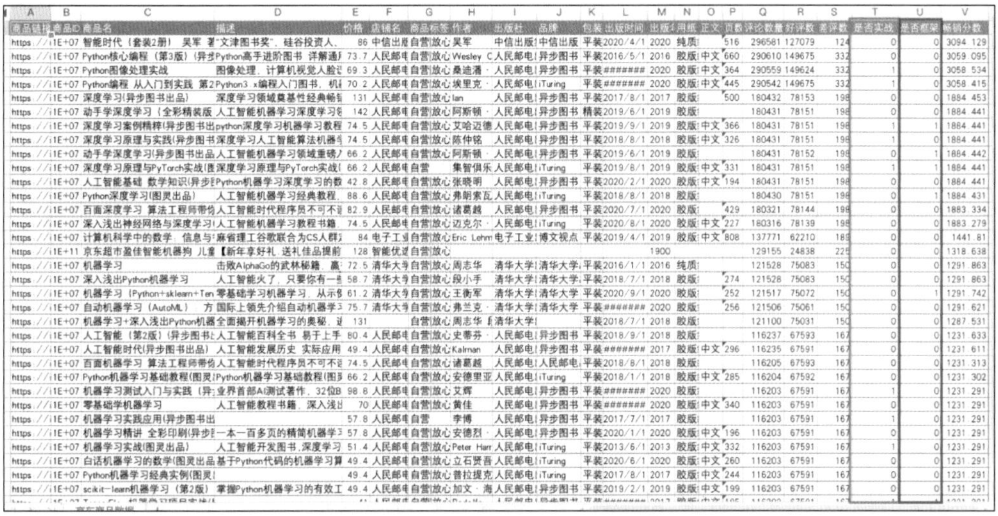

图 4.7 导出"是否实战"和"是否框架"

第三个字段是"是否有具体框架",方法是在书名和描述中检索是否有类似 PyTorch 等关键词。与"是否为实战类书籍"类似,一部分机器学习书中会使用 PyTorch、TensorFlow 等开源框架,是否使用框架也是一个比较重要的信息。计算后的字段如图 4.7 右数第 1 个方框所示。对这一属性进行统计,带有编程框架的图书有 49 条记录。

3. 空值和异常零值处理

在商品标签、作者、品牌、语种、页数字段上都有空值出现。对于前 4 个字段的空值,直接置为 Null。在可视化时会将空值自动分为一组,到时直接排除这样的异常数据点即可。例如在分析过程中通过添加"异常值排除"的条件以避免空值干扰正常分析。对于数值类型的页数,以平均值进行填充。

4. 生成畅销分数字段

在当前的数据字段中,与书籍是否畅销有关的有三个字段:评论数量、好评数和差评数。基于日常经验和数据观察进行如下假设:

(1)商品售后有默认评论功能(只打星级,不作为好评),因此评论数量确实能够较为准确地反映销量。

(2)部分商家有刷好评的行为,因此对于好评数的权重可以适当降低。

(3)往往一件商品真情实感的差评相对于激励机制下的好评更能够反映出可能存在的缺憾和不足,因此对于差评,权重可以适当加大。

基于以上考虑,可以用评论数量、好评数、差评数设计公式计算畅销分数,以作为书籍销售表现的指标,其计算公式如下:

$$畅销分数 = (评论数量 + 0.1 \times 好评数 - 差评数)/100 \times (差评数 + 1)$$

下面论证公式的合理性。在真正将畅销分数作为数据分析师的评估指标之前,应当对其合理性做出详细的解释。根据相关评论对新增销量的研究,差评率对于畅销情况的影响与评论数量在相同量级,而好评率的比重则低一个量级,说明好评数增多对于新增销量的影响较小,反而增多的差评数对产品销量的减损比较大。因此,在公式的分子上,用 0.1 的权重来削弱好评数的重要性。而在分母上,差评率的信息量会更大一些,所以给其重大权重值,以减少商家自己刷好评行为、顾客好评返现的激励行为等带来的影响。由于有一些书籍的差评数量为 0,为了避免除零操作,对分母采用加 1 来修正。

为了更直观地阐述畅销分数公式的合理性,考虑 A 和 B 这两本书的情况:

A:评论很多,但差评也很多(评论数量 6000,好评数 2000,差评数 135)。

B:评论稍微少一些,但好评数量一样(评论数量 5000,好评数 2000,差评数 0)。

计算得到:

$$\text{畅销分数 A} = (6000 + 200 - 135)/13\,600 = 0.45$$

$$\text{畅销分数 B} = (5000 + 200 - 0)/100 = 52$$

可以看到,在评论数量相差不太大的情况下,差评数对于畅销分数的影响是可以体现出来的,一定程度上可以避免刷好评行为对数据分析产生的干扰。将如上公式应用于 Excel 文件,如图 4.8 所示。

商品ID	商品名	描述	价格	店铺名	商品标签	作者	出版社	品牌	包装	出版时间	出版纟	用纸	正文语	页数	评论数量	好评数	差评数	是否实战	是否框架	畅销分数
12829340	智能时代（套装2册）吴军	“文津图书奖”、硅谷投资人、《见	86	中信出版	自营|放心	吴军	中信出版集	中信出	平装	2020/4/1	2020	纯质纸		516	296581	127079	124	0	0	733541.95
11936238	Python核心编程（第3版）(	Python高手进阶图书 详解通用应用	73.7	人民邮电	自营|放心	Wesley Chu	人民邮电出	异步图	平装	2016/5/1	2016	胶版纸	中文	660	290610	149675	332	0	0	266389.49
13031528	Python图像处理实战	图像处理，计算机视觉人脸识别医	69.3	人民邮电	自营|放心	桑迪潘·戴	人民邮电出	异步图	平装	2020/12/1	2020	胶版纸	中文	364	290559	149624	332	1	0	266293.79
11993134	Python编程 从入门到实践 第	Python3.x编程入门图书，机器学习	70.2	人民邮电	自营|放心	埃里克·马	人民邮电出	iTuring	平装	2020/10/1	2020	胶版纸	中文	445	290542	149675	332	1	0	266267.83
12128543	深度学习(异步图书出品)	深度学习领域奠基性经典畅销书，	131	人民邮电	自营|放心	Ian	人民邮电出	异步图	平装	2017/8/1	2017	胶版纸		500	180432	78153	198	0	0	170504.02
12705606	深度学习案例精粹(异步图书	python深度学习机器学习教程，机	74.5	人民邮电	自营|放心	艾哈迈德·	人民邮电出	异步图	平装	2019/9/1	2019	胶版纸	中文	366	180431	78151	198	1	1	170501.98
12671722	深度学习原理与PyTorch实战	深度学习原理与PyTorch实战(图灵	66.2	人民邮电	自营	集智俱乐部	人民邮电出	iTuring	平装	2019/8/1	2019	胶版纸	中文	331	180431	78151	198	1	1	170501.98
12403177	深度学习原理与实践(异步图	深度学习人工智能算法机器学习真	74.5	人民邮电	自营|放心	陈仲铭	人民邮电出	异步图	平装	2018/8/1	2018	胶版纸	中文	326	180431	78151	198	1	0	170501.98
12820786	人工智能基础 数学知识(异步	Python机器学习深度学习的数学，	42.8	人民邮电	自营|放心	张晓明	人民邮电出	异步图	平装	2020/2/1	2020	胶版纸	中文	194	180431	78151	198	0	0	170501.98
12527061	动手学深度学习(异步图书出	人工智能机器学习领域重磅入门自	66.2	人民邮电	自营|放心	阿斯顿·张	人民邮电出	异步图	平装	2019/6/1	2019	胶版纸			180431	78152	198	0	1	170502.07
12613094	动手学深度学习（全彩精装	人工智能机器学习深度学习领域重	142	人民邮电	自营|放心	阿斯顿·张	人民邮电出	异步图	精装	2019/6/1	2019	胶版纸			180431	78151	198	0	0	170501.98
12409581	Python深度学习(图灵出品)	人工智能机器学习经典教程，用Py	88.6	人民邮电	自营|放心	弗朗索瓦·	人民邮电出	iTuring	平装	2018/8/1	2018	胶版纸			180430	78151	198	0	1	170500.13
12899852	百面深度学习 算法工程师带	人工智能时代程序员不可不读深度	82.9	人民邮电	自营|放心	诸葛越	人民邮电出	异步图	平装	2020/7/1	2020	胶版纸		429	180321	78144	198	0	0	170297.73
12950464	深入浅出神经网络与深度学	人工智能机器学习教程书籍，李航	74.5	人民邮电	自营|放心	迈克尔·尼	人民邮电出	iTuring	平装	2020/8/1	2020	胶版纸	中文	227	180316	78139	198	0	0	170288.02
12584970	计算机科学中的数学：信息	麻省理工谷歌联合为CS人群定制的	84	电子工业	自营|放心	Eric Lehma	电子工业出	博文视	平装	2019/4/1	2019	胶版纸	中文	808	137771	62210	189	0	0	104273.83
12401357	深入浅出Python机器学习	人工智能火了，只要你有一些程序	58.7	清华大学	自营|放心	段小手	清华大学出	清华大	平装	2018/7/1	2018	胶版纸		274	121528	75083	150	0	0	103731.28
11867803	机器学习	击败AlphaGo的武林秘籍，赢得人	72.5	清华大学	自营|放心	周志华	清华大学出	清华大	平装	2016/1/1	2016	纯质纸			121528	75083	150	0	0	103731.28
12713161	机器学习（Python+sklearn+T	零基础学习机器学习，从示例入手	61.2	清华大学	自营|放心	王衡军	清华大学出	清华大	平装	2020/9/1	2020	胶版纸		252	121517	75072	150	0	1	103712.15
12743219	自动机器学习（AutoML）：	国际上领先介绍自动机器学习的书	75.7	清华大学	自营|放心	弗兰克·亨	清华大学出	清华大	平装	2020/10/1	2020	胶版纸		256	121506	75061	150	0	0	103693.03
12456705	机器学习+深入浅出Python机	全面揭开机器学习的奥秘，进入人	131		自营|放心	周志华 段	清华大学出版社		平装	2018/7/1	2018	胶版纸			121100	75031	150	0	0	103018.54
12401871	人工智能（第2版）(异步图	人工智能百科全书 易于上手的人工	80.4	人民邮电	自营|放心	史蒂芬·卢	人民邮电出	异步图	平装	2018/9/1	2018	胶版纸			116237	67593	167	0	0	84984.715
12210593	人工智能时代(异步图书出品	人工智能发展历史 实际应用 解密	49.4	人民邮电	自营|放心	Kalman	人民邮电出	异步图	平装	2017/10/1	2017	胶版纸	中文	296	116235	67591	167	0	0	84981.731
12401859	百面机器学习 算法工程师带	人工智能时代程序员不可不读机器	74.5	人民邮电	自营|放心	诸葛越	人民邮电出	人民邮	平装	2018/8/1	2018	胶版纸			116205	67593	167	0	0	84939.185
12301195	Python机器学习基础教程(图	Python机器学习基础教程(图灵出品	66.2	人民邮电	自营|放心	安德里亚斯	人民邮电出	iTuring	平装	2018/1/1	2018	胶版纸	中文	285	116204	67592	167	0	0	84937.693
12763913	零基础学机器学习	人工智能教程书籍，深入浅出神经	70	人民邮电	自营|放心	黄佳	人民邮电出	异步图	平装	2020/12/1	2020	胶版纸	中文	340	116203	67591	167	0	0	84936.201
11242112	机器学习实战(图灵出品)	人工智能开发图书,深度学习实践	51.4	人民邮电	自营|放心	Peter Harri	人民邮电出	iTuring	平装	2013/6/1	2013	胶版纸	中文	332	116203	67591	167	1	0	84936.201
12685447	白话机器学习的数学(图灵出	基于Python代码的机器学习算法入	49.4	人民邮电	自营|放心	立石贤吾	人民邮电出	iTuring	平装	2020/6/1	2020	胶版纸	中文	260	116203	67591	167	0	0	84936.201
12163851	Python机器学习经典实例(图灵出品)		49.4	人民邮电	自营|放心	普拉提克·	人民邮电出	iTuring	平装	2017/8/1	2017	胶版纸	中文	244	116203	67591	167	0	0	84936.201
12542116	scikit-learn机器学习（第2版	掌握Python机器学习的有效工具，	49.4	人民邮电	自营|放心	加文·海克	人民邮电出	异步图	平装	2019/2/1	2019	胶版纸	中文	199	116203	67591	167	0	1	84936.201
12604859	机器学习精讲 全彩印刷(异步	一本一百多页的精简机器学习入门	57.8	人民邮电	自营|放心	安德烈·布	人民邮电出	异步图	平装	2020/1/1	2020	胶版纸	中文	196	116203	67591	167	0	0	84936.201

图 4.8　加入“畅销分数”后的数据表

关于销量信息,由于收集的字段中能够间接反映销量的只有评论数相关的三个字段(评论数量、好评数、差评数),没有多个参数可以联合建模销量。因此,在分析时,仅使用评论总数作为衡量销量的指标。

5. 数据离散化

1) 价格区间——对价格字段进行离散化处理

书籍价格属性是连续型数值,在后续分类、聚类等数据分析中将其离散化为 4 个区间,分别是[0,25]为低,[25,65]为中,[65,100]为较高,[100,]为高,如图 4.9 所示。

价格描述	价格
高	114
较高	78.3
较高	78.3
高	263
较高	66
较高	95.9
较高	69.5
中	53.4
中	33.9
较高	87.1
较高	69.3
中	60.5
较高	65.2
中	56.9
较高	66.2
中	57.2
中	44.9
较高	98.8
中	56.9

图 4.9　价格离散化

2) 畅销程度

由于后续使用分类算法对商品销量进行建模时,目标变量需要一个“类别”型变量,而上述公式计算出的畅销分数是一个连续型变

量。因此,对畅销分数也需要做离散化,划分为"超畅销""畅销""一般""较不畅销""不畅销"5个分类。VBA语句如下:

```
= IF(AC21 > 100000,"超畅销",IF(AC21 > 2000,"畅销",IF(AC21 > 200,"一般",IF(AC21 > 1,"较不畅
销","不畅销"))))
```

至此,处理后的数据保存在 MLBOOK_DATA.xlsx 中,准备后续进行建模分析。

6. 特征数值化

在收集的"商品标签"字段中,包含电商平台提供的服务程度,包括"自营""放心购""券减""包邮"等特征。在数据分析过程中,将这些特征按照服务类型数值化。其中,"自营"和"放心购"是电商所能提供服务可靠性的指标,因此将其作为一组,用新建的"服务标签"字段来表明该商品占了这两个服务中的几个。例如商品标签为"自营"的商品的服务标签是1,"自营|放心购"的服务标签为2。其次,考虑到商品是否包邮相对而言对顾客的购买行为会产生更大的影响,因此单独作为一个"包邮"字段,用0和1来标识该商品是否包邮。数值化后的数据表如图4.10所示。

是否包邮	服务标签	商品标签
0	2	自营|放心购
0	2	自营|放心购
0	2	自营|放心购
0	2	自营|放心购
0	2	自营|放心购
0	2	自营|放心购
0	2	自营|放心购
1	1	放心购|免邮|券每满300减30|
1	1	放心购|免邮|券每满300减30|
1	1	放心购|免邮|券每满300减30|
1	1	放心购|免邮|券每满300减30|
0	1	放心购|券每满300减30|满赠
1	1	放心购|免邮|券每满300减30|
1	1	放心购|免邮|券每满300减30|
1	1	放心购|免邮|券每满300减30|
1	1	放心购|免邮|券每满300减30|
1	1	放心购|免邮|券每满300减30|
1	1	放心购|免邮|券每满300减30|
0	1	放心购|门店有售|到店自取|券
0	1	放心购|门店有售|到店自取|券
0	1	放心购|门店有售|到店自取|券
0	2	自营|放心购
0	2	自营|放心购
0	0	
0	0	
0	2	自营|放心购
0	2	自营|放心购
0	0	券99-2
1	0	免邮|券79-2
0	1	放心购
0	0	券158-3

图 4.10 商品标签数值化

4.3 市场总体分析

书籍的销量与作者、出版社品牌有直接关系,专业且读者基础好的出版社,更易受到大众的青睐。价格也是影响销量的因素之一。电商作为一个集购物、物流、售后服务于一体的

平台,电商平台的推荐算法和搜索引擎算法决定了其较明显的马太效应,即提供更好服务的店铺在相同品类图书的评论数也较多,因此电商店铺、服务保障程度、评论数对顾客的购买行为有较大的影响。

对于技术类书籍,出版时间对顾客的购买行为也会产生影响。由于机器学习领域知识迭代更新较快,不断有新的算法或理论出现,读者可能更倾向于购买最近出版的书籍。从经验上来看,大多电商网站也会将新出版的书籍显示在搜索结果较靠前的位置。当然,也存在一些机器学习领域历久弥新的经典著作。

一般认为包装、用纸、正文语种、页数 4 个字段对于商品的销量的影响十分有限。为了详细分析上述影响因素,下面对其进行初步的数据分布可视化。

1. 用户评论对比分析

以出版社为单位,统计不同出版社的评论数量、好评数和差评数,以对比分析出版社的市场份额,结果如图 4.11 所示。

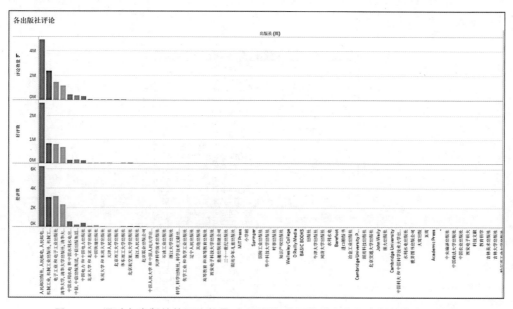

图 4.11　通过各出版社的评论数量、好评数和差评数对比分析出版社的市场份额

由各出版社的评论总值不难看出,排名靠前的出版社分别是人民邮电出版社、机械工业出版社、电子工业出版社和清华大学出版社。在销售表现上,这 4 家出版社更显著,其评论数量、好评数和差评数的分布都较为相似。出版社是顾客选择购买图书的一个重要因素。

接下来以店铺为单位,通过各店铺的评论数量、好评数和差评数对比分析店铺的市场份额,结果如图 4.12 所示。

在数据预处理之前,将数据导入 Tableau 软件进行预览,发现机器学习早教相关的物品更畅销,且比机器学习书籍高出很多。

在数据预处理后的各店铺评论如图 4.13 所示。可以发现,上榜的均为以"＊出版社"或"＊自营店"或"＊旗舰店"结尾的店铺,即各出版社的直销专营店或较为权威可靠的专营店。这样的店铺能够给顾客带来较为安全可靠的购物服务和售后保障。

从可视化结果来看,店铺的销量情况总体来说比较均匀,没有出现出版社这样"四家独

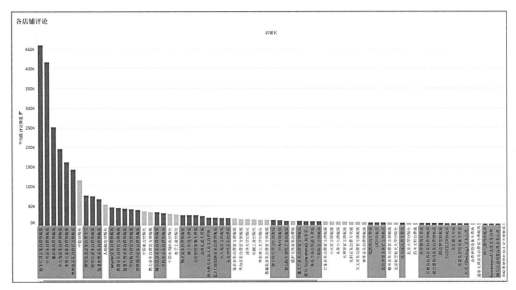

图 4.12 按店铺可视化评论数量

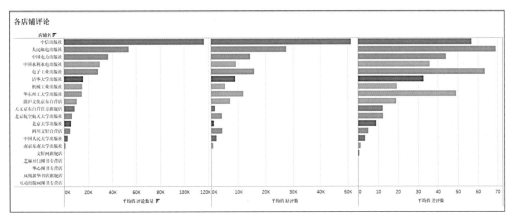

图 4.13 通过各店铺的评论数量、好评数和差评数对比分析店铺的市场份额

大"的情况。因此,认为店铺对书本的销量确实有影响,但没有出版社的影响大,并且以"＊出版社"或"＊自营店"或"＊旗舰店"结尾的店铺有更好的销量表现。

2. 按品牌对比分析

在各品牌中,占市场份额最大的品牌分别为异步图书、机械工业出版社、iTuring、博文观点和清华大学出版社,如图 4.14 所示。其中,几个老牌出版社在此不做赘述,对异步图书、iTuring 和博文视点进行分析。

作为计算机专业学生或计算机相关从业者,知道异步图书是异步社区旗下的图书品牌。异步社区是由人民邮电出版社创办的社区(博文视点和 iTuring(图灵社区)与之类似,分别是电子工业出版社和人民邮电出版社旗下的品牌)。其作为 IT 知识分享社区凝聚了一大批进行知识分享和交流的 IT 从业者、社区活跃用户和品牌追随者。因此,这个品牌占有大的市场份额并不令人惊奇,这也可以启发想要进入机器学习书籍市场的出版社或品牌,可以先从社区、论坛、BBS 等知识分享公共讨论场入手,发布优质的内容,形成有凝聚力的社群,逐步建立自己的品牌、特色和影响力。

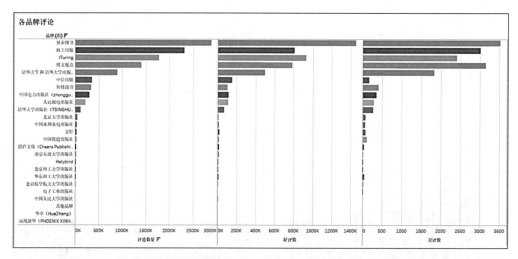

图 4.14　通过各品牌的评论数量、好评数和差评数对比分析品牌的市场份额

3. 出版社书籍价格分布

对各出版社的平均价格进行可视化分析,结果如图 4.15 所示,其中纵坐标是书籍的平均价格,横坐标是出版社。

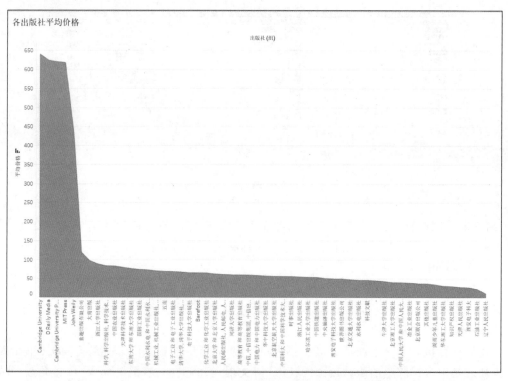

图 4.15　各出版社平均价格分布

从图 4.15 可以看出,价格比较高的书基本是国外出版社的英文原版书。把这些书暂时排除,对常规的中文图书市场的价格分布进行可视化,如图 4.16 所示。

从图 4.16 可以看出,各国内出版社的图书平均价格基本是均匀分布的,最低价为 10～20 元,绝大多数为 30～60 元。

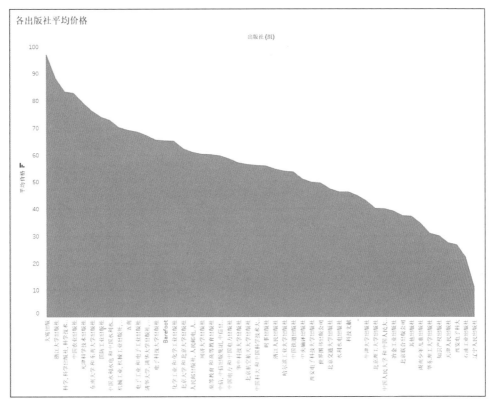

图 4.16　去除海外出版社后的价格分布

4. 出版时间分析

统计分析不同年份出版的书籍数量,结果如图 4.17 所示,其中纵坐标是图书数量,横坐标是出版年份。

可以看到,机器学习图书的出版从 2016 年开始突飞猛进。实际上,在 2016 年 AlphaGO 打败李世石震惊世界,人工智能,尤其是机器学习技术受到了空前的关注。从出版时间分布来看,2020 年出版的书籍数量超出其他年份许多,推测这是电商平台的搜索引擎算法会使近年出版的图书显示在搜索结果中较靠前的原因。

5. 包装、正文语种、用纸分布分析

用包装类型对书籍进行分组并计数,用颜色来指示书籍的正文语种,可视化结果如图 4.18 所示。

可以看到,平装书和中文书占所有书的绝大部分。中文繁体书数量很少,几乎全部采用轻塑纸的纸张类型。精装书数量也很少,且精装书中绝大部分都是英文图书。由于整理的样本中英文书籍有其独特的特点(例如其价格较高),因此在后续的市场分析中会对英文书籍进行单独的讨论。

6. 按书的出版年份和价格分布

对出版年份和价格进行可视化,结果如图 4.19 所示。

可以看到,对价格进行离散化区间划分后的分布大致是一个接近正态分布的偏态分布。近 4 年出版的书籍占绝大多数,而价格极高的少部分书籍出版的年份相对比较久远,回溯原始数据,发现这些书籍大多是 2012 年前后出版的经典英文版书籍。

机器学习书籍市场分析

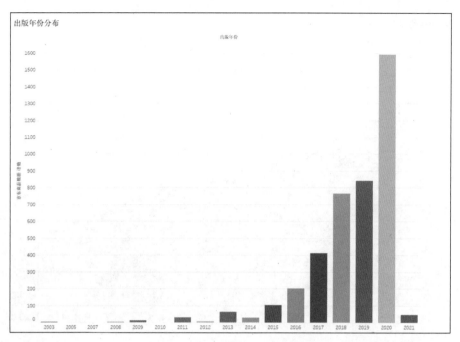

图 4.17　不同年份出版的图书数量

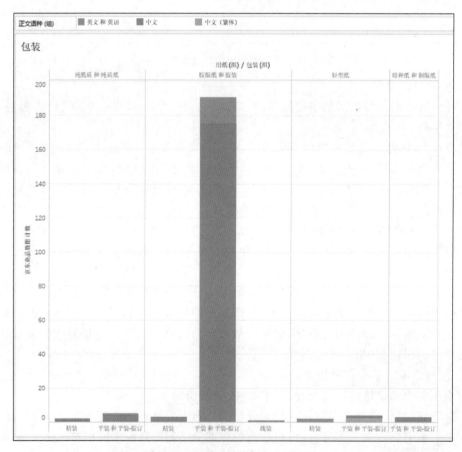

图 4.18　包装、正文语种、用纸分布

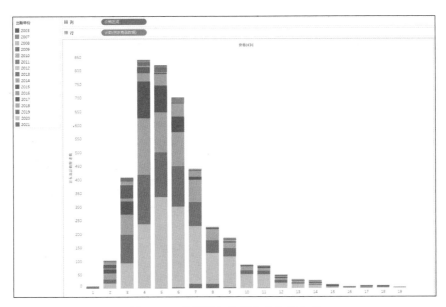

图 4.19　按出版年份划分的价格分布

　　为了获取英语图书的有关情况,将搜索关键词设置为 machine learning,在网站上重新进行整理,价格分布如图 4.20 所示。

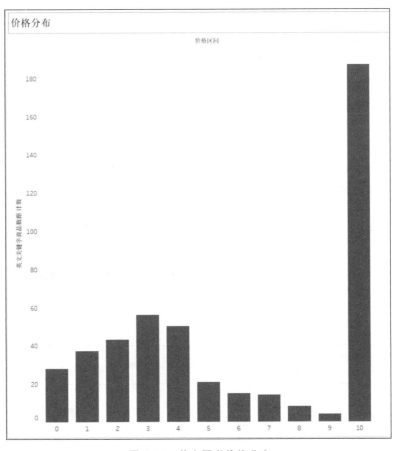

图 4.20　英文图书价格分布

49

第4章

机器学习书籍市场分析

纵坐标是英文书籍计数,横坐标是不同的数据分组。近一半分布在 200 元以上。因此,英文图书价格相较中文图书要高不少。

因此,价格也可以视为一个影响销量的因素,主要体现在价格较高(70 元以上认为价格较高)的书籍销量较低。

7. 作者的影响力分析

将某一作者在电商平台上的销售图书进行统计,结果如图 4.21 所示。图中纵坐标是电商平台书籍数量计数,横坐标是书籍作者。同一柱状图中不同线段表示不同年份出版的书籍。

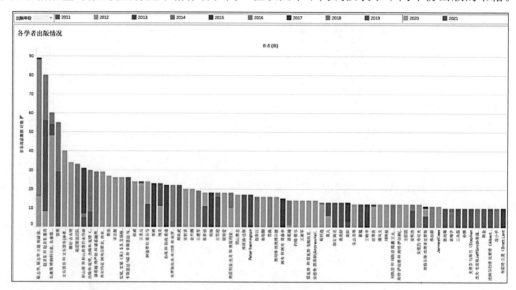

图 4.21　各作者的影响力

可以看到,在机器学习书市场上影响最大的 4 位学者分别是周志华、朱塞佩、雷明和立石贤吾。其他作者的书籍上架情况较为平均,均在 10~30 本(次)。与出版社对销量的影响类似,作者也是顾客购买图书的重要因素。在市场上受到广泛认可、影响力较大的教师所写的图书会获得更好的销量。

8. 图书的实战性

在整理的记录中,实战类书籍占 5918 条记录中的 2121 条,占到 1/3 以上市场。而在标记为"畅销"的共 2659 条记录中,实战类书籍是理论算法类书籍的 3.17 倍,分别是 146 本和 46 本,分别占总数的 76.04% 和 23.9%。可视化结果如图 4.22 所示。

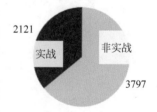

图 4.22　实战类书籍占比

以实战案例为导向的书籍在畅销书中占绝大多数,这表明读者对于面向应用的、直接上手可操作的书籍有更为浓厚的兴趣和购买欲望。

4.4　书籍畅销因素分析

4.4.1　随机森林模型

使用随机森林算法建模机器学习书的畅销程度,将前文预处理的数据存为 MLBOOK_

DATA. xlsx,然后调整其各列名,以方便在后续分析中引用:

```
df = pd.read_excel("MLBOOK_DATA.xlsx")
df.columns = ["ID","Name","Desc","PriceDesc","Price","Store",
"IsFreeship","ServiceTag","BookTag","Author","AuthorScore",
"PublisherScore","PublisherCode","Publisher","BrandScore",
"Brand","Package","PubDate","PubYear","Paper","Language",
"PageSize","CommentCount","GoodCount","BadCount","IsPractise",
"IsFramework","SellLevel","SellScore"]
```

首先使用 Pandas 加载 Excel 文件,得到 DataFrame 对象。然后对原始的列名进行修改,将商品 ID、商品名、描述、价格描述、价格、店铺名、是否包邮、服务标签、商品标签、作者、作者评分、出版社评分、出版社编码、出版社、品牌分数、品牌、包装、出版时间、出版年份、用纸、正文语种、页数、评论数量、好评数、差评数、是否实战、是否框架、畅销程度、畅销分数等改成英文字符,方便后续分析。然后调用 df.info()方法得到各列的信息。

```
< class'pandas.core.frame.DataFrame'>
Int64Index:841entries,0to840
Datacolumns(total29columns):
#ColumnNon-NullCountDtype
---------------------------
0ID841non-nullfloat64
1Name841non-nullobject
2Desc804non-nullobject
3PriceDesc841non-nullobject
4Price841non-nullfloat64
5Store818non-nullobject
6IsFreeship841non-nullfloat64
7ServiceTag841non-nullfloat64
8BookTag802non-nullobject
9Author700non-nullobject
10AuthorScore841non-nullfloat64
…
24BadCount841non-nullfloat64
25IsPractise841non-nullfloat64
26IsFramework841non-nullfloat64
27SellLevel841non-nullobject
28SellScore841non-nullfloat64
dtypes:datetime64[ns](1),float64(16),object(12)
memoryusage:197.1+KB
```

可以看到总共有 29 列、841 条数据,过滤出版社为空的行,然后保存为 filtered_book.tsv。

```
#过滤出版社为空的行
filtered_df = df[df['Publisher'].notnull()]
#保存中间结果
filtered_df.to_csv("filterd_book.tsv",sep = '\t',index = None)
#读取中间结果文件
filtered_df = pd.read_csv("filterd_book.tsv",sep = '\t')
#查看前5条样本情况
filtered_df.head()
```

保存文件时用 index=None 去除 DataFrame 中的 index 值,只保存各列的数据。这样每次程序重新运行,不必每次都做前述的数据预处理工作,得到的数据如图 4.23 所示。

机器学习书籍市场分析

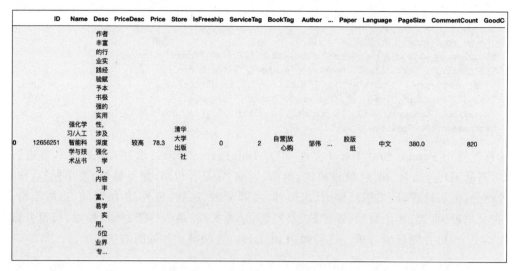

图 4.23　过滤出版社为空行后的结果

将书籍名称、描述、店铺等列进行去除或编码成数值型:

```
cols = filtered_df.columns.tolist()
sdf = filtered_df[[ "Price"," IsFreeship","AuthorScore","PublisherScore","PublisherCode",
"BrandScore","PageSize","IsPractise","IsFramework","SellLevel"]]
# 用 0 值填充空值字段
sdf = sdf.fillna(0)
# 对 SellLevel 进行标签化
factor = pd.factorize(sdf['SellLevel'])
sdf["SellLevel"] = factor[0]
definitions = factor[1]
print(definitions)
```

其中,目标变量是 SellLevel 字段,即畅销程度,将 definitions 输出。

```
Index(['一般','较不畅销','畅销','不畅销'],dtype = 'object')
```

其中的标签一般、较不畅销、畅销、不畅销分别对应 0、1、2、3。使用 sdf. SellLevel. value_counts( )
查看各标签对应的数量:

```
1311
2259
3148
072
Name:SellLevel,dtype:int64
```

其中,一般、较不畅销、畅销、不畅销对应的样本量分别为 72 条、311 条、259 条和 148 条。使
用 sdf. info()可查看各列的基本情况。

```
< class'pandas. core. frame. DataFrame'>
RangeIndex:790entries,0to789
Datacolumns(total10columns):
# ColumnNon - NullCountDtype
---------------------------
0Price790non - nullfloat64
1IsFreeship790non - nullint64
```

```
2AuthorScore 790 non-null int64
3PublisherScore 790 non-null int64
4PublisherCode 790 non-null int64
5BrandScore 790 non-null int64
6PageSize 790 non-null float64
7IsPractise 790 non-null int64
8IsFramework 790 non-null int64
9SellLevel 790 non-null int64
dtypes:float64(2),int64(8)
memoryusage:61.8KB
```

使用 sdf.describe()查看各字段对应的数值统计信息,如图 4.24 所示。

	Price	IsFreeship	AuthorScore	PublisherScore	PublisherCode	BrandScore	PageSize	IsPractise	IsFramework	SellLevel
count	790.000000	790.000000	790.000000	790.000000	790.000000	790.000000	790.000000	790.000000	790.000000	790.000000
mean	80.194013	0.178481	24.592405	42.227848	95.175949	25.101266	176.893671	0.317722	0.135443	1.611392
std	67.271250	0.383160	16.603203	13.755008	238.250815	17.655408	188.177926	0.465886	0.342413	0.891942
min	9.900000	0.000000	20.000000	10.000000	0.000000	10.000000	0.000000	0.000000	0.000000	0.000000
25%	49.925000	0.000000	20.000000	40.000000	0.000000	10.000000	0.000000	0.000000	0.000000	1.000000
50%	63.650000	0.000000	20.000000	50.000000	2.000000	10.000000	185.000000	0.000000	0.000000	2.000000
75%	82.475000	0.000000	20.000000	50.000000	3.000000	50.000000	313.750000	1.000000	0.000000	2.000000
max	703.000000	1.000000	89.000000	50.000000	700.000000	50.000000	1022.000000	1.000000	1.000000	3.000000

图 4.24　各数值型字段统计信息

可以看到,价格(Price)、作者评分(AuthorScore)、出版社评分(PublisherScore)、出版社编码(PublisherCode)等均值、最大值、最小值和标准差等信息。

采用如下代码选择特征变量和目标变量。

```
X = sdf.iloc[:,0:len(sdf.columns.tolist()) - 1].values
y = sdf.iloc[:,len(sdf.columns.tolist()) - 1].values
```

其中,$0:len(sdf.columns.tolist())-1$ 是将前面的 $N-1$ 列作为输入的特征变量,最后一列是目标变量畅销程度(SellLevel)。

采用如下代码引入模型相关组件包,并划分训练集和测试集。

```
from sklearn.model_selection import train_test_split
from sklearn.preprocessing import StandardScaler
from sklearn.ensemble import RandomForestClassifier
from sklearn.metrics import confusion_matrix
from sklearn.metrics import accuracy_score
from sklearn.metrics import recall_score
Import matplotlib.pyplot as plt
from sklearn.utils import resample
import pandas as pd
import numpy as np
X_train,X_test,y_train,y_test = train_test_split(X,y,test_size = 0.20,random_state = 21)
print("traincount:",len(X_train))
print("testcount:",len(X_test))
```

按照 2∶8 的比例分配测试集和训练集,输出结果如下:

```
traincount:711
testcount:79
```

机器学习书籍市场分析

采用如下代码对输入变量进行标准化处理和训练随机森林模型。

```
scaler = StandardScaler()
X_train = scaler.fit_transform(X_train)
X_test = scaler.transform(X_test)
classifier = RandomForestClassifier(n_estimators = 150, max_depth = 3, criterion = 'entropy',
random_state = 42)
classifier.fit(X_train, y_train)
```

随机森林模型的树数量指定为 150,最深层数为 3,采用信息的增益熵来选择合适的节点,随机数种子值为 42,以固定训练结果。经过训练之后,模型准确率可达到 99.36%。

```
# 预测测试集
y_pred = classifier.predict(X_test)
print(pd.crosstab(y_test, y_pred, rownames = ['ActualClass'], colnames = ['PredictedClass']))
```

使用 accuracy_score(y_test, y_pred)方法计算准确率值为 64.55%。通过如下代码绘制各变量的重要性。

```
importances = classifier.feature_importances_
std = np.std([tree.feature_importances_fortreeinclassifier.estimators_], axis = 0)
indices = np.argsort(importances)[:: - 1]
for f in range(X.shape[1]):
    print("% d.feature % d( % f)" % (f + 1, indices[f], importances[indices[f]]))
plt.figure()
plt.title("Feature importances")
plt.bar(range(X.shape[1]), importances[indices], color = "r", yerr = std[indices], align =
"center")
plt.xticks(range(X.shape[1]), indices)
plt.xlim([ - 1, X.shape[1]])
plt.show()
```

可视化特征的重要性,结果如图 4.25 所示,其纵坐标是特征重要度分值,横坐标是不同特征。

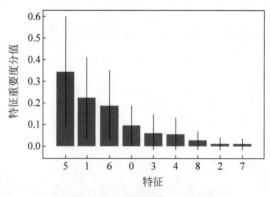

图 4.25　变量重要度可视化

```
result_importances = list(zip(df.columns[0:len(df.columns.tolist()) - 1], classifier.
feature_importances_))
result_importances.sort(key = lambdax:x[1], reverse = True)
result_importances
```

得到的变量名称和对应的重要度分值如下:

```
[('BrandScore',0.3428022722176),
('IsFreeship',0.22235596785423495),
('PageSize',0.1848230225863661),
('Price',0.0933988347875788),
('PublisherScore',0.05899335417414079),
('PublisherCode',0.053921087685175464),
('IsFramework',0.025650853746176365),
('AuthorScore',0.009200572420654897),
('IsPractise',0.00885403452807265)]
```

分析变量的重要性,综合可视化和数据挖掘算法的结论,出版社品牌是影响销量的最重要的因素,其次为是否免运费、书籍页数和价格。其他因素对于畅销程度的影响认为是十分有限的。

4.4.2　商品评论词频分析

在评论数据中,首先使用 Python 的 jieba 中文语言处理进行中文分析。

```python
import jieba
import csv
comments = []
string = ''
with open('comment.csv') as f:                          # 读取评论文件
    f_csv = csv.reader(f)
    for row in f_csv:
        comments.append(row[3])
        string += row[3]
jieba.enable_paddle()                                   # 启动 paddle 模式,不支持 0.40 版之前的版本
strs = []
strs.append(string)
for str in strs:
    seg_list = jieba.cut(str,use_paddle = True)         # 使用 paddle 模式进行分词
    print("Paddle Mode: " + '/'.join(list(seg_list)))
seg_list = jieba.cut(string, cut_all = True)
print("Full Mode: " + "/ ".join(seg_list))              # 全模式
seg_list = jieba.cut(string, cut_all = False)
print("Default Mode: " + "/ ".join(seg_list))           # 精确模式
seg_list = jieba.cut(string)                            # 默认是精确模式
print(", ".join(seg_list))
seg_list = jieba.cut_for_search(string)                # 搜索引擎模式
print(", ".join(seg_list))
```

分词结束后进行关键词词频统计,最终统计出词频前 100 名的关键词,统计结果如图 4.26 所示。

```python
import jieba
import jieba.analyse
import codecs
import re
from collections import Counter
import csv
class WordCounter(object):
    def count_from_file(self, file, top_limit = 0):
        with codecs.open(file, 'r', 'utf - 8') as f:
```

机器学习书籍市场分析

```
            content = f.read()
            content = re.sub(r'\s + ', r' ', content)
            content = re.sub(r'\. + ', r' ', content)
            return self.count_from_str(content, top_limit = top_limit)
    def count_from_str(self, content, top_limit = 0):
        if top_limit <= 0:
            top_limit = 100
        tags = jieba.analyse.extract_tags(content, topK = 100)
        words = jieba.cut(content)
        counter = Counter()
        for word in words:
            if word in tags:
                counter[word] += 1
        return counter.most_common(top_limit)
if __name__ == '__main__':
    counter = WordCounter()
    result = counter.count_from_file(r'comm.txt', top_limit = 100)
    key_f = open('key.txt', 'w', encoding = 'utf - 8')
    weight_f = open('weight.txt', 'w', encoding = 'utf - 8')
    for k, v in result:
        print(k, v)
        key_f.write(k + '\n')
        weight_f.write(str(v) + '\n')
```

可以发现,在词频 top100 中有"非常""自己""书本"等不包含任何信息的字段,因此对这些冗余信息进行筛除。

对处理后的数据进行词云可视化,如图 4.27 所示。可以发现,顾客在收货后最为关心的属性特征有物流、正版、质量、发货、印刷等。

学习	663	购买	151	一下	102	讲解	73	看起来	50
非常	647	速度	141	里面	101	开心	70	导师	50
不错	568	发货	140	适合	96	算法	70	塑封	50
本书	531	还是	136	真的	96	入门	66	西瓜	45
质量	512	正版	135	快递	95	最近	65	双十	45
内容	445	自己	130	好评	91	送货	65	机器人	45
京东	346	特别	130	起来	91	体验	65	神经网络	45
很快	281	图书	127	一定	90	介绍	65	手感	45
可以	232	收到	127	理解	86	全面	60	入手	45
印刷	231	比较	126	老师	86	第二天	60	划算	41
推荐	223	清晰	125	帮助	86	好好	57	下次	40
机器	220	纸张	125	阅读	86	知识	56	通俗易懂	40
物流	211	深度	117	纸质	86	人工智能	55	挺棒	40
包装	196	书本	110	价格	85	好书	51	挺不错	40
很多	185	书籍	110	希望	85	破损	50	掌柜	40
感觉	171	经典	110	清楚	80	实惠	50	初学者	35
活动	170	一本	108	作者	80	hellip	50	ensp	35
值得	161	详细	107	喜欢	80	好书	51	618	30
满意	160	购物	105	下单	75	反正	50	11	30
没有	151	方便	105	舒服	75	教材	50	送货上门	30

图 4.26　关键词词频统计结果

图 4.27　商品评论词云可视化

4.4.3　商品评论主题分析

引入 BERTopic 和 jieba 库进行评论主题抽取:

```
import pandas as pd
import jieba
```

```
from bertopic import BERTopic
df_comments = pd.read_excel("comments.xlsx")
my_stopwords = [i.strip() for i in open('hit_stopwords.txt', encoding = 'utf - 8').readlines()]
df_comments['review_seg'] = df_comments['Comment'].apply(lambda x : ' '.join([j.strip() for j
in jieba.cut(x) if j not in my_stopwords]))
docs = df_comments["review_seg"].tolist()
```

如果提示找不到对应模块,可以用!pip install xxx 命令在 Notebook 中进行安装,处理结果如图 4.28 所示。

	Book_id	Username	Comment_time	Comment	review_seg
0	70360732846	jd_187388rfo	2020-12-02 20:02:36	非常好, 包装的非常精美,	非常 好 包装 非常 精美
1	70360732846	Kushim_Hu	2020-09-03 10:57:37	品相很好, 书页质量没得说, 文字打印清晰	品相 很 好 书 质量 没得说 文字 打印 清晰
2	70360732846	流小熙	2020-07-29 09:19:33	书很新很好\n下次还会再来\n机器学习冲冲冲	书 很 新 很 好 下次 还 会 再 来 机器 学习 冲冲
3	70360732846	白色的米	2020-12-20 17:14:24	书本外包装完好无损, 里面字体打印清晰, 很好	书本 外包装 完好 无损 里面 字体 打印 清晰 很 好
4	70360732846	j***p	2020-12-04 17:17:45	图书很好, 包装精细, 内容详实	图书 很 好 包装 精细 内容 详实

图 4.28　分词处理后的评论结果

进行主题提取:

```
model = BERTopic(language = "chinese(simplified)", nr_topics = "auto")
topics, probs = model.fit_transform(docs)
```

其中,language 指定使用简体中文,目前 BERTopic 支持约 100 种语言。可使用如下命令查看所有支持的语言:

```
from bertopic.backend import languages
print(languages)
```

输出其支持的所有语言列表,结果如下:

```
['afrikaans', 'albanian', 'amharic', 'arabic', 'armenian', 'assamese', 'azerbaijani', 'basque',
'belarusian', 'bengali', 'bengaliromanize', 'bosnian', 'breton', 'bulgarian', 'burmese',
'burmesezawgyifont', 'catalan', 'chinese(simplified)', 'chinese(traditional)', 'croatian', 'czech',
'danish', 'dutch', 'english', 'esperanto', 'estonian', 'filipino', 'finnish', 'french', 'galician',
'georgian', 'german', 'greek', 'gujarati', 'hausa', 'hebrew', 'hindi', 'hindiromanize', 'hungarian',
'icelandic', 'indonesian', 'irish', 'italian', 'japanese', 'javanese', 'kannada', 'kazakh', 'khmer',
'korean', 'kurdish(kurmanji)', 'kyrgyz', 'lao', 'latin', 'latvian', 'lithuanian', 'macedonian', 'malagasy',
'malay', 'malayalam', 'marathi', 'mongolian', 'nepali', 'norwegian', 'oriya', 'oromo', 'pashto', 'persian',
'polish', 'portuguese', 'punjabi', 'romanian', 'russian', 'sanskrit', 'scottishgaelic', 'serbian',
'sindhi', 'sinhala', 'slovak', 'slovenian', 'somali', 'spanish', 'sundanese', 'swahili', 'swedish', 'tamil',
'tamilromanize', 'telugu', 'teluguromanize', 'thai', 'turkish', 'ukrainian', 'urdu', 'urduromanize',
'uyghur', 'uzbek', 'vietnamese', 'welsh', 'westernfrisian', 'xhosa', 'yiddish']
```

nr_topics 是指定主题分析时自动确定主题数量。模型训练完成之后,得到主题列表 topics 以及对应的概率 probs。

使用如下代码查看主题标签 model.topic_labels_,得到的结果如下:

```
{ -1: '-1_非常_非常非常_引号_之间',
  0: '0_非常_不错_很快_京东',
  1: '1_清晰_打印_打印清晰_清楚',
  2: '2_经典_学习_书籍_数学',
```

机器学习书籍市场分析

```
 3:'3_产品_视觉_机器_学习',
 4:'4_人工智能_机器人_本书_人工智能发展',
 5:'5_物流_物流很快包装_物流很快_很快包装',
 6:'6_学习_质量_学习质量_这些',
 7:'7_深度学习_深度_学习_慢慢',
 8:'8_物流_包装_采购书籍出版社_物流包装正版',
 9:'9_python_复杂产品_想法_如何',
10:'10_实用_专业非常实用_专业非常_实用不错',
11:'11_本书_2020_方式配图_好书之一 2020',
12:'12_神经网络_比较_实验室_神经网络入门',
13:'13_书里内容_书里_tensorflow_内容更加',
14:'14_本书_实体书支持_必须一本实体书_书籍必须',
15:'15_没有_没有空白页纸张_破损没有_不错开始学习',
16:'16_全面_详细_全面了解_值得学习',
17:'17_颜色质量_颜色_颜色质量非常_非常质量',
18:'18_618_活动_当天下单隔天_囤书',
19:'19_非常本书_本书非常适合_理论性_非常本书非常适合',
20:'20_昨天今天_手感不错_收到神速_质量手感不错'}
```

共生成了 21 个有效主题,在主题编号后是主题的代表性词语。模型除 topic_labels_ 属性外,表 4.1 中还列出了其他属性。

表 4.1　模型属性列表及解释

模 型 属 性	描　　　述
topics_	模型生成的主题
probabilities_	由 HDBSCAN 生成的主题概率
topic_sizes_	每个主题的数量
topic_mapper_	主题合并或缩减后的主题对应关系
topic_representations_	基于 c-TF-IDF 生成的每个主题前 n 个词语
c_tf_idf_	通过 c-TF-IDF 计算得到的主题-关键词矩阵
topic_labels_	每个主题的默认标签
custom_labels_	通过 .set_topic_labels 方法设置的每个主题的自定义标签
topic_embeddings_	采用 embedding_model 得到的每个主题的词嵌入
representative_docs	基于 HDBSCAN 生成的文档表示

如果觉得模型自动生成的主题数量过多,可以使用如下命令进行主题缩减:

```
model.reduce_topics(docs,nr_topics = 15)
```

这样就减少到 15 个主题。需要注意的是,主题数量过少可能会影响效果,在这里不进行主题缩减,继续进行可视化分析。通过如下代码实现主题的可视化:

```
model.visualize_topics()
```

生成的可视化结果如图 4.29 所示。

图 4.29 中每个圆圈表示一个主题,将鼠标移动到某个圆圈上方,可查看其主题编号、对应的标签和其中的文档数量。滑动下面的滑块可选中某个圆圈,也就是某个主题。这样就可以很直观地查看不同主题之间的距离关系。

使用如下代码查看每个主题对应的概率分布情况:

```
model.visualize_distribution(model.probabilities_,min_probability = 0.1)
```

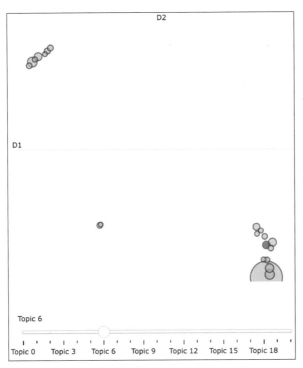

图 4.29　聚类可视化结果

其中,model. probabilities_是模型的一个属性值,表示其生成的主题概率情况,而 min_ probability 是对主题概率进行过滤,只显示超过其值的主题,得到的结果如图 4.30 所示。

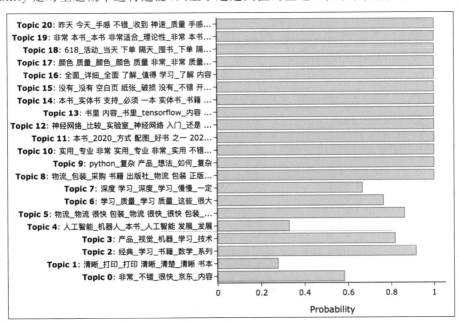

图 4.30　主题概率情况可视化

可以看到,除 Topic 编号从 0~7 的概率较低,其他均比较高。使用 model. visualize_ hierarchy()进行主题间层次关系的可视化,如图 4.31 所示。

机器学习书籍市场分析

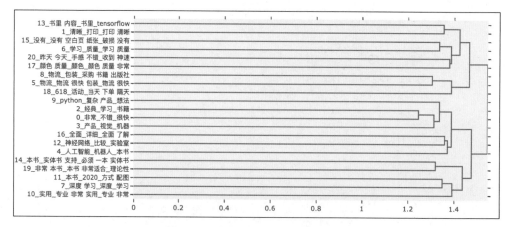

图 4.31　主题间层次关系的可视化

从图 4.31 中可以看到不同主题之间的层次关系,例如主题 15 和主题 6 分别与纸张和质量相关,它们合并之后表示纸张质量,再与主题 20 和主题 17 的手感、颜色合并,应该是与书籍质量相关的内容,其他以此类推。

使用 model.visualize_heatmap()方法实现可视化主题之间的热力图,如图 4.32 所示。

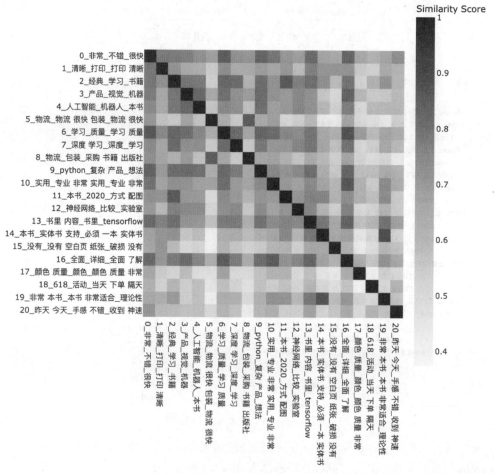

图 4.32　主题之间的热力图

可以看到不同主题之间的相近程度,色彩越深表示越接近,例如主题 16(全面、详细)与主题 6(学习、质量)较相近。主题 14(实体书)与主题 19(非常、适合、理论性)也较相近。而主题 17(颜色、质量)与主题 18(618、活动)距离较远,其内容主题从主观上也可看出并不相近。

使用 model.visualize_barchart()实现主题中各主题词的概率可视化,结果如图 4.33 所示。

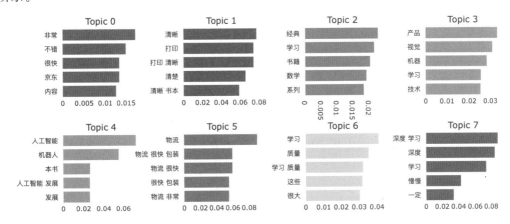

图 4.33 主题词的概率可视化

其横坐标表示某一主题中主题词的概率,可以看到像 Topic 1、Topic 4、Topic 5 和 Topic 7 均有相对较高的概率值。

使用 model.visualize_documents(docs)可视化展示各个文档之间的距离关系。此函数重新计算文档嵌入并将其投射到二维空间,以便查看它们是否被正确分配,如图 4.34 所示。

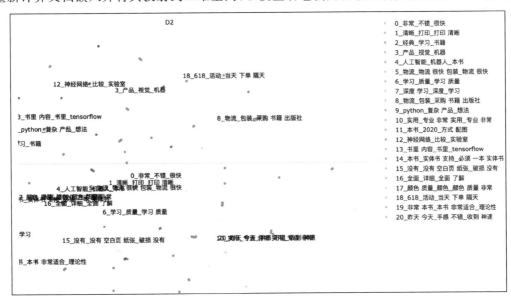

图 4.34 各个文档的可视化

由于 visualize_documents()方法较慢,因此对其进行优化。

机器学习书籍市场分析

```
from sentence_transformers import SentenceTransformer
from bertopic import BERTopic
from umap import UMAP
# 准备 embeddings 模型
sentence_model = SentenceTransformer("paraphrase - multilingual - MiniLM - L12 - v2")
# 提取文档的 embeddings
embeddings = sentence_model.encode(docs,show_progress_bar = False)
# 训练 BERTopic 模型
topic_model = BERTopic(language = "chinese(simplified)", nr_topics = "auto").fit(docs,
embeddings)
# 降低 embeddings 维度,提高可视化效率
reduced_embeddings = UMAP(n_neighbors = 10,n_components = 2,min_dist = 0.0,metric = 'cosine').
fit_transform(embeddings)
# 文档可视化
topic_model.visualize_documents(docs,reduced_embeddings = reduced_embeddings)
```

这里的重点是借助 SentenceTransformer，对文档提取其 embeddings，然后采用统一流形逼近与投影（Uniform Manifold Approximation and Projection，UMAP）降维方法，将原来的 embeddings 进行压缩，以提高可视化效率。UMAP 是建立在黎曼几何和代数拓扑理论框架上的一种可伸缩降维算法。

为了查找某一评论中的词语属于哪个主题，可用如下代码实现：

```
similar_topics,similarity = model.find_topics("纸质",top_n = 5);
print(similar_topics)
```

其中，"纸质"是输入的词语，top_n＝5 表示查找前 5 个最接近的主题，similarity 是结果中与"纸质"的相近程度。得到的结果如下：

```
[1,11,0,2,6]
```

上述结果中位列第 1 个的 Topic 编号，是 1，表示是主题 1（Topic 1），使用 model.get_topic(1) 函数可获得这个主题下详细的主题词列表。

```
[('清晰',0.07779836893946916),
('打印',0.07455593770332672),
('打印清晰',0.07455593770332672),
('清楚',0.06604929254058266),
('清晰书本',0.05920877459743754),
('书本',0.055608934748614565),
('印刷',0.05533551548633206),
('没得说文字',0.042571666233474956),
('书页质量没得说',0.042571666233474956),
('字印',0.042571666233474956)]
```

可以看到，与纸质相关的主题，其中的主题词确实与纸张质量非常相关。

4.4.4　其他值得关注的问题

在部分机器学习书的书名或书籍描述中包含"慕课版"。书籍的作者是否在网课平台上有慕课是一个较为重要的因素。在中国大学 MOOC、Coursera、超星上是否有慕课也是考量该作者的书籍是否畅销的一个重要因素。这也是对想要提高销量的电商平台可以提出的建议。

此外，观察到畅销书的数据中，“面试”一词出现的频率较高，如图 4.35 所示。机器学习书的读者大多为计算机专业学生或计算机从业者，其对于学到的知识是否对就业(或应聘面试)有帮助是很重要的一个考虑因素。因此带有“大厂面试真题”这样关键词的书籍应该会获得更好的销售。

工作簿	工作表	名称	单元格	值	公式
京东商品数据.xlsx	京东商品数据		D690	正版 百面机器学习 算法工程师带你去面试 诸葛越 人工智能时代程序员面试宝典算法面试真题	
京东商品数据.xlsx	京东商品数据		D776	百面机器学习 算法工程师带你去面试 人工智能书籍	
京东商品数据.xlsx	京东商品数据		D816	百面机器学习 人工智能时代程序员不可不读机器学习面试宝典全面收录100+真实算法面试题	
京东商品数据.xlsx	京东商品数据		D14	人工智能时代程序员不可不读深度学习面试宝典，全面收录135道真实算法面试题，直击面试要点，互联网头部企业都在用，数学之美作者吴	
京东商品数据.xlsx	京东商品数据		D25	人工智能时代程序员不可不读机器学习面试宝典 全面收录100+真实算法面试题 互联网头部企业都在用 带你直通人工智能领域 微软副	
京东商品数据.xlsx	京东商品数据		D79	根据知名企业算法岗的面试经验，从学习笔记中提炼而成。可以带你快速入门并应用机器学习，手推算法模型原理，走近机器学习求职的起点。	
京东商品数据.xlsx	京东商品数据		D107	人工智能时代程序员不可不读学习面试宝典，一线大厂算法工程师合力著作，套装全面收录200+真实算法面试题，浪潮之巅作者吴军推荐	
京东商品数据.xlsx	京东商品数据		D180	Python机器学习大数据人工智能深度学习算法工程师求职面试宝典	
京东商品数据.xlsx	京东商品数据		D414	人工智能时代程序员不可不读学习面试宝典，一线大厂算法工程师合力著作，套装全面收录200+真实算法面试题，浪潮之巅作者吴军推荐。	
京东商品数据.xlsx	京东商品数据		D471	百面机器学习 算法工程师带你去面试+美团 机器学习实践 套装2册 人工智能时代	
京东商品数据.xlsx	京东商品数据		D600	人工智能时代程序员不可不读深度学习面试宝典，全面收录135道真实算法面试题，直击面试要点，互联网头部企业都在用，数学之美作者吴	
京东商品数据.xlsx	京东商品数据		D614	包邮 正版 百面机器学习 算法工程师带你去面试+美团机器学习实践书籍	
京东商品数据.xlsx	京东商品数据		D626	百面机器学习(算法工程师带你去面试)	
京东商品数据.xlsx	京东商品数据		D627	人工智能时代程序员必读机器学习面试宝典，全面收录100+真实算法面试题，互联网头部企业都在用，带你直通人工智能领域，微软副总裁	

图 4.35 “面试”在数据中的出现情况

如图 4.36 所示，虽然目前只有少量图书标题会带有“面试”“大厂”“互联网”关键词，但是几乎所有标有这类关键词的书都是畅销、超畅销或者一般。

畅销程度	畅销分数	是否带有面试
超畅销	170297.73	1
畅销	84939.185	1
畅销	31175.036	1
畅销	24250.225	1
畅销	6952.9082	1
一般	333.2064	1
较不畅销	2.7092	1
较不畅销	1.0848	1
不畅销	0.2416	1
超畅销	104273.83	1
畅销	51279.525	1
畅销	31175.036	1
畅销	6224.52	1
畅销	3153.4048	1
畅销	2663.8566	1
畅销	2151.19	1
一般	1694.6658	1
一般	259.4688	1

图 4.36 “面试”与畅销程度的关系

4.5 Apriori 关联分析

使用 Apriori 算法分析属性间的关联，分析价格描述、畅销程度、包装、出版社之间可能的关联关系：

```
cols = filtered_df.columns.tolist()
print(cols)
```

得到的结果如下：

```
['ID','Name','Desc','PriceDesc','Price','Store','IsFreeship','ServiceTag','BookTag','Author',
'AuthorScore','PublisherScore','PublisherCode','Publisher','BrandScore','Brand','Package',
'PubDate','PubYear','Paper','Language','PageSize','CommentCount','GoodCount','BadCount',
'IsPractise','IsFramework','SellLevel','SellScore']
```

上述字段较多，通过如下代码选择价格描述、出版社、作者、包装和畅销程度作为关联分析的字段,对其他字段进行过滤。

```
adf = filtered_df[["PriceDesc","Publisher",'Author',"Package","SellLevel"]]
adf.head()
```

结果如图 4.37 所示。

可以看到包装(Package)等字段存在空值,用"平装"对其空值进行填充,并对作者和出版社为空的数据进行过滤,进行预处理。

```
#包装为空的字段全部置为'平装'
adf['Package'] = adf['Package'].fillna('平装')
#过滤作者为空的数据
adf = adf[adf['Author'].notnull()]
#滤除出版社为空的数据
adf = adf[adf['Publisher'].notnull()]
adf.head()
```

得到的结果如图 4.38 所示。

	PriceDesc	Publisher	Author	Package	SellLevel
0	较高	清华大学出版社	邹伟	平装	一般
1	中	清华大学出版社	周志华	NaN	一般
2	高	清华大学出版社	周志华	NaN	一般
3	中	清华大学出版社	周志华	NaN	一般
4	低	机械工业出版社	美 Tom Mitchell	NaN	一般

图 4.37　选择待分析的列

	PriceDesc	Publisher	Author	Package	SellLevel
0	较高	清华大学出版社	邹伟	平装	一般
1	中	清华大学出版社	周志华	平装	一般
2	高	清华大学出版社	周志华	平装	一般
3	中	清华大学出版社	周志华	平装	一般
4	低	机械工业出版社	美 Tom Mitchell	平装	一般

图 4.38　经过预处理之后的结果列

使用 adf.info()查看数据信息,得到的结果如下:

```
< class'pandas.core.frame.DataFrame'>
Int64Index:700entries,0to789
Datacolumns(total5columns):
# ColumnNon - NullCountDtype
------------------------------
0PriceDesc700non - nullobject
1Publisher700non - nullobject
2Author700non - nullobject
3Package700non - nullobject
4SellLevel700non - nullobject
dtypes:object(5)
memory usage:32.8 + KB
```

可以看到所有字段均已非空值,总样本量是 700 条。为了进行 Apriori 分析,需要将出版社的值列表构建成键值的形式,方便后续查看和分析。

```
from apyori import apriori
transacts = []
for i in range(0, len(adf)):
    column_value = [adf.columns[j] + " = " + str(adf.values[i,j]) for j in range(0, len(adf.columns.tolist()))]
    transacts.append(column_value)
#查看构建好的第一条记录
transacts[0]
```

得到的第一条记录如下：

['PriceDesc = 较高', 'Publisher = 清华大学出版社', 'Author = 邹伟', 'Package = 平装', 'SellLevel = 一般']

数据构建好之后进行关系分析：

```
rule = apriori(transacts, min_support = 0.003, min_confidence = 0.2, min_lift = 3)
output = list(rule)
```

这里使用 apriori 库进行分析，如果提示未找到此模块，可以使用! pip install apyori 命令进行安装。调用 apriori 时指定最小支持度为 0.003，最小置信度为 0.2，最小提升值是 3。分析完成之后，通过 output[0] 查看第一条结果：

```
RelationRecord ( items = frozenset ({ ' Author = Ian ', ' PriceDesc = ' }), support = 
0.004285714285714286, ordered_statistics = [OrderedStatistic(items_base = frozenset({'Author
= Ian' }), items _ add = frozenset ({ ' PriceDesc = 高 ' }), confidence = 1. 0, lift = 
6.862745098039216)])
```

可以看到这一条规则的描述：Ian 的价格为"高"之间存在关联，其中 Ian 的支持度是 0.00428，即其书籍数量占总样本量的 0.428%。这个规则的置信度是 1.0，表示 Ian 的书价格都是"高"。OrderedStatistic 表示关联规则，提升度是 6.86，这说明相较于价格是"高"的书籍，Ian 的书籍是高价格的可能性高出其他书籍的 6.86 倍。

Apriori 的输出结果不方便进行检索和排序，所以对结果重新组织，构建 DataFrame 格式以进行后续分析：

```
def re_organize_result(output):
    left = [tuple(record[2][0][0])[0]forrecordinoutput]
    right = [tuple(record[2][0][1])[0]forrecordinoutput]
    support = [record[1]forrecordinoutput]
    confidence = [record[2][0][2]forrecordinoutput]
    lift = [record[2][0][3]forrecordinoutput]
    return list(zip(left, right, support, confidence, lift))
results = re_organize_result(output)
odf = pd.DataFrame(results, columns = ['前项', '后项', '支持度', '置信度', '提升度'])
odf = odf.drop_duplicates(keep = 'first')            #去重
```

其中，output 是关联分析的输出结果，re_organize_result() 方法的作用是解析 output 中的各条规则，提取出其对应的前项、后项、支持度、置信度和提升度的值，用 zip() 方法将各元素打包成元组，然后输出由这些元组组成的列表。将 re_organize_result() 输出的 results 列表作为输入创建一个 DataFrame 对象，并将重复项去除，只保留其中一条，用 odf. head() 查看结果，如图 4.39 所示。

可以看到结果并没有进行排序，可使用 DataFrame 内置的排序、查找等方法进行分析。先用 odf. nlargest(n=10, columns=['提升度'])方法对提升度进行排序，查看最高提升度的前 10 条记录，结果如图 4.40 所示。

可以看到作者是周志华、IanGoodfellow 等的书籍具有较高的提升度值，与后项关联的包括出版社、畅销程度和价格描述等方面。其中出版社有多个，是因为在电商平台存在多本书打包出售的情况。

分析作者对畅销书籍的提升度情况：

	前项	后项	支持度	置信度	提升度
0	Author=Ian	PriceDesc=高	0.004286	1.0	6.862745
1	Author=Ian	Publisher=人民邮电出版社	0.004286	1.0	3.954802
2	Author=IanGoodfellow	PriceDesc=高	0.007143	1.0	6.862745
3	Author=IanGoodfellow	Publisher=人民邮电出版社	0.007143	1.0	3.954802
4	Author=何宇健	Publisher=电子工业出版社	0.004286	1.0	10.144928

图 4.39　Apriori 算法结果

	前项	后项	支持度	置信度	提升度
11	Author=周志华等	Publisher=机械工业出版社、电子工业出版社、清华大学出版社	0.012857	0.750000	58.333333
65	Author=周志华等	SellLevel=较不畅销	0.012857	0.750000	58.333333
63	Author=周志华等	PriceDesc=中	0.008571	0.500000	58.333333
140	Author=周志华等	SellLevel=较不畅销	0.008571	0.500000	58.333333
168	Author=IanGoodfellow	SellLevel=较不畅销	0.004286	0.600000	30.000000
120	Author=IanGoodfellow	Publisher=人民邮电出版社	0.007143	1.000000	29.166667
109	Package=精装	PriceDesc=中	0.004286	0.230769	26.923077
141	Author=周志华著	SellLevel=一般	0.004286	1.000000	26.923077
68	Author=周志华著	SellLevel=一般	0.004286	1.000000	25.925926
39	Author=Ian	PriceDesc=高	0.004286	1.000000	25.000000

图 4.40　提升度前 10 的记录

```
rslt_df = odf[odf['后项'] == 'SellLevel = 畅销']
rslt_df = rslt_df[rslt_df['前项'].str.contains("Author")]
rslt_df.nlargest(n = 10,columns = ['提升度'])
```

其中，先指定后项是畅销的情况下，前项包括作者字段的规则，再按照提升度进行排序，得到的结果如图 4.41 所示。

	前项	后项	支持度	置信度	提升度
97	Author=诸葛越	SellLevel=畅销	0.004286	0.6	8.235294

图 4.41　作者对畅销机器学习书籍的提升度

可以看到书籍作者是诸葛越时，其对畅销的提升度是 8.235294，说明当前作者的书籍较畅销。查看原始数据，发现其出版的《百面机器学习算法工程师带你去面试》一书在多个店铺的评论数为 30 多万条。

下面分析出版社对不畅销情形的提升情况：

```
rslt_df = odf[odf['后项'] == 'SellLevel = 不畅销']
rslt_df = rslt_df[rslt_df['前项'].str.contains("Publisher")]
rslt_df.nlargest(n = 10,columns = ['提升度'])
```

先筛选后项是不畅销的规则，然后将前项中包含出版社的规则取出，再按照提升度排序，得到记录，如图 4.42 所示。

可以看到，科学出版社的机器学习书籍相对不畅销的概率更高，东南大学出版社次之。

	前项	后项	支持度	置信度	提升度
118	Publisher=科学出版社	SellLevel=不畅销	0.005714	0.500000	10.294118
116	Publisher=东南大学出版社	SellLevel=不畅销	0.005714	0.222222	4.575163
106	Publisher=科学出版社	SellLevel=不畅销	0.007143	0.625000	3.871681
38	Publisher=科学出版社	SellLevel=不畅销	0.007143	0.625000	3.739316

图 4.42　不畅销书籍与出版社的关联分析

对不畅销的机器学习书籍进行价格分析：

```
rslt_df = odf[odf['后项'] == 'SellLevel = 不畅销']
rslt_df = rslt_df[rslt_df['前项'].str.contains("Price")]
rslt_df.nlargest(n = 10,columns = ['提升度'])
```

与出版社和畅销之间的关联分析类似,只是这里对不畅销的书籍对应的前项中,包含价格的规则进行过滤,并对提升度进行排序,结果如图 4.43 所示。

	前项	后项	支持度	置信度	提升度
169	PriceDesc=中	SellLevel=不畅销	0.004286	0.3	16.153846
132	PriceDesc=中	SellLevel=不畅销	0.004286	0.3	15.000000

图 4.43　不畅销的机器学习书籍与价格的关联分析

4.6　机器学习书聚类分析

为方便聚类,选择导入离散化处理后的数据表 book_data.xlsx。因为数据中包含两种属性：一种是书的属性,例如价格、页数、包装、语种；另一种是店铺的属性,例如商品标签、品牌、出版社(有些店铺只出售特定出版社的书籍,品牌同理)。

```
from sklearn.preprocessing import StandardScaler
scaler = StandardScaler()
scaler.fit(sdf)
scaled_data = scaler.transform(sdf)
```

其中,StandardScaler()方法对数据进行标准化处理,使用 K-Means 对书籍进行聚类。聚类的考虑因素如图 4.44 所示。

	Price	IsFreeship	AuthorScore	PublisherScore	PublisherCode	BrandScore	PageSize	IsPractise	IsFramework	SellLevel
0	78.3	0.0	20.0	40.0	1.0	10.0	380.0	0.0	0.0	0
1	55.0	0.0	89.0	40.0	1.0	10.0	0.0	0.0	0.0	0
2	125.0	0.0	89.0	40.0	1.0	10.0	0.0	0.0	0.0	0
3	58.0	0.0	89.0	40.0	1.0	10.0	0.0	0.0	0.0	0
4	22.0	0.0	20.0	50.0	2.0	30.0	280.0	0.0	0.0	0

图 4.44　聚类的考虑因素

遍历多种 K 值进行尝试,get_best_clusters()方法是对 max_K 种可能性进行尝试,得到聚类中心(clusters_centers)和对应的 K 值列表(k_values)：

```
from sklearn.cluster import KMeans
def get_best_clusters(df,max_K):
```

机器学习书籍市场分析

```
        clusters_centers = [ ]
        k_list = [ ]
        for k in range(1, max_K):
            kmeans_model = KMeans(n_clusters = k)
            kmeans_model.fit(df)
            clusters_centers.append(kmeans_model.inertia_)
            k_list.append(k)
        return clusters_centers, k_list
        clusters_centers, k_values = get_best_clusters(scaled_data, 30)
```

其中,分别设置 K 值为 1~30 进行尝试,得到对应的簇内样本到聚类中心距离的平方和(kmeans_model.inertia_,简称簇内平方和)。然后引入 Matplotlib 进行 K 值和簇内平方和的可视化:

```
import matplotlib.pyplot as plt
def generate_plot(clusters_centers, k_values):
    figure = plt.subplots(figsize = (10, 5))
    plt.plot(k_values, clusters_centers, 'o-', color = 'black')
    plt.xlabel("聚类数量(K)")
    plt.ylabel("簇内平方和")
    plt.title("KMeans K 值转折点可视化")
    plt.show()
generate_plot(clusters_centers, k_values)
```

可视化结果如图 4.45 所示。

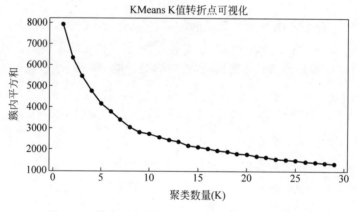

图 4.45　簇内平方和与 K 值之间关系的可视化结果

从图中可以看到,在 K 值为 8 时,存在一个转折点,所以将 K 值设为 8。

```
kmeans_model = KMeans(n_clusters = 8)
kmeans_model.fit(scaled_data)
sdf["clusters"] = kmeans_model.labels_
sdf.head()
```

得到的结果如图 4.46 所示。其中,最后一列 clusters 是聚类结果,其取值范围为 0~7。采用如下代码可视化价格与页码之间的关系:

```
plt.scatter(sdf["PageSize"], sdf["Price"], c = sdf["clusters"])
```

	Price	IsFreeship	AuthorScore	PublisherScore	PublisherCode	BrandScore	PageSize	IsPractise	IsFramework	SellLevel	clusters
0	78.3	0	20	40	1	10	380.0	0	0	0	2
1	55.0	0	89	40	1	10	0.0	0	0	0	7
2	125.0	0	89	40	1	10	0.0	0	0	0	7
3	58.0	0	89	40	1	10	0.0	0	0	0	7
4	22.0	0	20	50	2	30	280.0	0	0	0	2

图 4.46 聚类结果

得到的结果如图 4.47 所示。

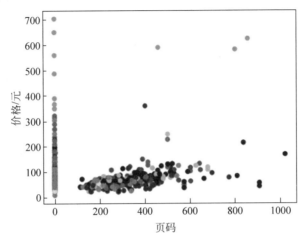

图 4.47 价格与页码之间关系的可视化

其中横坐标表示页码,纵坐标表示价格。存在较多页码为 0 的记录,这主要是因为部分书籍的页码字段存在较多空值。可以看到,整体上页数与价格存在弱线性关系。

使用训练好的聚类模型可进行聚类类别预测,将 DataFrame 中所有数据进行批量预测:

```
all_predictions = kmeans_model.predict(sdf)
```

得到的结果如下:

```
[4646040411644440400444444404440444044
4064440444404444440440404044440144440
444440614444444444600400004044440414444
10406444014464414444144444441444444414
444411101010444444404444444440441444404
444441114144404044446144004416444440414
4044004404444404101144444444446444404404
...
0414444001104404000140041440410441441
114411044400400006440000004444044444
441414444144444444444441444444441
4014664444444444661444114411441440440140
4444444141444444144144140446414444444
4444444444444]
```

其中每个数字就是 DataFrame 中某一行记录对应的类别编号。

机器学习书籍市场分析

4.7 给电商平台上架图书的建议

基于前面的数据分析,提出如下建议:

(1)可以在搜索智能早教机器人详情页的推荐商品中推荐机器学习书,在小朋友使用智能机器人的同时激发他们对机器人实现原理的兴趣。这样能够合理利用早教机器人引流,为机器学习领域学习做宣传。

(2)受到异步社区等内容创作社区的启发,想要进入机器学习书籍市场的出版社或品牌可以先从社区、论坛、BBS等知识分享公共讨论场入手,发布优质的内容,积累追随者和关注者,形成有凝聚力的社群,进而建立自己的品牌、特色和影响力,这样出版的图书在基础受众上就已经数量可观,可以有更强的竞争力。

(3)电商应当多出版面向实战案例以及就业面试的、工具性和功能性更强的机器学习书。经典的算法和基础知识书固然重要,但是仅对于电商和店铺而言,它们带来的收益并不如前者高。

(4)物流、正版、质量、印刷等电商服务质量的指标虽然长久以来一直被考虑,仍在此建议更加重视这些基础服务质量。

(5)从搜索引擎和推荐算法设计的角度来看,可以在类似 Python 编程、数据挖掘、数据分析等类别书籍的推荐商品中放置机器学习书。

(6)出版社可以更多地向有网上慕课的教师约稿以扩大出版图书的影响力,而电商平台和店铺应当抓紧机会获得这些教师所撰写的书籍的经销权,可能会带来可观的收益。

思 考 题

1. 讨论可视化在数据分析中的作用。
2. 讨论箱线图的用途和画法。
3. 讨论使用可视化工具 Tableau 和 Python 各有何优点。
4. 如何确定影响图书销售的变量重要性?
5. 如何选择合适的特征用于分类?

第 5 章　预测淡水质量

地球上的淡水仅占总水量的 3%，它是人类最重要的自然资源之一。淡水几乎触及人类日常生活的方方面面，从饮用、游泳、沐浴到生产食物和每天使用的产品。获得安全卫生的供水不仅对人类生活至关重要，而且对遭受干旱、污染和气温升高影响的周边生态系统的生存也至关重要。

在稀缺的淡水资源中，可供日常饮用的部分还需要经过复杂的处理流程。未经处理的淡水资源中含有大量的细菌、病毒、寄生虫、重金属等物质，它们会对人体健康造成巨大的危害。此外，淡水中还可能含有一些化学物质，例如氟化物、硝酸盐等。因此，预测淡水是否可以安全饮用，对帮助全球水安全和环境可持续性发展尤为重要。

5.1　数据清洗处理

可饮用淡水的质量指标包括很多种类。如表 5.1 所示，pH 是度量水的酸碱度的指标，浑浊度是度量水中悬浮物质的指标，氨氮、总磷、总氮等是衡量水中富营养化的指标，重金属则是度量水中污染物的指标。此外，还有水源、水的颜色、气味以及水温等指标。在数据处理中，数据集中的索引、气温、月、日、时间等属性对预测没有作用，可以忽略。

表 5.1　关键属性表

关　键　词	含　义	选　用　理　由
pH	溶液酸碱度	酸碱度是重要标准
Iron	铁元素	重金属元素，超标会导致肠道不适
Nitrate	硝酸盐	超标会降低血液运氧能力
Chloride	氯化物	富营养化
Lead	铅元素	重金属元素，超标危害健康
Zinc	锌元素	重金属元素，超标危害健康
Color	颜色	绿色往往富营养化，有机物高
Turbidity	浑浊度	微生物相关指标
Fluoride	氟化物	富营养化指标
Copper	铜元素	重金属元素，超标危害健康
Odor	气味	侧面反映细菌微生物状况
Sulfate	硫酸盐	超标会导致肠道不适
Conductivity	电导率	反映溶解盐含量
Chlorine	氯元素	与其化合物为主要富营养化
Manganese	锰元素	超标慢性中毒，危害神经系统
Total Dissolved Solids	总溶解固体	溶解的无机盐有机物总量

关　键　词	含　　义	选 用 理 由
Source	水源	淡水的来源
Water Temperature	水温	影响含氧量微生物

除选取关键的特征外，还需要对数据中的噪声、缺失值、异常值进行处理，这些问题数据可能是由采集数据的漏洞所导致的，会降低模型训练的精确度。

5.1.1　缺失值的处理

数据中的缺失值会随模型的训练而产生负面影响，由于很多机器学习的分类算法不支持数据中的缺失值，因此需要对缺失值进行处理。首先使用 Python 中的 MissingNo 库可视化地展示原始数据中缺失值的比例。这样既可以快速直观地了解数据的完整性，又能将数据的缺失值记录与比例按照矩阵形式演示。如图 5.1 所示，原始数据中几乎各个特征都包含一定的缺失值。直接删除这些样本的缺失值是简单快速的处理方式，但是可能会丢失隐藏的知识点，影响模型的训练精度和泛化能力。

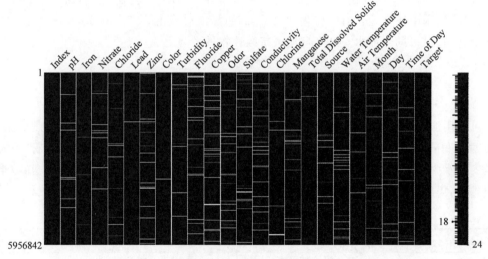

图 5.1　样本数据缺失矩阵

在包含缺失值的原始数据中，来源（Source）与颜色（Color）是类别属性的原始数据，其余的特征都是数值类的数据。类别属性有两种处理方式：一种是使用出现最多次数的标签填充；另一种是把缺失的标签单独归为一类进行分析。数值型的数据则可以使用取值最多的数或者平均数填充。将数值型的特征名称保存在 param_distribute_list 的变量名中，使用取值最多的数进行填充。

```
for column in param_distribute_list:
most_frequent_value = df[column].mode().values[0]
df[column].fillna(most_frequent_value, inplace = True)
print(column, 'fillsuccessed')
```

5.1.2　特征数值分布

在机器学习中，各个特征的质量分布可以帮助了解它们的分布情况以及特征之间的相关性,这有助于选择合适的特征或者进行特征变换,以便更好地挖掘数据的内在规律。为了便于总览数据以及节省空间,可以将 16 个特征分布图直接绘制成 4×4 的紧凑格式。

```
def plot_distribute(df,titles):
    fig,axs = plt.subplots(nrows = 4,ncols = 4,figsize = (12,12))
    for i in range(16):
        title = titles[i]
        row = i//4
        col = i % 4
        ax = axs[row][col]
        data = df[title]
        ax.hist(data,bins = 50)
        ax.set_title(title)
    plt.tight_layout()
    plt.show()
```

如图 5.2 所示的质量分布图,pH、硝酸盐、氯化物、硫酸盐、水温属于类正态分布,多数重金属元素的质量分布更偏向于 0 值的偏态分布,其中一个可能的原因是数据需要进行转

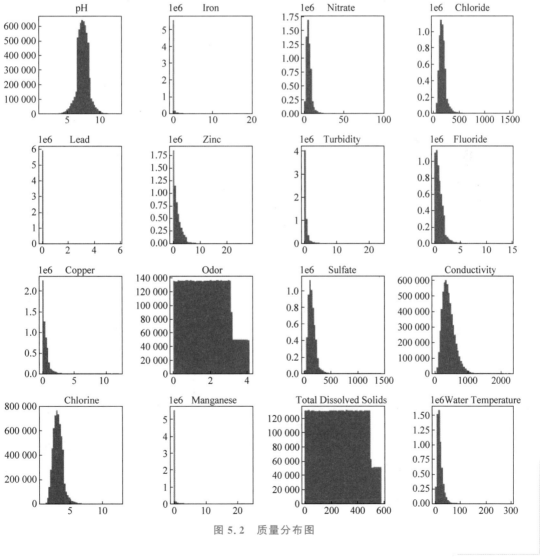

图 5.2 质量分布图

预测淡水质量

换才能够反映出正态性。例如，部分偏态分布类似于 LogNormal 的分布图像，可以对数据取对数，得到如图 5.3 所示的正态分布。

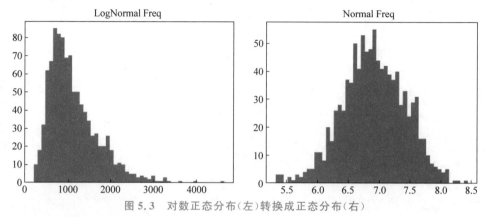

图 5.3　对数正态分布（左）转换成正态分布（右）

5.1.3　异常值检测

异常值指的是分析中录入的错误或者不合常理的数据，对连续值变量可以使用箱线图找出异常值，如图 5.4 所示。

```
def plot_box_woNaN(df,titles):
    plt.figure(figsize = (12,12))
    data = []
    for title in titles:
        tmp = df[title].dropna()
        data.append(tmp)
    plt.boxplot(data)
    plt.xticks([i + 1 for i in range(len(titles))],titles)
    plt.show()
```

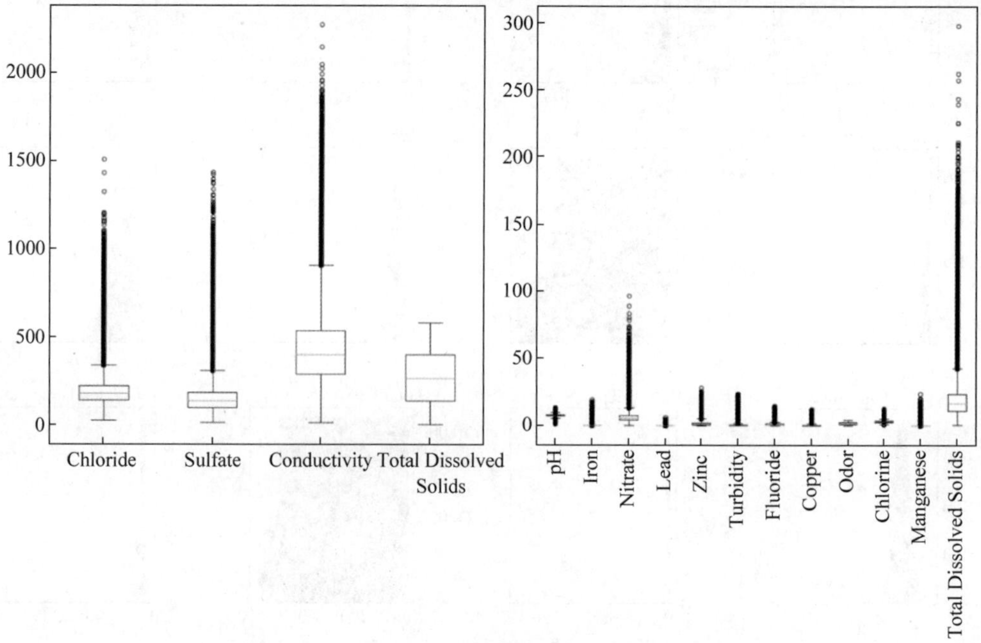

图 5.4　特征箱线图分布

在数据服从正态分布的情况下,异常值通常被定义为一组值外的特定值,这些数值与平均值的偏差超过了 3 倍的标准差。在正态分布假设下,距离平均值 3sigma 外的值可以视为异常值。

5.1.4 相关性检验

数据需要进行相关性检验来判断各个特征之间的独立性,以及是否包含隐藏关系,如图 5.5 所示。

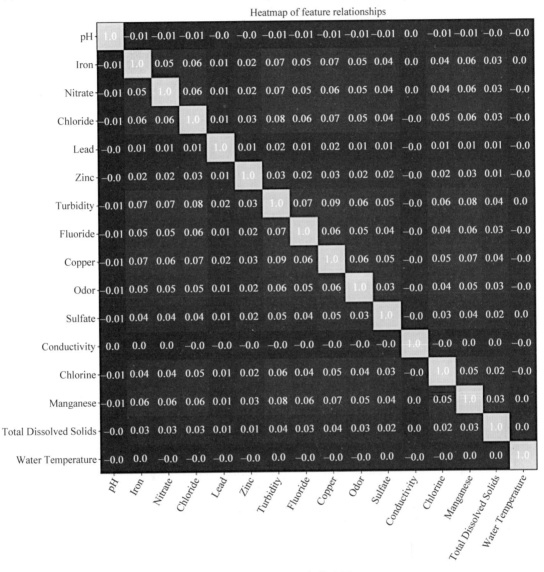

图 5.5 各特征相关系数热力图

当前选取的特征之间的相关性比较弱,独立性较强。

5.1.5 数据离散化

前面讲述的特征矩阵中的属性都是连续属性,而连续属性不适合使用分类算法。因此,对其进行离散化之后,不仅便于分析,并且有助于提高模型的稳定性,降低过拟合的风险。

预测淡水质量

这里采用的离散方法是 K 均值聚类算法,该算法将参数聚类成 5 个簇:

```python
from sklearn.cluster import KMeans
n_clusters = 5
boundary = {}
cluster_table = PrettyTable()
labels = ["parameter", "total"]
labels.extend([i for i in range(n_clusters)])
cluster_table.field_names = labels
fig, axs = plt.subplots(nrows = 4, ncols = 4, figsize = (12, 12))
for i I nrange(16):
    row = i//4
    col = i % 4
    ax = axs[row][col]
    param = plot_param[i]
    temp = np.array(df[param]).reshape(-1, 1)
    kmeans = KMeans(n_clusters = 5).fit(temp)
    result = kmeans.predict(temp)
    counts = np.bincount(kmeans.labels_)
    centers = kmeans.cluster_centers_
    boundary[param] = [item[0] for item in centers]
    boundary[param].sort()
    total = sum(counts)
    row = [param, total]
    for j in range(len(counts)):
        row.append('{}({} % )'.format(round(centers[j][0], 3), round(counts[j]/total * 100,
1)))
    cluster_table.add_row(row)
    ax.scatter(result, temp)
    ax.set_title(param)
plt.tight_layout()
plt.show()
```

如图 5.6 所示,当前的标签分布并没有排序,趋向于正态分布的特征,离散化后标签比较均匀。

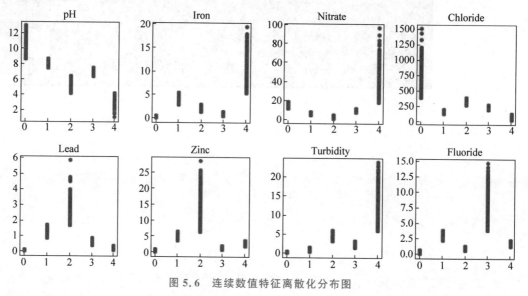

图 5.6　连续数值特征离散化分布图

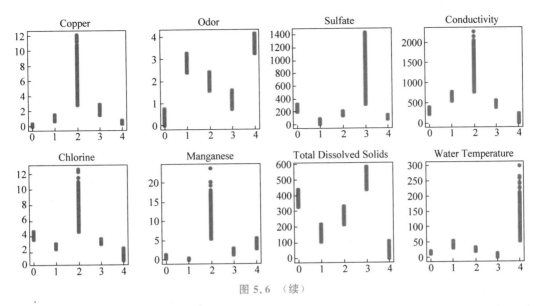

图 5.6 （续）

离散化后数据集中大部分标签所包含的样本点都超过了 99%，也反映出了各个簇的中心位置，如表 5.2 所示。

表 5.2　各特征离散标签占比

parameter	total	0	1	2	3	4
pH	5956842	9.225 (6.7%)	7.962 (41.2%)	5.73 (7.9%)	6.988 (42.1%)	2.536 (2.1%)
Iron	5956842	0.036 (93.3%)	3.663 (0.6%)	1.862 (1.7%)	0.726 (4.3%)	6.987 (0.1%)
Nitrate	5956842	13.536 (4.8%)	5.635 (37.5%)	3.054 (32.0%)	8.539 (24.8%)	22.718 (1.0%)
Chloride	5956842	452.565 (1.8%)	155.521 (39.2%)	306.43 (7.1%)	217.386 (33.1%)	90.894 (18.8%)
Lead	5956842	0.0 (99.7%)	1.155 (0.0%)	2.234 (0.0%)	0.559 (0.1%)	0.199 (0.2%)
Zinc	5956842	0.349 (44.5%)	4.386 (9.1%)	8.267 (1.3%)	1.375 (27.9%)	2.665 (17.3%)
Turbidity	5956842	0.125 (67.4%)	0.784 (24.6%)	4.136 (2.1%)	2.114 (5.4%)	7.686 (0.5%)
Fluoride	5956842	0.277 (41.1%)	2.832 (4.6%)	0.901 (32.2%)	4.809 (1.2%)	1.638 (20.9%)
Copper	5956842	0.118 (47.7%)	0.953 (17.2%)	3.686 (1.2%)	1.956 (4.7%)	0.492 (29.3%)
Odor	5956842	0.329 (23.1%)	2.81 (22.5%)	1.987 (22.8%)	1.155 (22.8%)	3.702 (8.9%)
Sulfate	5956842	232.941 (15.3%)	58.773 (20.0%)	166.716 (27.7%)	395.138 (2.3%)	112.667 (34.8%)
Conductivity	5956842	307.56 (32.6%)	634.733 (17.2%)	895.375 (5.3%)	457.837 (29.2%)	146.322 (15.6%)

预测淡水质量

parameter	total	0	1	2	3	4
Chlorine	5956842	3.978 (22.3%)	2.769 (29.7%)	5.188 (4.2%)	3.353 (31.2%)	2.084 (12.6%)
Manganese	5956842	0.692 (4.3%)	0.017 (93.3%)	7.018 (0.1%)	1.829 (1.7%)	3.654 (0.6%)
Total Dissolved Solids	5956842	381.784 (20.9%)	159.914 (20.4%)	270.139 (20.9%)	492.53 (17.7%)	52.587 (20.0%)
Water Temperature	5956842	16.268 (36.3%)	39.368 (8.7%)	25.735 (21.5%)	8.301 (31.8%)	64.561 (1.8%)

5.1.6　标签编码

将来源和颜色等原始数据中的输入都转换成整数值。此外,对于之前获得的离散类别的中心值坐标,可以将其转换成分类边界。将其从小到大排列之后,两两取得平均值,就可以获得各个簇的边界点,如图5.7所示。

```
In [21]: #聚类 + 填充
boundary={'pH': [6.133546947745785, 7.106276274862338, 7.819697045992847, 8.776888599296141],
          'Iron': [0.3812786532525807, 1.2945989082716103, 2.7633225845806257, 5.3263707747977875],
          'Nitrate': [4.601350085687351, 7.2605373059972695, 11.18162458047602, 18.301061122216716],
          'Chloride': [140.67118625240082, 195.62100081698213, 267.01045146056487, 382.94199063637154],
          'Lead': [0.09974237089614602, 0.3790696762087246, 0.856850804197288, 1.6946285779001191],
          'Zinc': [0.9180926567692409, 2.096214934198795, 3.6077595637983237, 6.420128535447466],
          'Turbidity': [0.4514498071323091, 1.4312469963531507, 3.080407803298646, 5.863283158856998],
          'Fluoride': [0.6190715167800545, 1.2897434615119554, 2.2578636191079937, 3.8556104989146074],
          'Copper': [0.31455383842423407, 0.7290830481140268, 1.465557561443609, 2.842737599751058],
          'Odor': [0.815472984223346, 1.623481710948747, 2.4272220621918885, 3.2656449976283204],
          'Sulfate': [101.6456047594126, 152.18193662712707, 210.7892936536984, 325.6481766445204],
          'Conductivity': [280.28995894816927, 420.92788926005073, 575.5125813789565, 787.0230155857241],
          'Chlorine': [2.5722287230379295, 3.144791654915469, 3.7135040830016903, 4.60687900977819],
          'Manganese': [0.3557843535790167, 1.2651839507711178, 2.7540954914139073, 5.36415560058146],
          'Total Dissolved Solids': [105.1440963002616, 212.8755446306955, 323.38927052742724, 435.22447743220505],
          'Water Temperature': [13.547139896752391, 22.15435607563447, 33.809684041556935, 53.56371198377449]
          }
labels={
          'Color': ['Colorless', 'Faint Yellow', 'Light Yellow', 'Near Colorless','Yellow'],
          'Source': ['Lake', 'River', 'Ground', 'Spring', 'Stream', 'Aquifer', 'Reservoir', 'Well']
          }
```

图5.7　聚类簇边界

```
def discretizing(x, boundary):
    if x:
        for i in range(len(boundary)):
            if x <= boundary[i]:
                return i + 1
            return len(boundary) + 1
    else:
        return 0


def labelize(x, labels):
    if x:
        ret = 1
        for i in labels:
            if x == i:
                return ret
            else:
                ret += 1
    return 0
```

```
def preprocess(df, boundary, labels, droplist):
    df = df.drop(columns = droplist)
    params = df.columns
    ret = {}
    for param in params:
        print(param, 'isprocessing')
        if param in labels:
            tmp = df[param]
            ret[param] = tmp.apply(lambda x:labelize(x, labels[param])).tolist()
        elif param in boundary:
            tmp = df[param]
            ret[param] = tmp.apply(lambda x:discretizing(x, boundary[param])).tolist()
        else:
            ret[param] = df[param].tolist()
    return pd.DataFrame(ret)

df = preprocess(rawData, boundary, labels, droplist)
```

使用 preprocess() 函数处理,原始的数据离散化如图 5.8 所示。

	pH	Iron	Nitrate	Chloride	Lead	Zinc	Color	Turbidity	Fluoride	Copper	
count	5.956842e+06	5.956842e+06	5.956842e+06	5.956842e+06	5.956842e+06	5.956842e+06	5.956842e+06	5.956842e+06	5.956842e+06	5.956842e+06	5
mean	3.020542e+00	1.126386e+00	2.062556e+00	2.294126e+00	9.983485e-01	2.017384e+00	2.696403e+00	1.474794e+00	2.026779e+00	1.944509e+00	2
std	1.038978e+00	5.259086e-01	9.980815e-01	1.064442e+00	3.242213e-01	1.138243e+00	1.400062e+00	8.060060e-01	1.081924e+00	1.099401e+00	
min	1.000000e+00	1.000000e+00	1.000000e+00	1.000000e+00	0.000000e+00	1.000000e+00	1.000000e+00	1.000000e+00	1.000000e+00	1.000000e+00	
25%	2.000000e+00	1.000000e+00	1.000000e+00	1.000000e+00	1.000000e+00	1.000000e+00	1.000000e+00	1.000000e+00	1.000000e+00	1.000000e+00	
50%	3.000000e+00	1.000000e+00	2.000000e+00	2.000000e+00	1.000000e+00	2.000000e+00	3.000000e+00	1.000000e+00	2.000000e+00	2.000000e+00	
75%	4.000000e+00	1.000000e+00	3.000000e+00	3.000000e+00	1.000000e+00	3.000000e+00	4.000000e+00	2.000000e+00	3.000000e+00	3.000000e+00	
max	5.000000e+00	5.000000e+00	5.000000e+00	5.000000e+00	5.000000e+00	5.000000e+00	5.000000e+00	5.000000e+00	5.000000e+00	5.000000e+00	5

图 5.8　离散化的特征数据

5.1.7　采样平衡

在机器学习中,要提高模型的准确性,需要将正例与反例的比例保持一个均衡的状态。当训练数据和预测数据在 7∶3 比例的情况下,通过对较少的数据过采样,或者对较多的数据欠采样的方式来进行。

```
size2 = [np.sum(targety == 0), np.sum(targety == 1)]
plt.pie(size2, labels = ['0', '1'], autopct = '%1.1f%%')
plt.axis('equal')
plt.show()
```

原始的数据中正例的比值还是相对较少的,因此寻找正例提高召回率显得更加重要,即在训练案例中提高正例的比重。对离散化后的数据进行分割,如果两者比例相差太大,可以使用 down_sample() 函数进行处理,对取值多的样本进行欠采样,再对数量少的样品进行过采样。

```
def down_sample(data, ratio = 8.0):
    sampleA = df[df.Target == 1]
```

```
            sampleB = df[df.Target == 0]
            label = ''
            if len(sampleA) >= len(sampleB):
                majority = sampleA
                minority = sampleB
                label = '淡水'
            else:
                majority = sampleB
                minority = sampleA
                label = '非淡水'
                print('currentmajorityis', label, ', ratiois', len(majority)/len(minority))
            if len(majority) > len(minority) * ratio:
                count = len(minority) * ratio
                majority_new = pd.resample(majority, replace = False, n_samples = count, random_state =
114514)
                majority = majority_new
        ret = pd.concat([majority, minority])
        return ret
# 数据分割
from sklearn.model_selection._split import KFold, train_test_split
df = down_sample(df) # balancethesamplecases
Y = df['Target']
X = df.drop(columns = ['Target'])
A, A2, B, B2 = train_test_split(X, Y, random_state = 1314520, test_size = 0.3)
# 训练数据
trainx = A.values
trainy = B.values
# 校验数据
targetx = A2.values
targety = B2.values
```

在这里采取对正例过采样的方法进行。这里使用 imbalanced-learn 库中的 RandomOverSampler 来进行过采样处理。

```
from imblearn.over_sampling import RandomOverSampler as ros
ros = ros(random_state = 1314)
X_resample, Y_resample = ros.fit_resample(trainx, trainy)
trainx, trainy = X_resample, Y_resample
```

5.2 模型的训练

淡水的预测识别是一个分类算法问题。常见的分类算法包括决策树、朴素贝叶斯、逻辑回归以及集成学习算法中的随机森林和 XGBoost。这些集成算法可以在多核 CPU 上并行训练。

5.2.1 模型训练与预测

根据前面选择的模型,分别初始化相应的模型,对相同的数据集进行训练,训练好之后对测试数据集进行预测,并记录下预测的结果便于对比:

```
# randomforest
from sklearn.ensemble import Random ForestClassifier
# RandomForest
oldRandomForestClf = RandomForestClassifier(n_estimators = 150, max_depth = 15, min_samples_
split = 7, max_features = 15, n_jobs = - 1)
# traindata
oldRandomForestClf.fit(trainx, trainy)
# predictdata
predOldRf = oldRandomForestClf.predict(targetx)
y2_scoreOldRf = oldRandomForestClf.predict_proba(targetx)[:,1]
```

随机森林的初始化参数中部分参数含义如下：

- n_estimators 属于基分类器的数目,集成学习是由多个基分类器分别抽取特征训练,最终综合输出的模型。
- max_depth 用于控制决策树的分叉的深度,防止模型过拟合。
- max_features 用于指定每棵树学习随机抽取的特征数量的上限。如果设置为全特征,随机森林则回归到装袋法集成学习。

以上具体参数通过各个搜索优化而来。

```
import xgboost as xgb
xgb_clf = xgb.XGBClassifier(tree_method = 'gpu_hist', gpu_id = 0)
# traindata
xgb_clf.fit(trainx, trainy)
# predictdata
predxgb = xgb_clf.predict(targetx)
scorexgb = xgb_clf.predict_proba(targetx)[:,1]
# 决策树
From sklearn.tree import DecisionTreeClassifier
decisionTreeClf = DecisionTreeClassifier(max_depth = 4)
# traindata
# 决策树
From sklearn.tree import DecisionTreeClassifier
decisionTreeClf = DecisionTreeClassifier(max_depth = 4)
# traindata
decisionTreeClf.fit(X_resample, Y_resample)
# predictdata
predTree = decisionTreeClf.predict(targetx)
scoreTree = decisionTreeClf.predict_proba(targetx)[:,1]
from sklearn.naive_bayes import MultinomialNB
# Bayes
nbClf = MultinomialNB(alpha = 0.01)
# traindata
nbClf.fit(X_resample, Y_resample)
# predictdata
predBys = nbClf.predict(targetx)
y2_scoreBys = nbClf.predict_proba(targetx)[:,1]
from sklearn.linear_model import LogisticRegressionCV
lr = LogisticRegressionCV(max_iter = 3000)
# traindata
lr.fit(X_resample, Y_resample)
```

```
# predictdata
predlr = lr.predict(targetx)
y2_scorelr = lr.predict_proba(targetx)[:,1]
```

5.2.2 模型的优化

对于集成学习算法 XGBoost 以及随机森林的参数设置,可以通过格搜索(Grid Search)并行地计算不同的超参数设置对模型的影响,并选择输出最优的模型,提高模型的准确性。

```
from sklearn. metrics impor make_scorer
from sklearn. metrics import accuracy_score,recall_score,precision_score
from sklearn. model_selection import StratifiedKFold
from sklearn. model_selection import GridSearchCV
param_grid = {
'min_samples_split':range(5,10), # {'min_samples_split':7}
'n_estimators':[100,150,200], # {'n_estimators':150}
'max_depth':[5,10,15], # {'max_depth':15}
'max_features':[5,10,20] # {'max_features':10}
                }
scorers = {
'precision_score':make_scorer(precision_score),
'recall_score':make_scorer(recall_score),
'accuracy_score':make_scorer(accuracy_score),
                }
model = RandomForestClassifier(oob_score = True,max_depth = 10,random_state = 230525)
param_dist = {
'max_depth':range(2,10,1),
'n_estimators':range(60,160,20),
'learning_rate':[0.1,0.01,0.05]
                }
model = GridSearchCV(xgb_clf,param_dist,scoring = 'f1',cv = 5,n_jobs = - 1)
```

XGBoost 的优化参数包括决策树的深度、基分类器的数量及学习率。根据格搜索优化的结果,随机森林的优化参数为

```
'min_samples_split':7;
'n_estimators':150;
'max_depth':15;
'max_features':10
```

XGBoost 的优化参数结果为

```
'learning_rate':0.05;
'max_depth':9;
'n_estimators':140;
```

5.3 模 型 评 估

构造对象用于存储测试结果以及各个算法的预测结果,统一计算分数。

```
Class model_evaluator:
    def __init__(self,y):
```

```
            self.target = y
            self.names = []
            self.pred = []
            self.prob = []
            self.trainT = []
            self.predT = []
            self.count = 0
        def clear(self):
            self.names = []
            self.pred = []
            self.prob = []
            self.trainT = []
            self.predT = []
        def add(self, name, pred, prob, trainT = 0.0, predT = 0.0):
            self.names.append(name)
            self.pred.append(pred)
            self.prob.append(prob)
            self.trainT.append(trainT)
            self.predT.append(predT)
            self.count = self.count + 1
        def score(self):
            self.table = PrettyTable()
            self.table.field_names = ["Name", "Recall", "Precision", "ROC", 'F1', 'Traintime', 'PredictTime']
            recall = recall_score(self.target, [1 for _ in range(len(self.target))])
            prec = precision_score(self.target, [1 for _ in range(len(self.target))])
            roc = 0.5
            f1 = f1_score(self.target, [1 for _ in range(len(self.target))])
            self.table.add_row(['Baseline', recall, prec, roc, f1, 0, 0])
            for i in range(self.count):
                recall = recall_score(self.target, self.pred[i])
                prec = precision_score(self.target, self.pred[i])
                roc = roc_auc_score(self.target, self.prob[i])
                f1 = f1_score(self.target, self.pred[i])
                recall = round(recall, 4)
                prec = round(prec, 4)
                roc = round(roc, 4)
                f1 = round(f1, 4)
```

如图 5.9 所示,通过对集成学习算法 XGBoost 和随机森林与传统的决策树、朴素贝叶斯和逻辑回归算法比较可以得出结论:随机森林 XGBoost 算法可以获取比较高的准确率、召回率和 F1 值。

Name	Recall	Precision	ROC	F1	Train time	Predict Time
Baseline	1.0	0.3033346296157319	0.5	0.4654746720037131	0	0
DecisionTree	0.6070552998155673	0.7125404801295364	0.7523319374893886	0.655581779465464	13.357882022857666	0.2281808853149414
Nature Bayes	0.6357098409080686	0.44785664108509526	0.7009508187185153	0.5254995956134126	42.54558038711548	42.869367361068726
Logic Regression	0.7031158627101108	0.5849008357240864	0.8071067810687241	0.6385834224198392	2.7079057693481445	3.2621102333068848
Random Forest	0.920210373213777	0.7180908557713263	0.9056120865778573	0.8066827305013773	499.4749312400818	504.7433650493622
XGBoost	0.9196855647688593	0.7175071103214816	0.9026889397813936	0.8061127343429771	96.45919489860535	97.34777665138245

图 5.9 各个算法的评分汇总

各算法的 ROC 曲线如图 5.10 所示。

对于训练好的模型,可以通过如下函数查看模型各个特征的重要性排序,以此判断哪些

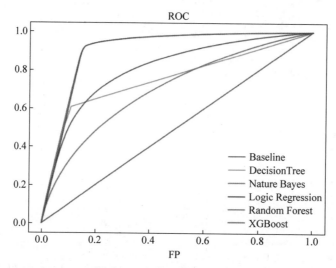

图 5.10　各算法的 ROC 曲线

特征对模型的结果占据主要的影响,如图 5.11 和图 5.12 所示。对于重要性特别弱的特征,可以考虑在模型中剪枝来减少模型复杂度,提高算法速度。

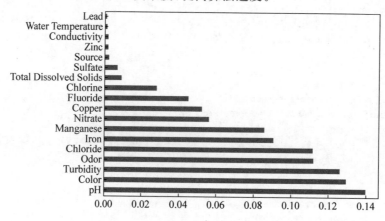

图 5.11　随机森林特征的重要性

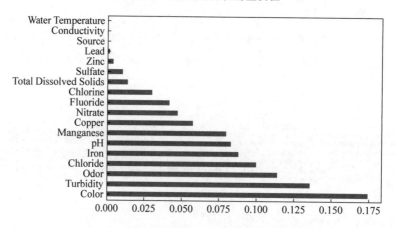

图 5.12　XGBoost 特征的重要性

```
feat_importances = pd.Series(model.feature_importances_, index = X.columns)
feat_importances.nlargest(25).plot(kind = 'barh')
print(X.columns)
```

综合上述两个算法可以得到重要性最高的特征,主要包括水质的颜色、浑浊度、气味、pH 以及锰、铁金属元素。

思 考 题

1. 讨论如何处理不平衡的数据。
2. 讨论缺失数据的处理方法。
3. 如何采用格搜索来优化分类算法的参数?
4. 讨论常见分类算法的优缺点。
5. 如何处理多种分类算法的结果?

弹幕情感分析

弹幕是当前一种流行的评价方式,它往往以流动字幕的形式出现在视频内容中,是观众对视频内容实时的文字评价。弹幕作为一种文字评价方式,其背后蕴含了极大的数据价值,例如对视频的感兴趣程度、用户的情绪情况、发表的观点及关键词等。如何获取弹幕内容,并挖掘其背后的价值并产生效益,是自然语言处理任务中非常重要的课题。

本案例选取热门视频平台,收集其弹幕数据并进行用户情感分析,通过多种情感分析手段进行比较。

6.1　数据收集

弹幕数据的收集选取的是目前非常火热的视频平台 bilibili(简称 B 站)。首先打开该网站,选择弹幕量充足的视频。例如《【派大星的独白】一个关于正常人的故事》,截至 2023 年 2 月 14 日,该视频共出现 39 万条弹幕。

在视频页面按 F12 键,单击 Network,可以查看 Name、Headers、Preview 等信息,如图 6.1 所示。可以通过拉取 Filter 中的区间控制 Name 显示的内容。在 Name 列表中,seg. so 开头为弹幕内容。

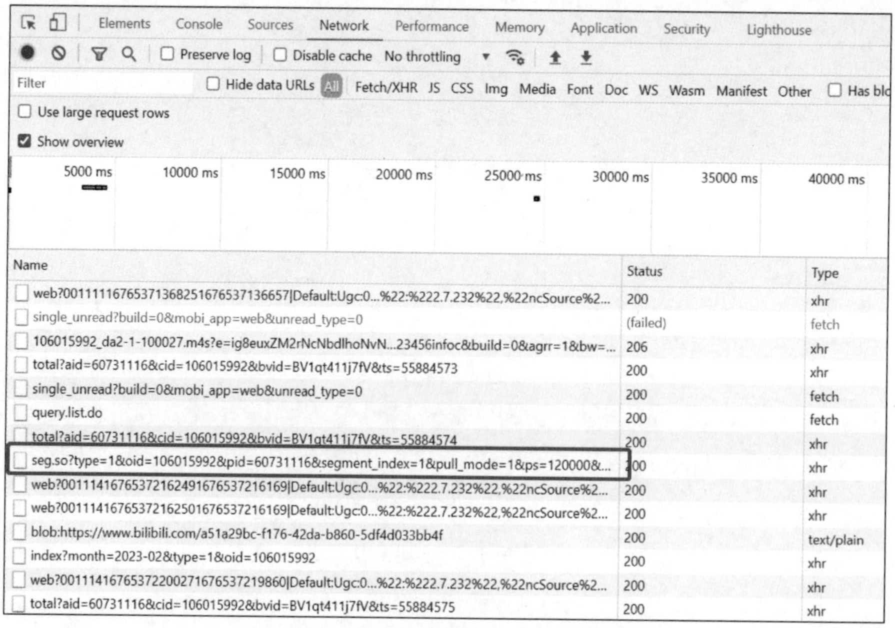

图 6.1　B 站 Network 数据——弹幕内容

seg. so 是以日期为单位的弹幕数据，在 Name 信息中，尾部的 &data＝2022-01-02 表示 2022 年 1 月 2 日所有的弹幕内容。

为了批量获取弹幕数据，需要获取完整的弹幕时间表，并以此为索引展开，依次获取指定日期的 seg. so 弹幕数据。本案例实现了两种获取时间表的方法，对应两种获取批量弹幕数据的方法：一种是根据输入的起始日期和结束日期来获取对应时间区间内的弹幕数据，适合大样本训练；另一种是输入特定的月份来获取弹幕数据，适合小批量训练。就前者而言，采用 datetime 库的 timedelta(day＝＋1) 函数，将设置的起始日期逐日增加到结束日期，并用 strftime() 函数转换其格式为 URL 请求中 date 的格式，将转换后的日期字符串添加到初始为空的时间列表中。就后者而言，可以从 B 站 Network 数据中，name 为 index?month 开头的 URL 中获取该月份的所有日期。因此，只需要设置 month＝{指定年月}，便可以获得该月份有弹幕数据的日期，将这些日期逐一加到时间列表即可，如图 6.2 所示。

Name	Status	Type
web?00111116765371368251676537136657|Default:Ugc0...%22:%222.7.232%22,%22ncSource%2...	200	xhr
single_unread?build=0&mobi_app=web&unread_type=0	(failed)	fetch
106015992_da2-1-100027.m4s?e=ig8euxZM2rNcNbdlhoNvN...23456infoc&build=0&agrr=1&bw=...	206	xhr
total?aid=60731116&cid=106015992&bvid=BV1qt411j7fV&ts=55884573	200	xhr
single_unread?build=0&mobi_app=web&unread_type=0	200	fetch
query.list.do	200	fetch
total?aid=60731116&cid=106015992&bvid=BV1qt411j7fV&ts=55884574	200	xhr
seg.so?type=1&oid=106015992&pid=60731116&segment_index=1&pull_mode=1&ps=120000&...	200	xhr
web?00111141676537216249167653721669|Default:Ugc0...%22:%222.7.232%22,%22ncSource%2...	200	xhr
web?00111141676537216250167653721669|Default:Ugc0...%22:%222.7.232%22,%22ncSource%2...	200	xhr
blob:https://www.bilibili.com/a51a29bc-f176-42da-b860-5df4d033bb4f	200	text/plain
index?month=2023-02&type=1&oid=106015992	200	xhr
web?00111141676537220071676537219860|Default:Ugc0...%22:%222.7.232%22,%22ncSource%2...	200	xhr
total?aid=60731116&cid=106015992&bvid=BV1qt411j7fV&ts=55884575	200	xhr

图 6.2　B 站网址 Network 数据——日期信息

使用起始日期和结束日期获取视频《【派大星的独白】一个关于正常人的故事》的所有历史弹幕并通过换行符分隔，整理弹幕数据为大小为 20.4MB 的 TXT 文件。

```
def get_response(html_url):
    headers = {
        'cookie': 'buvid3 = BB93CDDB - 777A - 7841 - D5AA - B332DAC0621923456infoc; _uuid =
6BDFEECF - 4C52 - 9529 - ECAA - E41E517885E122264infoc; buvid4 = 2A0995A4 - 8E73 - 7C7A - 4478 -
8F2B8C3F4A4F25250 - 022070718 - Pk1O31qDhl6TOuuhfYqnJzkBXWvfKu3TkvdjDChCReC5RURPKEhHkA%
3D%3D; CURRENT_BLACKGAP = 0; blackside_state = 0; i - wanna - go - back = - 1; LIVE_BUVID =
AUTO01716571896006481; fingerprint = 7e448962ea8af542f023bfe90132d3f4; buvid_fp_plain =
undefined; DedeUserID = 1477048890; DedeUserID__ckMd5 = a6a7ff3bdf219108; buvid_fp =
7e448962ea8af542f023bfe90132d3f4; CURRENT_QUALITY = 112; nostalgia_conf = - 1; hit - dyn - v2 = 1;
fingerprint3 = 025434855d7c6b5c53ef7bdb5d0a5d85; b_nut = 100; CURRENT_FNVAL = 4048; rpdid =
0z9ZwfQmLT|Cqb5KV1|2HG|3w1P2xTg; b_ut = 5; bp_video_offset_1477048890 =
759469712744644700; b_lsid = FDFD2AC4_1864DB68040; SESSDATA = 6ae866bf%2C1691893057%
2Cdbc52%2A22; bili_jct = 20721afbf1d485bb7057276c07407eb0; sid = 6sqaec8f; PVID = 1;
innersign = 1',
        'origin': 'https://www.bilibili.com',
        'referer': 'https://www.bilibili.com/video/BV1qt411j7fV',
        'user - agent': 'Mozilla/5.0 (Windows NT 10.0; WOW64) AppleWebKit/537.36 (KHTML, like
Gecko) Chrome/92.0.4515.131 Safari/537.36 SLBrowser/8.0.1.1171 SLBChan/105',
    }
```

第 6 章

弹幕情感分析

```
        response = requests.get(url = html_url, headers = headers)
        return response
    # 创建日期辅助表
    def create_assist_date(datestart = None,dateend = None):
        if datestart is None:
            datestart = '2020 - 01 - 01'
        if dateend is None:
            dateend = datetime.datetime.now().strftime('%Y - %m - %d')
    datestart = datetime.datetime.strptime(datestart,'%Y - %m - %d')
        dateend = datetime.datetime.strptime(dateend,'%Y - %m - %d')
        date_list = []
        date_list.append(datestart.strftime('%Y - %m - %d'))
        while datestart < dateend:
            datestart += datetime.timedelta(days = + 1)
            date_list.append(datestart.strftime('%Y - %m - %d'))
        return date_list


    def save(content):
        for i in content:
            with open('弹幕_派大星.txt', mode = 'a', encoding = 'utf - 8') as f:
                f.write(i)
                f.write('\n')


    def main():
        data = create_assist_date(datestart = '2021 - 01 - 01',dateend = None)
        for date in tqdm(data):
            url = f'https://api.bilibili.com/x/v2/dm/web/history/seg.so?type = 1&oid =
    106015992&date = {date}'
            html_data = get_response(url).text
            result = re.findall(". * ?([\u4E00 - \u9FA5] + ). * ?", html_data)
            save(result)
```

6.2 数据预处理

将前面保存好的弹幕数据通过 Pandas 库的 read_table()方法读入,随后获取 DataFrame 格式的弹幕文本内容。随后利用 WordCloud 库对数据进行词云方式的可视化,如图 6.3 所示。需要注意的是,使用 wordcloud()方法之前,需要先把数据处理成一串 str。如果词云显示为乱码,则需要下载 simfang.ttf 文件,并将 wordcloud()函数中的 font_path 参数指定为该文件所在的路径。

```
textlist = []
for i in data[0]:
    textlist.append(i)
del i
textlist = textlist[1:]
textstr = str(textlist)
# 词云 & 可视化
wordcloud_text = WordCloud(width = 1500,height = 800,background_color = 'cyan',min_font_size =
2 ,min_word_length = 3, font_path = "simfang.ttf").generate(textstr)
plt.figure(figsize = (30,10))
plt.axis('off')
plt.title('BulletChat',fontsize = 30)
plt.imshow(wordcloud_text)
```

图 6.3　弹幕词云

上述第一组数据是未标注的直接从网站上获取的原始数据。采用机器学习方法对弹幕内容进行情感分析需要已标注的数据训练模型。这里采用的已标注数据为知网发布的微博评论情感语料库,选择和 B 站弹幕内容相近的话题。同样采用 Pandas 方法读入该数据。下面对这两组数据进行预处理。

6.2.1　去除无效内容

为了提高模型训练的效率,减少训练成本,需要删除大量文本信息中的无效内容。对于已标注的训练数据,其评论内容前面是带有话题名称的。话题本身是中性的,而且绝大部分的评论都以话题开头,使得该内容更加没有意义,对其进行去除,如图 6.4 所示。

#90后当教授#刚还看了直播, 不错, 这小伙子有前途	POS
#90后当教授#人才啊, 90后的天才吖	POS
#90后当教授#: 有志不在年高, 有水平就可以。	POS

图 6.4　带话题名称的数据

对于模型训练而言,标点、数字、字母和空白等都不能表达语义,对其进行去除,如图 6.5所示。

```
for i in wb.index: #去除话题名称
    wb.iloc[i]['content'] = wb.iloc[i]['content'].lstrip('＃iPad3＃')
    if wb.iloc[i]['polarity'] == 'NEG':
        wb.iloc[i]['polarity'] = -1
    elif(wb.iloc[i]['polarity'] == 'POS'):
        wb.iloc[i]['polarity'] = 1
    else:
        wb.iloc[i]['polarity'] = 0

def wipe(data): ＃去除标点、数字、字母、无效字符
    p1 = '[a-zA-Z0-9]'
    p2 = '[’!"＃＄％&\'()*＋,-/.:;＜=＞?@[\\]^_`{|}～＋,。!?、“‘’”;:~《》/【】{}|——…]'
    for i in tqdm(data.index):
        data.iloc[i]['content'] = re.sub(p1,'',data.iloc[i]['content'])
        data.iloc[i]['content'] = re.sub(p2,'',data.iloc[i]['content'])
        data.iloc[i]['content'] = ''.join(data.iloc[i]['content'].split())    ＃去除空白
    return data
```

图 6.5　去除无效信息后的评论数据

6.2.2　分词和词性标注

如果采用深度学习方法，则要求输入的数据是一个向量。这里采用词嵌入的方法获取词向量。将前面的数据进行分词处理，采用 jieba 库的 posseg.cut() 方法。分词结果如图 6.6 所示。

```
from jieba import posseg as psg
seger = lambda s : [[x.word, x.flag] for x in psg.cut(s)]
wbdata_seg = wbdata['content'].apply(seger)
```

17	[['英雄', 'ns'], ['出', 'v'], ['少年', 'm']]
18	[['厉害', 'a'], ['呀', 'y'], ['孩子', 'n'], ['吃', '…
19	[['牛', 'n'], ['和', 'c'], ['牛', 'nr'], ['之间', 'f']]
20	[['人家', 'n'], ['有', 'v'], ['这个', 'r'], ['能力', 'n'], ['呗', 'y'], ['加油', 'v']]

图 6.6　jieba 分词结果

6.2.3　去除停用词

在自然语言处理任务中，存在许多没有实际含义的功能词，比如"了""也""可见"等。为了提高情感分析的效率，节省训练成本，同样将这些词语去除。本案例采用百度公布的停用词表。部分停用词如图 6.7 所示，去除停用词后的数据如图 6.8 所示。

```
def rm_stopword(data, stop):
    for i in tqdm(range(len(data))):
        num = 0
        for j in range(len(data[i])):
            if data[i][j - num][0] in stop:
                del data[i][j - num]
                num += 1
```

57	不是
58	不比
59	不然
60	不特
61	不独
62	不管

图 6.7　部分停用词展示

2	[['人才', 'n']]
3	[['可爱', 'v']]
4	[['太帅', 'n']]
5	[['大哥', 'n'], ['终于', 'd'], ['争口气', 'n'], ['棒', 'a']]
6	[['厉害', 'a'], ['九零', 'm'], ['说', 'v'], ['一文不…

图 6.8　去除停用词后的数据

6.2.4　主题词提取

在同一视频下的弹幕话题往往带有很强的主题性，将这些关键词提取出来有利于对文本主题进行识别。提取关键词的方法主要有 TextRank、LDA、TF-IDF 等方法,本案例采用 jieba. analyse. extract_tags()方法和 LDA 方法对每句的评论进行关键词提取。

```python
def textrank(data):
    list1 = []
    for i in data['content']:
        list1.append(jieba.analyse.extract_tags(i,allowPOS = ('ns', 'n', 'vn', 'n')))
    return list1
```

allowPOS 参数的功能是对输出结果进行词性的过滤,设置这项参数主要是为了让关键词集中在名词的类别上,从而更符合人们对于话题主体、客体的把握和认知。调用函数和结果如下:

```python
list_rank = textrank(wbdata['content'])
list_rank[:5]
['网络'],
['发售', '售价', '加拿大', '香港', '美国'],
['电脑城', '笔记本电脑', '界面', '手机'],
['无线', '设备', '经济'],
['大屏', '手机'],
```

再采用 LDA 对已标注数据的两个话题下的语料进行主题提取和分析。将去除无效字符、停用词后的话题语料添加到语料库中,这里采用 TXT 文档添加和记录语料。随后采用 codecs 库读取语料库并构建 LDA 模型的训练数据,同时构建 LDA 训练所需要的字典。在 gensim. models 的 LdaModel 中,num_topics 为主题的数量,passes 为训练轮数。

```python
writer = open('语料库.txt', 'w',encoding = 'utf-8')
for sentence in wbdata_seg:
    for word in sentence:
        writer.write(word + ' ')
    writer.write('\n')
writer.close()
train = []
lines = codecs.open('语料库.txt','r',encoding = 'utf8')
for line in lines:
    if line != '':
        line = line.split()
        train.append([i for i in line])
dic = corpora.Dictionary(train)
corpus = [dic.doc2bow(text) for text in train]
lda = LdaModel(corpus = corpus, id2word = dic, num_topics = 2, passes = 100)
```

LDA 模型训练好之后,访问模型的 print_topics 属性,即可看到主题以及主题下对应的词汇。num_words 表示每个主题下展示的主题词数。提取的主题词如图 6.9 所示。

```python
for topic in lda.print_topics(num_words = 5):
    print(topic[0], ':', sep = '')
    words = topic[1].split(' + ')
    for word in words:
        item = word.split(' * ')
        print('', item[1], '(', item[0], ')', sep = '')
```

```
0:
"佩服" (0.014)
"改进" (0.012)
"摄像头" (0.009)
"电池" (0.009)
"乔布斯" (0.009)

"支持" (0.023)
"中国" (0.013)
"强" (0.011)
"天才" (0.010)
```

图 6.9　LDA 主题词提取

弹幕情感分析

可以发现第一类话题主要是苹果公司发布会的内容,第二类话题主要是对"90 后"当教授的正面评价,基本符合对应的话题标签。

6.2.5 去除低频词

为了减少词汇量,降低后面编码向量的维度,以及减轻由此可能出现的过拟合(Over-fitting)现象,将词语出现频率较低的部分也进行去除。将出现次数少于指定数值 n 的词语添加到 filter_l 列表并进行去除。

```python
def countword(data,n): #n 为低频词阈值
    words_list = []
    filter_l = []
    for i in range(len(data)):
        for j in range(len(data[i])):
            words_list.append(data[i][j][0])
    words_count = pd.Series(words_list).value_counts() #统计 & 排序
    for i in words_count.index:
        if words_count[i] < n:
            filter_l.append(i)
    return words_count,filter_l


# 去除低频词
def rm_lfword(data,filter_l):
    for i in tqdm(range(len(data))):
        num = 0
        for j in range(len(data[i])):
            if data[i][j-num][0] in filter_l:
                del data[i][j-num]
                num += 1
```

经过上述几轮清洗之后,可能存在空的评论内容,对这些内容也进行去除,便得到可以用于高效训练的中文词语数据。

```python
def rm_blank(data):
    num = 0
    for i in tqdm(range(len(data))):
        if len(data[i]) == 0:
            num += 1
            del data[i]
```

评论词云如图 6.10 所示。

图 6.10 评论词云

6.2.6　编码

编码的过程可以利用前述统计词频产生的 words_count 的 series，将其中的统计数值依次改为 1~len(words_count)＋1 的数值，并将词语替换为词语索引对应的数值。对于未出现在索引中的词语用数值 len(word_count)＋2 代替。

```
words_count[:] = list(range(1,len(words_count) + 1))
def encoding(data,encoder):
    for i in range(len(data)):
        for j in range(len(data.iloc[i]['content'])):
            if data.iloc[i]['content'][j][0] not in encoder.index:
                data.iloc[i]['content'][j] = len(encoder) + 1
            else :
                data.iloc[i]['content'][j] = encoder[data.iloc[i]['content'][j][0]]
    return data
```

编码后的数据如图 6.11 所示。

6	[236, 48, 34, 425, 122]	1
7	[424, 147]	1
8	[71, 17]	1
9	[17, 34]	1
10	[423]	1
11	[11, 38, 95]	1
12	[15]	1
13	[238]	1
14	[96, 167]	1
15	[15, 126, 237, 106]	1

图 6.11　编码后的评论数据

6.2.7　标注

训练数据评论的标注形式为 NEG、POS 和无标注 3 种。将这 3 种标注依次替换为数值 -1、0 和 1，以便使用机器学习模型进行训练。通过 matplotlib.pyplot 库可以实现基本的可视化。如图 6.12 所示，统计并可视化后可以发现评论以积极评论和中性评论为主。

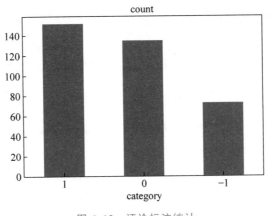

图 6.12　评论标注统计

弹幕情感分析

进一步查看每个话题评论下的情绪分布,如图 6.13 所示。

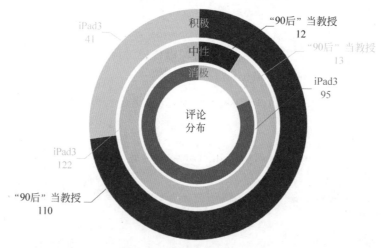

图 6.13　话题评论情绪分布

6.2.8　获取词向量

1. nn. Embeding( )

词向量指的是将前面获取到的每个数值编码放到一个指定维度的实数向量中。然而,对于句子来说,每一句的词语数量是不同的,直接进行转换将会出现向量维度不统一而无法训练的情况。因此,需要先遍历训练数据,统计句子长度并在前 90％的数据中找到最长的句子中所含的词语数量 maxlen,再将所有经过数值编码的语句用 0 填充至 maxlen 长度,长度大于 maxlen 的语句截取前 maxlen 长度的词语。

随后采用 nn. Embedding( )函数获取词向量。图 6.14 是一个完整句子的编码结果,其中每一行表示一个词语的词向量。

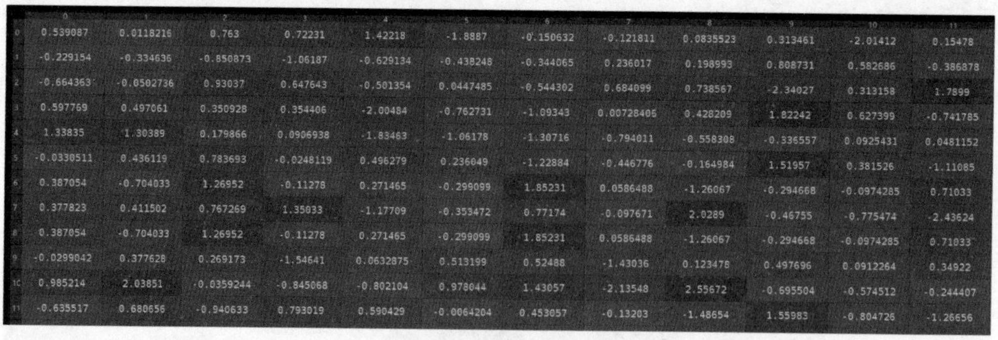

图 6.14　词向量展示

2. 语义分析方法

语义分析方法要求根据上下文,对每个词语获取上下文相关的词向量表征。本案例采用基于对比的自监督学习替换令牌检测(Replaced Token Detection)方法,使用 word2vec模型,通过去除无效信息、低频词、停用词后的原始数据构建语料库,对模型进行自监督训练。基于对比学习(Contrastive Learning,CL)方法,通过构建正样本(Positive)和负样本(Negative)并度量两者的距离来实现自监督学习。相较于基于上下文(Context Based)复杂度更低,结果如图 6.15 所示。

```
#构建语料库
seger = lambda s : [x.word for x in psg.cut(s)]
data_seg = data['content'].apply(seger)
rm_stop(data_seg,stop)
lines = []
for i in data_seg:
    words = []
    for word in i:
        words.append(word)
    lines.append(words)
#训练
from gensim.models import Word2Vec
model = Word2Vec(lines,vector_size = 20, window = 2 , min_count = 3, epochs = 7, negative =
10,sg = 1)
print("'产品'的词向量: \n",model.wv.get_vector('产品'))
print("和'产品'最相关的 5 个词: \n",model.wv.most_similar('产品', topn = 5))
```

```
'产品'的词向量:
 [-0.0606663   0.01057255  0.05824702 -0.00857167 -0.01390169 -0.01274824
  0.00746249 -0.01215221 -0.00219873 -0.01867875  0.03508843 -0.02574249
  0.01996154 -0.05259081  0.00737573  0.0166166   0.06515006  0.00799529
 -0.05774571  0.02826491]
和'产品'最相关的5个词:
 [('点', 0.716300368309021), ('知道', 0.6870900392532349), (')', 0.6559208631515503), ('美元',
0.6156314015388489), ('加拿大', 0.6097973585128784)]
```

图 6.15　语义分析

6.3　情　感　分　析

情感分析采用不同的方法进行比较,分别是基于 SnowNLP 库的情感分析方法和基于机器学习的情感分析方法。

6.3.1　基于 SnowNLP 库的情感分析方法

SnowNLP 是情感分析常用的 Python 库,其内部包含利用 Character-Based Generative Model 算法的中文分词、采用 TnT 和 3-Gram 的词性标注、采用购物类语料库的情感分析函数、基于朴素贝叶斯的文本分类、转换拼音、繁体转简体、提取文本关键词、提取摘要、分割句子、文本相似分析等方法,是非常强大的情感分析工具。

利用 SnowNLP 的 sentiments()方法对语句进行情感分析,其输出是 0~1 的数值,表示的是语句的正面程度,值越接近 1 表明文本内容越积极,如图 6.16 所示。

55	坚持做自己喜欢的事情	0.848612
56	欢乐是如何消失的呢	0.678787
57	欢乐是如何消失的呢	0.678787
58	因为平时就是呆头呆脑	0.584188
59	所以才会自由没有烦恼	0.469697

图 6.16　SnowNLP 情感分析

弹幕情感分析

6.3.2 基于机器学习的情感分析方法

采用机器学习算法对数据进行训练,包括支持向量机、逻辑回归、多项式贝叶斯等传统方法模型。

将分词转化为 d2m 矩阵,采用 sklearn 库的 CountVectorizer,其中参数 min_df 表示关键词出现次数的最低阈值。本案例中由于数据量较小,因此将出现次数大于 2 的词设置为关键词。

```python
from sklearn.feature_extraction.text import CountVectorizer
countvec = CountVectorizer(min_df = 2)
mtx = countvec.fit_transform(wbdata.content)
```

随后依次使用三个传统模型对数据进行拟合训练。

1) SVM 算法

```python
from sklearn.svm import SVM
clf = SVM(kernel = 'rbf', verbose = True)
clf.fit(x_train, y_train.astype('int'))
acc_s = accuracy_score(y_true = np.array(y_test,dtype = 'int'),y_pred = clf.predict(x_test))
```

2) 逻辑回归

```python
from sklearn.linear_model import LogisticRegression
logitmodel = LogisticRegression()
logitmodel.fit(x_train, y_train.astype('int'))
yhat = logitmodel.predict(x_test)
acc_l = accuracy_score(y_true = np.array(y_test,dtype = 'int'),y_pred = clf.predict(x_test))
```

3) 多项式贝叶斯

```python
from sklearn.naive_bayes import MultinomialNB
gnb = MultinomialNB(alpha = 1.0).fit(x_train, y_train.astype('int'))
acc_g = accuracy_score(y_true = np.array(y_test,dtype = 'int'),y_pred = gnb.predict(x_test))
```

3 个模型在测试集上的精度对比如图 6.17 所示。

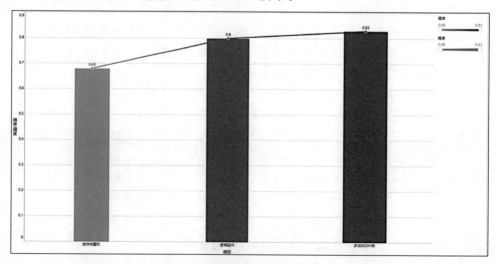

图 6.17 3 个模型在测试集上的精度对比

可见本案例的情感分析任务在小数据集上最好的精度表现是多项式贝叶斯的 0.83。进一步地,可以选择上下文相关的词向量分析方法,采用大语料库中预训练的模型再进行 fine-tune,得到结构更符合任务的模型。

思　考　题

1. 讨论弹幕数据的爬取方法。
2. 如何进行文本的分词?
3. 讨论情感识别的方法。
4. 讨论文本主题提取的方法。
5. 讨论如何对词汇进行词嵌入。

第7章　海底捞运营分析

随着社会的不断发展，人们的生活水平不断提高，去餐馆吃饭已经从过去的奢侈享受变成了现在的家常便饭，各种新的餐馆、饭店也如雨后春笋般不断涌现，饮食行业竞争愈发激烈，同时越来越呈现出白热化的趋势。

7.1　业务背景分析

自20世纪80年代中期起，火锅企业开拓创新发展，尤其是近几年来，火锅业的迅猛发展引起了全社会的关注。其中火锅老字号企业焕发新春，再塑辉煌。新型火锅企业锐意进取，异军突起。火锅企业的连锁经营步伐逐渐加快，连锁店网点数量不断增加，连锁经营的区域也日益拓展，企业规模和实力不断增强，知名品牌不断涌现。

行业的快速发展也带来了许多问题，火锅菜品加工工艺相对简单，非常容易复制。市场上只要出现一款畅销的菜品，很快各个店都竞相模仿，导致目前火锅行业菜品单一化现象严重，没有在原料和工艺上对菜品进行创新。由于火锅行业进入的门槛较低，对从业人员的要求并不高，随之而来的是从业人员整体素质相对落后，没有过硬的专业技术，服务理念、经营管理理念、复合管理能力欠佳，从而影响了整个行业的服务水平。大量的新店不断涌现，其中不乏盲目跟风者，导致惨淡经营，给火锅业造成负担。同时也使得火锅店之间的竞争日趋激烈。

在企业的众多经营活动中，每天都会产生大量的数据，这些看似毫无关联的数据，往往具有紧密关系，对于企业的经营和发展决策都具有十分重要的作用和意义。随着大数据时代的来临，数据分析已经成为企业的经营管理者极为重视的一项活动。数据分析可以对客观情况进行正确的反映，对企业经营管理过程中所产生的数据进行分析，能够有效地改善企业各项活动的决策。本案例以海底捞火锅店（某市人民广场店）为例进行数据分析，并与同行竞争对手做比较，为其未来发展及营销提出建议。

7.2　数据抓取

利用Python脚本抓取数据。BeautifulSoup库（可以通过pip下载）提供了找到HTML中标签的方法，利用标签对应的文本信息或者标签的属性信息抓取海底捞火锅店（某市人民广场店）的数据，使用的脚本程序为again.py。为了在抓取的过程中更像是人为地操作而不是爬虫在工作，需要设置好请求头中的参数。

这里设置了一些备用参数，在使用的过程中可以随机改变备用参数，这样可以适当地提高在 IP 被封禁之前抓取的数据量。在大众点评的一个用户评论中可以根据分析的需要抓取多项数据,如图 7.1 所示。这些数据包括用户昵称,用户对这次用餐的总评分(平均评分),用户对这次用餐的口味、环境、服务的评价,用户的评论文本,用户的用餐时间(评论时间),用户评论收到的点赞数等。

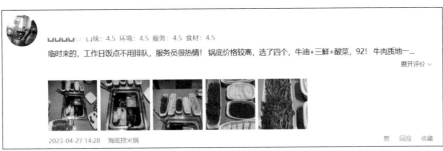

图 7.1 抓取页面数据

根据这些数据在 HTML 页面中的标签信息编写代码,利用 find、find_all 方法找标签,其中第一个参数是标签的名称,第二个参数是标签的属性值,find 方法是找到符合筛选条件的第一个标签,而 find_all 方法是找到符合筛选条件的所有标签的一个数组。寻找用户昵称标签,然后将标签内的文本内容添加到事先定义好的 name 数组中。star 中存储的是用户的贡献值,用户的贡献值在网页中以标签属性的形式存在,通过 span 的 class 名来反映。time、score、environment、serve、taste、comment、zan 依次是存储时间、总分、环境、服务、口味、评论、点赞数的数组。

把抓取的数据存储到数组后,利用 Python 读写 Excel 的库,将数据存入 Excel 表。将 Excel 对应表格的值设置为对应的抓取数据。

接着抓取用户喜欢的菜的数据,这些数据也是位于先前提到的用户评论的页面中。采集的页面如图 7.2 所示,采集数据有昵称、时间、喜欢的菜等。

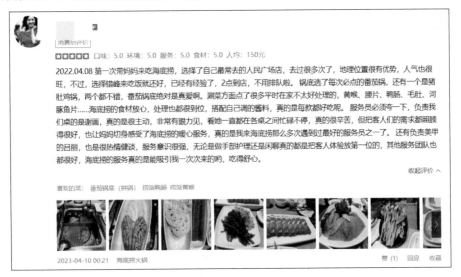

图 7.2 喜欢的菜页面

查看页面源代码,发现需要抓取数据的标签及其属性。在脚本运行的过程中,不只是抓

海底捞运营分析

取一个页面中的内容,而是要抓取很多结构与标签相似的页面内容,因此写一个循环,自动访问页面的下一页,一种方法是根据页面中的标签文本内容得到下一个页面的 URL,另一种方法是在写代码时将 URL 直接输入。

7.3 数据预处理

海底捞样本数据采集完毕后不能直接使用,这是因为数据中存在着一些冗余属性、缺失值需要处理,不适合直接进行数据分析,因此需要进行数据预处理。

原始数据保存在多张表中,有用户评论表、用户喜欢的菜品统计表、各区域排名前三统计表、区域内排名统计表、各店评论统计表,由于数据保存在较多的表中,某些表中记录存在大量缺失值,因此需要对其进行汇总和整理,对数据质量进行审查,将有用的字段取出来,过滤无用的字段。

汇总可以使用数据库查询和检索语句,并衍生新的字段,例如通过用户的评论时间得到评论的年份和月份等新字段。

```
import pandas as pd
df = pd.read_csv('../data/dzdp.csv')
df['year'] = df['comment_time'].str.split('-', expand = True)[0]
df['month'] = df['comment_time'].str.split('-', expand = True)[1]
df.to_csv('../data/dzdp.csv')
df.head()
```

得到的数据如图 7.3 所示。

cus_id	comment_time	year	month	comment_star	cus_comment	kouwei	huanjing	fuwu	zan	shopID
点小评6972654719	2023-04-12 23:29	2023	04	4.5	程彩朋服务特别贴心热心 给100分	4.5	4.5	4.5	0	l9qwmkX3FoD9tExc
xh如初	2023-04-12 22:08	2023	04	5.0	[服务特]服务,你旧是过分热情的服务 甚至有点牡…	5.0	5.0	5.0	0	l9qwmkX3FoD9tExc
君阁	2023-04-12 21:21	2023	04	5.0	吃了很多次了感觉verynice~而且价格也很亲民丫~	5.0	5.0	5.0	0	l9qwmkX3FoD9tExc
一泉很酷酱	2023-04-12 16:37	2023	04	3.5	服务一直案好好的但是附近那桌的小姐姐有点速翻来检对…	4.5	4.5	4.5	0	l9qwmkX3FoD9tExc
南桐	2023-04-12 14:29	2023	04	4.0	聚会还是在海底捞气氛足哇 服务员都好热情的~~	4.5	4.5	4.5	0	l9qwmkX3FoD9tExc

图 7.3 店铺评论数据

删除无用数据,评论与评分的分析只需要与评分有关的前 4 列和"评价内容",所以保留上述列,删除其余的列。复制一份删除后的表格文件,对复制后的文件删除评分相关的 4 列,然后将文件另存为 comments.csv 文件,如图 7.4 所示。

```
df = pd.read_csv('../data/dzdp.csv')
df = df[['year','month','comment_star','kouwei','huanjing','fuwu']]
df.to_csv('../data/comments.csv')
df.head()
```

	year	month	comment_star	kouwei	huanjing	fuwu
0	2023	4	4.5	4.5	4.5	4.5
1	2023	4	5.0	5.0	5.0	5.0
2	2023	4	5.0	5.0	5.0	5.0
3	2023	4	3.5	4.5	4.5	4.5
4	2023	4	4.0	4.5	4.5	4.5

图 7.4 评论数据节选

对于菜品内容进行预处理,用到的文件为前面抓取到的菜品内容。爬虫抓取的原始数据如图 7.5 所示。

cus_id	comment_time	cus_like_food
依依0317	2023-04-10 00:21	番茄锅底（拼锅） 捞派鸭肠 捞派黄喉
Kevin	2023-04-09 10:37	捞派滑嫩牛肉 捞派脆脆毛肚 四宫格锅底
忆达	2023-02-18 14:38	捞派滑嫩牛肉 招牌虾滑 捞派脆脆毛肚 鸳鸯锅售卖品 番茄锅底（拼锅） 功夫面 捞派黄喉 血旺 捞派鸭肠
路漫兮	2023-03-13 22:52	捞派黄喉 捞派脆脆毛肚
yy_11	2023-03-05 09:05	招牌虾滑 捞派脆脆毛肚 午餐肉 番茄锅底（拼锅） 猪肚鸡锅
玥小玥不爱吃	2023-02-22 00:11	捞派滑嫩牛肉 招牌虾滑 捞派脆脆毛肚
是傻子呀	2023-04-03 15:23	招牌虾滑
瘦宝	2023-02-13 14:51	捞派滑嫩牛肉 招牌虾滑 功夫面 捞派鸭肠
Ms_Harry_Potter	2023-03-24 23:00	招牌虾滑 番茄锅底（拼锅） 捞派鸭肠 素毛肚 功夫面
凉夜仄	2023-04-13 18:25	捞派滑嫩牛肉 招牌虾滑 番茄锅底（拼锅）
希望	2023-04-12 23:57	招牌虾滑 新西兰羊肉 功夫面 番茄锅底（拼锅） 海底捞
多米诺no1404	2023-04-11 15:55	招牌虾滑
SHOOC柒	2023-04-07 22:08	招牌虾滑 捞派脆脆毛肚 捞派滑嫩牛肉 血旺 鸳鸯锅售卖品 番茄锅底（拼锅） 新西兰羊肉
藤椒兔头	2023-04-05 08:46	招牌虾滑 番茄锅底（拼锅） 现炸酥肉 脱骨鸭掌
珴你哒小饼干	2023-04-04 21:53	招牌虾滑
点小评6324704583	2023-04-04 16:59	招牌虾滑 现炸酥肉 茴香小油条
sherry0302	2023-04-02 21:54	番茄锅底（拼锅）
张张	2023-04-01 16:23	招牌虾滑

图 7.5　菜品内容原始数据

读取存储在 dzdp_food.csv 中的用户喜欢的菜品数据，下面用 Python 脚本处理该 CSV 文件。

```
#!/usr/bin/python
# -*- coding:utf-8 -*-
dataset = pandas.read_csv('../data/dzdp_food.csv',encoding='utf-8')
food = dataset['cus_like_food']
food_list = list(food)
words = []
for i in range(0, len(food_list)):
    for j in food_list[i].split(' '):
        words.append(j)
s_words = set(words)
counter = Counter(words)
counts = pd.DataFrame(counter.items(), columns=['like_food', 'counts'])
counts.to_csv("../data/counts.txt", index=False)
```

这段代码读取 dzdp_food.csv 中的第 3 列的菜品名，并统计每种菜品出现的次数。最终输出为 counts.txt，如图 7.6 所示，展示了推荐数比较多的一些菜品。

```
like_food,counts
番茄锅底（拼锅）,457
捞派鸭肠,309
捞派黄喉,274
捞派滑嫩牛肉,63
捞派脆脆毛肚,135
四宫格锅底,91
招牌虾滑,1489
鸳鸯锅售卖品,13
功夫面,575
血旺,535
新西兰羊肉,227
午餐肉,85
猪肚鸡锅,1
素毛肚,1
海底捞,9
现炸酥肉,20
脱骨鸭掌,25
茴香小油条,2
雪花牛小排,1
```

图 7.6　推荐数比较多的菜品

这里的数据预处理使用到前面的 counts. txt 和 dzdp_food. csv,用 Python 实现。选取推荐数大于 10 的菜品进行关联分析,将每个菜名设置为新的表格列名称。读取抓取的"菜品. xlsx"中的每一用户的推荐菜,若列名称中的菜出现在该用户的推荐菜中,则将对应的单元格设为 1,否则设为 0。

```python
dataset = pandas.read_csv('../data/dzdp_food.csv', encoding = 'utf-8')
data = dataset['cus_like_food']
list = list(data)
words_list = []                              ＃存储每个用户的推荐菜品
for i in range(0, len(list)):
    words_list.append( list[i].split(' '))
data = pd.read_csv('../data/counts.txt', encoding = 'utf-8')
data = data[data['counts'] >= 10]            ＃选择数量大于 10 的菜品
s_word_lst = data['like_food'].values
print(s_word_lst, type(s_word_lst))
num_col = len(s_word_lst)
num_row = len(words_list)
＃ 要输出的表格
workbook = xlwt.Workbook()
sheet = workbook.add_sheet('sheet', cell_overwrite_ok = True)
for i in range(0, num_col):
    sheet.write(0, i, s_word_lst[i])
for i in range(0, num_row):
    for j in range(0, num_col):
        if s_word_lst[j] in words_list[i]:
            sheet.write(i + 1, j, 1)
        else:
            sheet.write(i + 1, j, 0)
workbook.save('../data/meal.xls')
```

处理后的 meal. xls 如图 7.7 所示。

	番茄锅底	捞派鸭肠	捞派黄喉	捞派滑嫩	捞派脆腺	四宫格锅底	招牌虾滑	鸳鸯锅售	成功夫面	血旺	新西兰羊	午餐肉	现炸酥肉	脱骨鸭掌
2	1	1	1	0	0	0	0	0	0	0	0	0	0	0
3	0	0	0	1	1	1	0	0	0	0	0	0	0	0
4	1	1	1	1	1	0	1	1	1	1	1	0	0	0
5	0	0	1	0	1	0	0	0	0	0	0	0	0	0
6	1	0	0	0	1	0	0	0	0	0	0	1	0	0
7	0	0	0	1	1	0	1	0	0	0	0	0	0	0
8	0	0	0	0	0	0	1	0	0	0	0	0	0	0
9	0	1	0	0	0	0	0	1	0	0	0	0	0	0
10	1	1	0	0	0	0	1	0	0	0	0	0	0	0
11	1	0	0	1	0	0	1	0	0	0	0	0	0	0
12	1	0	0	0	0	0	1	0	1	0	1	0	0	0
13	0	0	0	0	0	0	1	0	0	0	0	0	0	0
14	1	0	0	1	1	0	1	1	0	1	1	0	0	0
15	1	0	0	0	0	0	1	0	0	0	0	0	1	1
16	0	0	0	0	0	0	1	0	0	0	0	0	0	0
17	0	0	0	0	0	0	1	0	0	0	0	0	1	0
18	1	0	0	0	0	0	0	0	0	0	0	0	0	0
19	0	0	0	0	0	0	0	0	0	0	0	0	0	0
20	1	0	0	0	0	0	0	0	0	0	0	0	0	0
21	0	0	1	0	1	0	0	0	1	0	0	0	0	0
22	1	0	0	0	0	0	0	0	0	0	0	0	0	0
23	1	0	0	1	0	0	0	0	0	0	0	0	0	0
24	0	1	1	1	0	0	0	0	0	0	0	0	1	0
25	1	0	0	0	0	0	0	0	0	0	0	0	0	0
26	1	0	0	1	0	0	0	0	0	0	1	0	0	0
27	1	1	0	0	0	0	1	0	0	0	0	0	0	0
28	0	1	0	0	0	0	0	0	0	0	0	0	0	0
29	1	1	1	1	1	0	1	1	1	1	1	0	0	0

图 7.7　处理后推荐菜品统计

7.4 店铺经营分析

7.4.1 影响海底捞运营的关键因素分析

为了能够深入地了解海底捞店铺的经营情况,分析影响该店生意的关键因素,并且通过和其他店铺对比得出海底捞的优劣势,下面采用 XGBoost 算法实现对影响因素的筛选。

```python
import numpy as np
from numpy import loadtxt
from xgboost import XGBClassifier
from matplotlib import pyplot as plt
from sklearn.preprocessing import LabelEncoder
# load data
dataset = loadtxt('../data/dzdp.csv', delimiter = ",", skiprows = 1, encoding = 'utf - 8',
usecols = (7, 8, 9, 5))
# split data into X and y
X = dataset[:, 0:3]
y = dataset[:, 3]
y = LabelEncoder().fit_transform(y.ravel())
# fit model no training data
model = XGBClassifier()
model.fit(X, y)
# feature importance
print(model.feature_importances_)
# plot
plt.bar(range(len(model.feature_importances_)), model.feature_importances_)
plt.xlabel('影响因素')
plt.ylabel('总评论数')
plt.rcParams['font.sans - serif'] = ['SimHei']
plt.xticks(np.arange(3),['口味', '环境', '服务'])
plt.show()
```

得到的各因素重要性评分如图 7.8 所示,可以看出口味的评分重要性最高。

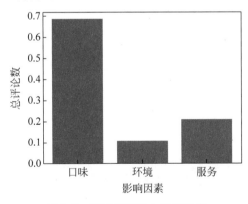

图 7.8　影响海底捞生意的因素

与所预期的一致,口味是最重要的影响因素。接下来分析口味对评分星级的影响,通过 Matplotlib 以可视化的方式展现各评分星级在各口味评分中的分布情况,如图 7.9 所示。

```
import pandas as pd
import matplotlib.pyplot as plt
dataset = pd.read_csv('../../data/大众点评数据/dzdp.csv', encoding = 'utf - 8')
group = dataset.groupby(["kouwei", "comment_star"])["cus_id"].count()
data = dataset.groupby(['kouwei', 'comment_star'])['cus_id'].agg('count').unstack()
data.plot.bar(figsize = (10, 5), stacked = True)
plt.xlabel('口味')
plt.ylabel('评论数')
plt.rcParams['font.sans - serif'] = ['SimHei']
plt.xticks(fontsize = 8, rotation = 28)
plt.legend()
plt.show()
```

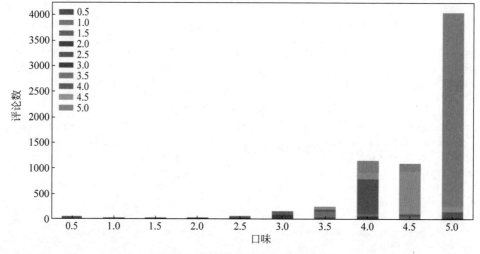

图 7.9　口味以及总分对应数量图

　　如图 7.9 所示，在口味为 5 的评价中绝大部分顾客都给出了 5 分的总评分数，所以口味对于一家火锅店而言是至关重要的。此时引入时间维度，考虑时间维度与口味的关系。以热力图的方式展现各月份口味评分的分布情况，如图 7.10 所示。

```
import pandas as pd
import numpy as np
import matplotlib.pyplot as plt
dataset = pd.read_csv('../../data/大众点评数据/dzdp.csv', encoding = 'utf - 8')
data = dataset[dataset["year"] == 2022].groupby(['kouwei','month'])['cus_id'].agg('count').
unstack()
plt.imshow(data, cmap = 'RdBu')
plt.rcParams['font.sans - serif'] = ['SimHei']
plt.gca().invert_yaxis()
plt.xticks(np.arange(1,13))
plt.colorbar()
plt.title('2022 年各月份口味的评分热力图')
plt.yticks(np.arange(10),['0.5','1','1.5','2','2.5','3','3.5','4','4.5','5'])
plt.xticks(np.arange(12),['1 月','2 月','3 月','4 月','5 月','6 月','7 月','8 月','9 月','10 月',
'11 月','12 月'])
plt.show()
```

　　从图 7.10 看到，2022 年 4 月到 6 月顾客对该店的口味评分较为均衡，评价也较好。在大众点评上人民广场地段共有 48 家火锅店，其中珮姐老火锅、海底捞火锅、周师兄重庆火

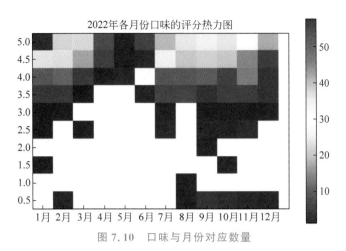

图 7.10　口味与月份对应数量

锅、大隐成都火锅等店的销量较为突出。在这个案例中,只抓取了网站上的数据,不能获得真实的销量数据。但销量是与总评论数正相关的数据,从而可以推测出各个火锅店销量的情况。抓取共 20 家店的数据,图 7.11 是各店 2023 年的总评论数。

```python
import pandas
import matplotlib.pyplot as plt
dataset = pandas.read_csv('./data/dzdp_shop_comment_num.csv', encoding = 'utf-8')
data = dataset[dataset["year"] == 2023].groupby(['shop_name'])['cus_id'].agg('count')
data.plot.bar(figsize = (20, 10))
plt.rcParams['font.sans-serif'] = ['SimHei']
plt.xticks(fontsize = 8, rotation = 30)
plt.show()
```

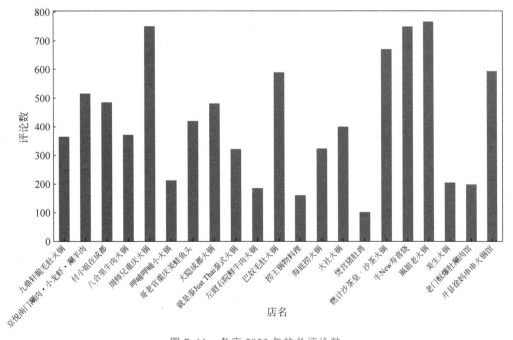

图 7.11　各店 2023 年的总评论数

可以很明显地看到,珮姐老火锅在 2023 年的总评论数遥遥领先,而海底捞店的总评论数虽然位居第二位,但与其他火锅店(例如周师兄重庆火锅、巴奴毛肚火锅等店)的差距并不

海底捞运营分析

大。如果考虑再开设新的火锅店，可以选在一块火锅店铺相对不那么密集的地段，以减少竞争，同时又兼顾交通、人流量等因素，以确保获得一定的消费人群。

7.4.2　店铺选址分析

为了避免火锅店盲目跟风现象的出现，可以更好地选择开店位置。此处抓取上海市浦东新区的其他行政区的店铺信息以及一些热门行政区的店铺信息。因为需要规避其他的海底捞火锅店，所以抓取的都是尚未开设海底捞火锅店的区域中前三位的店铺信息。抓取得到的数据处理后如图 7.12 所示。

shop_name	region_name	kouwei	huanjing	fuwu	mean_price	tuangou	review_num	region_review_num
藏膳口福牦牛肉火锅(新天地店)	新天地/马当路	4.8	4.8	4.8	¥289	有	5467	16532
洋房火锅(新天地店)	新天地/马当路	4.9	4.9	4.9	¥1294	有	7135	16532
杜老爷大刀腰片市井火锅(复兴广场店)	新天地/马当路	4.8	4.8	4.8	¥133	有	3938	16532
上上谦火锅(南京东路步行街店)	南京东路	4.4	4.4	4.4	¥149	有	3844	21583
朱光玉火锅馆(人民广场店)	南京东路	4.2	4.2	4.2	¥159	有	15618	21583
后火锅(南京东路店)	南京东路	4.4	4.4	4.5	¥145	有	2121	21583
辣火锅(淮海中路店)	淮海路	4.3	4.4	4.3	¥155	有	5876	17458
楼上火锅(茂名南路店)	淮海路	4.8	4.4	4.8	¥684	有	10918	17458
重匠老火锅(淮海路店)	淮海路	4.5	4.6	4.5	¥148	有	672	17458
五里关火锅(云南南路店)	老西门/陆家浜路	4.9	4.9	4.9	¥157	有	461	11183
八合里牛肉火锅(淮海中路店)	老西门/陆家浜路	4.6	4.3	4.3	¥118	有	7281	11183
小辣椒鱼火锅(新世纪生活广场店)	老西门/陆家浜路	4.2	4.3	4.2	¥134	有	3521	11183
一牛火锅(多糖园店)	塘家湾/南浦大桥	4.4	3.9	4.3	¥127	有	874	1167
小牛故事·潮山料牛肉火锅	塘家湾/南浦大桥	4.2	3.8	3.9	¥153	有	159	1167
好椰椰子鸡火锅(融创外滩壹号汇店)	塘家湾/南浦大桥	4.2	4.5	4.6	¥117	有	134	1167
关氏门面涮肉(景洪路店)	西藏南路/世博会馆	3.9	3.7	3.8	¥117	有	1163	1414
石记涮肉(制造局路店)	西藏南路/世博会馆	3.8	3.5	3.6	¥111	有	28	1414
羌小妹大骨牛肉汤·火锅	西藏南路/世博会馆	4.3	4.3	4.3	¥56	有	223	1414

图 7.12　各区域前三位的店铺信息

因为总评论数能够反映店铺的火爆程度，所以考察各因素对各店总评论数的影响：口味、环境、服务、人均消费和区域总评论数。

```python
import numpy as np
from numpy import loadtxt
from sklearn.preprocessing import LabelEncoder
dataset = loadtxt('../data/大众点评数据/dzdp_region_shop.csv', skiprows = 1,
delimiter = ",", encoding = 'utf - 8', usecols = (3, 4, 5, 6, 9, 8))
y = dataset[:, 5]
y = LabelEncoder().fit_transform(y)
for i in range(5):
    X = dataset[:, i]
    result = np.corrcoef(X, y)
    print(result)
```

如图 7.13 所示是口味、环境、服务、人均消费和总评论数的相关系数矩阵，其中副对角线上是其相关系数。

```
[[1.         0.33715627]
 [0.33715627 1.        ]]
[[1.         0.3052711]
 [0.3052711  1.       ]]
[[1.         0.30431471]
 [0.30431471 1.        ]]
[[1.         0.42564334]
 [0.42564334 1.        ]]
[[1.         0.73662959]
 [0.73662959 1.        ]]
```

图 7.13　店铺总评论数的影响因素

对于火锅店来说，关键的影响因素是所在区域，因此分析总评论数和所在区域的关系。使用气泡图反映各区域总评论数的值，如图 7.14 所示。

```python
import matplotlib.pyplot as plt
import numpy as np
import pandas as pd
# 导入数据
dataset = pd.read_csv('./data/dzdp_region_shop.csv', encoding = 'utf-8')
dataset = dataset[['region_name', 'review_num']]
grouped = dataset.groupby(['region_name'], as_index = False).sum()
grouped = grouped.sort_values(by = 'review_num', ascending = False)
grouped.columns = ['region_name', 'review_num']
colors = np.random.rand(len(grouped)) # 颜色数组
plt.rcParams['font.sans-serif'] = ['SimHei']
plt.scatter(grouped['region_name'], grouped['review_num'], s = 200, c = colors)
plt.xlabel('区域')
plt.ylabel('总评论数')
plt.xticks(grouped['region_name'], grouped['region_name'], rotation = 15)
plt.show()
```

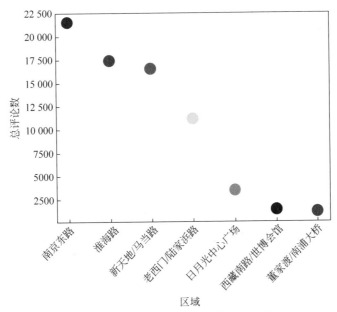

图 7.14　反映各区域人流量的总评论数

从图 7.14 中可以看出，南京东路、淮海路及新天地/马当路是生意最好的区域，其次是老西门/陆家浜路、日月光中心广场、西藏南路/南浦大桥等区域，为了获取更多的客源，优先分析生意最好的区域。图 7.15～图 7.18 是南京东路区域口味、环境、服务和人均消费与总评论数的关系。

```python
import matplotlib.pyplot as plt
import pandas
import numpy as np

# 使用 colormap 生成颜色
cmap = plt.get_cmap('viridis')

plt.rcParams['font.sans-serif'] = ['STHeiti']

dataset = pandas.read_csv('././data/大众点评数据/dzdp_region_shop.csv', encoding = 'utf-8',
usecols = (8, 2, 3, 4, 5, 6))
```

海底捞运营分析

```
dataset = dataset[dataset['region_name'] == '南京东路']
colors = plt.cm.tab10(np.arange(10))

dataset1 = dataset[['review_num', 'kouwei']]
grouped1 = dataset1.groupby(['kouwei'])['review_num'].sum()
grouped1.plot.bar(figsize = (10, 5), color = colors)
plt.xticks(rotation = 0)
plt.xlabel('口味(分)')
plt.ylabel('总评论数(条)')
plt.show()

dataset2 = dataset[['review_num', 'huanjing']]
grouped2 = dataset2.groupby(['huanjing'])['review_num'].sum()
grouped2.plot.bar(figsize = (10, 5), color = colors)
plt.xticks(rotation = 0)
plt.xlabel('环境(分)')
plt.ylabel('总评论数(条)')
plt.show()

dataset3 = dataset[['review_num', 'fuwu']]
grouped3 = dataset3.groupby(['fuwu'])['review_num'].sum()
grouped3.plot.bar(figsize = (10, 5), color = colors)
plt.xticks(rotation = 0)
plt.xlabel('服务(分)')
plt.ylabel('总评论数(条)')
plt.show()

dataset4 = dataset[['review_num', 'mean_price']]
grouped4 = dataset4.groupby(['mean_price'])['review_num'].sum()
grouped4.plot.bar(figsize = (10, 5), color = colors)
plt.xticks(rotation = 0)
plt.xlabel('人均消费(元)')
plt.ylabel('总评论数(条)')
plt.show()
```

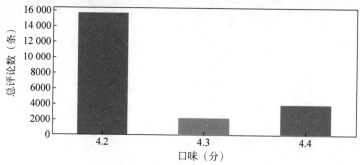

图 7.15 南京东路区域口味评分与总评论数的关系

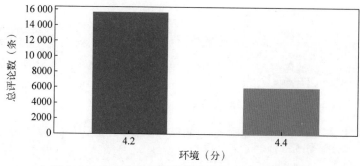

图 7.16 南京东路区域环境评分与总评论数的关系

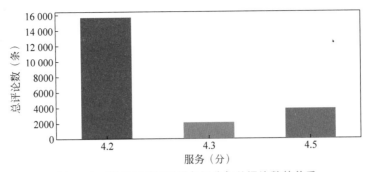

图 7.17　南京东路区域服务评分与总评论数的关系

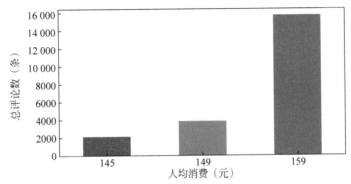

图 7.18　南京东路区域人均消费与总评论数的关系

　　通过这些数据可以推测,南京东路这个区域中,口味、环境、服务、人均消费适中的店反而更受欢迎,海底捞的服务优势很难发挥,并且可以看到南京东路抓取的代表性店铺的总评论数是比较接近的,也就是说竞争相对激烈,所以并不推荐海底捞在南京东路开设新的分店。

　　海底捞的环境因素不占优势,服务因素占优势。区域总评论数与服务评分的关系分析,如图 7.19 所示。

```
import pandas
import matplotlib.pyplot as plt
dataset = pandas.read_csv('./data/dzdp_region_shop.csv',encoding = 'utf - 8',usecols = (2,5,
8))
print(dataset)
plt.rcParams['font.sans - serif'] = ['SimHei']
grouped = dataset.groupby(['region_name','fuwu'])['review_num'].max()
print(grouped)
grouped.plot.bar(figsize = (20,9))
plt.xticks(fontsize = 8,rotation = 28)
plt.xlabel('所在区域 - 服务')
plt.ylabel('总评论数')
plt.show()
```

　　作为一家火锅店,为了能够获取更多的利润,就需要得到更多的客户。对于饮食行业来说,菜品口味是一大关键因素,所以结合大众点评网站上给出的推荐菜做出关于菜品的营销建议。

　　菜品及受欢迎程度(部分)如图 7.20 所示。

　　根据预处理得到的 counts.txt 及大众点评的推荐菜找到受欢迎程度较低的菜(喜欢的人比较少的菜),包括雪花牛小排、拉面及那些未上榜的菜品。这些菜不那么受欢迎,可能是因为它们不适用于火锅这种烹饪方式,也可能是本店的对应菜品进货源不够好,导致菜品质

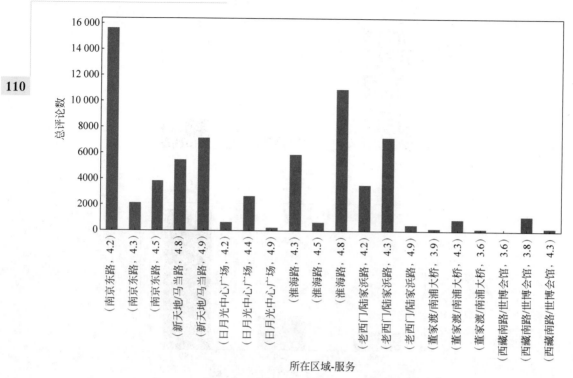

图 7.19　各区域服务与总评论数的关系

```
like_food,counts
番茄锅底(拼锅),457
捞派鸭肠,389
捞派黄喉,274
捞派滑嫩牛肉,63
捞派脆脆毛肚,135
四宫格锅底,91
招牌虾滑,1489
鸳鸯锅售卖品,13
功夫面,575
血旺,535
新西兰羊肉,227
午餐肉,85
猪肚鸡锅,1
素毛肚,1
海底捞,9
现炸酥肉,20
脱骨鸭掌,25
茴香小油条,2
雪花牛小排,1
番茄芹菜肉粒,10
奶酪鱼柳,7
```

图 7.20　菜品及受欢迎程度(部分)

量存在一些问题,所以菜品不受欢迎。为了更直观地了解各个菜品的受欢迎程度,根据抓取的数据提取词频,绘制标签云图,如图 7.21 所示。

```
import pandas
import numpy as np
from PIL import Image
from wordcloud import WordCloud
from matplotlib import pyplot as plt
dataset = pandas.read_csv('../data/dzdp_food.csv', encoding = 'utf - 8')
food = dataset['cus_like_food']
```

```
food_list = list(food)
words = []
for i in range(0, len(food_list)):
    for j in food_list[i].split(' '):
        words.append(j)
print(words)
image = Image.open("../data/img.png")
# 使用 NumPy 把图片转换为矩阵数组
img_array = np.array(image)
# 制作词云图
wc = WordCloud(
    background_color = 'white',
    font_path = 'C:\Windows\Fonts\simkai.ttf',
                        # 若有中文,则这行代码必须添加,不然会出现方框,不出现汉字
    mask = img_array,
)
text = ''
for i in range(0,len(words)):
    text += words[i] + ' '
wc.generate_from_text(text)
fig = plt.figure(figsize = (10,10))       # 制作一幅图片
plt.imshow(wc)
plt.axis("off")                           # 不使用坐标轴
plt.show()
```

图 7.21　海底捞火锅店评论标签云图

可以发现招牌虾滑、番茄锅底、好服务等词的词频较高,可以据此推测,这家店的虾滑和店内的一些锅底十分搭配,而且虾滑的味道和口感都很好。可以考虑增加与之配套的锅底,也可以考虑引进口感更好的虾滑。雪花牛小排、拉面等菜品不太受欢迎,那么海底捞也可以考虑更换店内牛肉的相关菜品类型。从菜品的角度出发,还可以分析各种菜品之间的相关性,从而更好地做出菜品推荐。

7.4.3　菜品关联分析

根据在大众点评网站上用户所填写的喜欢的菜的信息进行菜品关联分析。

使用 Apriori 算法进行顾客推荐菜品间的关联分析,设置最低条件支持数为 5,最小置信度为 10.0。按照支持度排序,可以看出推荐菜的排名。"招牌虾滑""血旺""功夫面"最受欢迎。其次选择按照"规则支持"排序,"规则支持"指的是前项和后项同时出现的记录在总体的占比。这里商家可以针对那些经常一起出现的菜设置一些菜的套餐,例如可以推出"招

牌虾滑""血旺""功夫面"三个菜的组合菜,因为这三个菜中任意两个都较多同时出现。也可以推出"招牌虾滑"和"血旺"的组合菜,因为这两个同时出现的概率达到了 12.801%。商家可以根据菜品的强关联进行相关推荐。例如,在用户点了"捞派鸭肠"而未点"招牌虾滑"时,可以显示"点了捞派鸭肠的用户有 72.492% 也点了'招牌虾滑'";在点了"新西兰羊肉"而未点"招牌虾滑"时,可以显示"有 68.282% 的用户还点了'招牌虾滑'"。通过在用户点菜时进行关联推荐,增加相关菜品的销售量,如图 7.22 所示。

```python
import pandas
import pandas as pd
from mlxtend.preprocessing import TransactionEncoder
from mlxtend.frequent_patterns import apriori
from mlxtend.frequent_patterns import association_rules
# 设置数据集
dataset = pandas.read_csv('./data/dzdp_food.csv', encoding = 'utf - 8')
data = dataset['cus_like_food']
list = list(data)
words = []
words_list = []
for i in range(0, len(list)):
    words_list.append(list[i].split(' '))
te = TransactionEncoder()
# 进行 one - hot 编码
te_ary = te.fit(words_list).transform(words_list)
df = pd.DataFrame(te_ary, columns = te.columns_)
# 利用 Apriori 算法找出频繁项集
freq = apriori(df, min_support = 0.05, use_colnames = True)
# 计算关联规则
result = association_rules(
    freq,
    metric = "confidence",
    min_threshold = 0.1).reset_index(
        drop = True)
# print(result)
result = result.sort_values(by = ["support", "confidence"], ascending = False)
result = result[['consequents', 'antecedents',
                 'antecedent support', 'confidence', 'support']]
result['antecedent support'] *= 100
result['confidence'] *= 100
result['support'] *= 100
result = result.round(3)
col = ['后项', '前项', '支持度%', '置信度%', '规则支持%']
result.columns = col
result['后项'] = tuple(result['后项'])
result.to_csv('./data/result.csv', index = False)
results = result.to_dict(orient = 'records')
f1 = open("./data/word1.txt", 'w', encoding = 'UTF - 8')
f1.write("前项 -> 后项\n")
keyDicts = {}
num = 0
while num < len(results):
    tem = results[num]
    ant = str(set(tem['前项']))
    con = str(set(tem['后项']))
    conf = str(tem['置信度%'])
    print(ant, con, conf)
```

```
    try:
        key = keyDicts[ant]
        keyDicts[ant] = key + [str(con + '-' + conf)]
    except BaseException:
        keyDicts[ant] = [str(con + '-' + conf)]
    num += 1
keys = keyDicts.keys()
for key in keys:
    f1.write(str(key) + " -> " + str(keyDicts[key]) + "\n")
f1.close()
```

```
后项,前项,支持度%,置信度%,规则支持%
frozenset({'招牌虾滑'}),frozenset({'血旺'}),20.753,61.682,12.801
frozenset({'血旺'}),frozenset({'招牌虾滑'}),57.758,22.163,12.801
frozenset({'招牌虾滑'}),frozenset({'功夫面'}),22.304,54.435,12.141
frozenset({'功夫面'}),frozenset({'招牌虾滑'}),57.758,21.021,12.141
frozenset({'招牌虾滑'}),frozenset({'番茄锅底（拼锅）'}),17.727,59.3,10.512
frozenset({'番茄锅底（拼锅）'}),frozenset({'招牌虾滑'}),57.758,18.2,10.512
frozenset({'招牌虾滑'}),frozenset({'捞派鸭肠'}),11.986,72.492,8.689
frozenset({'捞派鸭肠'}),frozenset({'招牌虾滑'}),57.758,15.044,8.689
frozenset({'招牌虾滑'}),frozenset({'捞派黄喉'}),10.628,67.883,7.215
frozenset({'捞派黄喉'}),frozenset({'招牌虾滑'}),57.758,12.492,7.215
frozenset({'招牌虾滑'}),frozenset({'金针菇'}),11.676,58.804,6.866
frozenset({'金针菇'}),frozenset({'招牌虾滑'}),57.758,11.887,6.866
frozenset({'功夫面'}),frozenset({'血旺'}),20.753,32.897,6.827
frozenset({'血旺'}),frozenset({'功夫面'}),22.304,30.609,6.827
frozenset({'招牌虾滑'}),frozenset({'新西兰羊肉'}),8.805,68.282,6.012
frozenset({'新西兰羊肉'}),frozenset({'招牌虾滑'}),57.758,10.41,6.012
frozenset({'捞派鸭肠'}),frozenset({'捞派黄喉'}),10.628,49.27,5.237
frozenset({'捞派黄喉'}),frozenset({'捞派鸭肠'}),11.986,43.689,5.237
```

图 7.22　菜品关联挖掘结果

将相同的前项综合在一起,进一步进行数据处理,将相同前项的所有后项聚集在一起,结果保存到 word1.txt 中。

处理的部分结果如图 7.23 所示。"->"左边是前项,后边是后项集合。后项集合中每一元素为一个后项,包括后项的名称和置信度。商家可以根据整理后的数据直接在用户选择某个菜品时,推荐所有与之相关的其他菜品。

```
前项    ->  后项
{'血旺'}   ->  ["{'招牌虾滑'}-61.682", "{'功夫面'}-32.897"]
{'招牌虾滑'}  ->  ["{'血旺'}-22.163", "{'功夫面'}-21.021", "{'番茄锅底（拼锅）'}-18.2", "{'捞派鸭肠'}-15.044", "{'捞派黄喉'}-12.492", "{'金针菇'}-11.887", "{'新西兰羊肉'}-10.41"]
{'功夫面'}  ->  ["{'招牌虾滑'}-54.435", "{'血旺'}-30.609"]
{'番茄锅底（拼锅）'}  ->  ["{'招牌虾滑'}-59.3"]
{'捞派鸭肠'}  ->  ["{'招牌虾滑'}-72.492", "{'捞派黄喉'}-43.689"]
{'捞派黄喉'}  ->  ["{'招牌虾滑'}-67.883", "{'捞派鸭肠'}-49.27"]
{'金针菇'}  ->  ["{'招牌虾滑'}-58.804"]
{'新西兰羊肉'}  ->  ["{'招牌虾滑'}-68.282"]
```

图 7.23　后项集合数据

网站上提供的用户填写的"喜欢的菜"这个模块能够为菜品的推荐提供一些数据,此外,还可以从用户正面评论中获取关于用户喜欢的菜的数据。对评论数据做一些处理,分析一些受欢迎程度较高的菜品。

```
all_food = ['番茄锅底(拼锅)' '捞派鸭肠' '捞派黄喉' '捞派滑嫩牛肉' '捞派脆脆毛肚' '四宫格锅底'
'招牌虾滑' '鸳鸯锅售卖品' '功夫面' '血旺' '新西兰羊肉' '午餐肉' '现炸酥肉' '脱骨鸭掌' '番茄芹菜
肉粒' '水果拼盘' '鹌鹑蛋' '草原羔羊肉卷' '牛油麻辣锅底' '魔芋丝' '捞派牛肚' '五花肉' '藕片' '金
针菇' '无刺巴沙鱼片' '好服务～' '冻豆腐' '油豆腐皮' '凉拌百叶丝' '捞派巴沙鱼片' '雪花肥牛' '酸
梅汁' '牛肉粒汤' '鱿鱼须' '进口肥牛卷' '自助水果' '油条虾滑' '炸豆衣卷' '爆米花' '蔬菜拼盘' '猪
脑花' '翡翠墨鱼滑' '自选小料' '山药' '娃娃菜(半份)' '捞派豆花' '手切牛肉' '澳洲雪花和牛' '热气羊
肉' '葱味飞饼' '抖抖面筋球' '冻基围虾' '手切羊肉' '猪骨头锅底' '泰式冬阴功锅底' '蟹黄墨鱼滑'
'竹荪']
```

海底捞运营分析

从客户评论中为每个菜品找到相关的评论。如果某条评论中提及了某种菜品,就将这条评论视为该菜品的相关评论,添加到菜品的评论列表中,然后写入文件。

```python
import pandas
import jieba
dataset = pandas.read_csv('./data/dzdp.csv', encoding = 'utf - 8')
dataset = dataset['cus_comment']
print(dataset)
comment = dataset.values
for x in range(1, len(all_food) + 1):
    filee = open("./data/菜品/" + all_food[x - 1] + ".txt",'w', encoding = 'UTF - 8')
    for j in comment:
        if all_food[x - 1] in j:
            filee.write(j + '\n')
```

得到各自菜品对应的评论分别存储在一个 TXT 文件中,利用 jieba 分词对得到的评论进行分词和词频统计,并且存储到菜品各自对应的文件中。

```python
import jieba
def fenci(filename):
    f = open("菜品/" + filename,'r + ')
    file_list = f.read()
    f.close()
    seg_list = jieba.cut(file_list,cut_all = True)
    tf = {}
    for seg in seg_list:
        # print seg
        seg = ''.join(seg.split())
        if (seg != '' and seg != "\n" and seg != "\n\n"):
            if seg in tf:
                tf[seg] += 1
            else:
                tf[seg] = 1
    f = open("菜品处理/result_" + filename,"w + ")
    for item in tf:
        # print item
        f.write(item + " " + str(tf[item]) + "\n")
    f.close()
if __name__ == '__main__':
    all_food = ['招牌虾滑','一根面','滑牛肉','海底捞牛肉','捞派鸭肠','捞派滑嫩牛肉','素毛肚',
    '柠檬水','抻面','海底捞笋片','鱼片','午餐肉','豆花','豆浆','鸭血','牛肉丸','捞面','猪脑','猪
    蹄','番茄锅底','羊肉丸','鲜虾滑','肥牛','金针菇','小料','鱼豆腐','豆皮','简阳鱼','捞派黄
    喉','肥肠','手切羊肉','竹荪','海底捞小料','冻豆腐','鸭舌','墨鱼滑','豌豆尖','免费水果','千
    层肚','小吃','鸳鸯锅','牛蛙','蒿子秆']
    for x in range(1,len(all_food) + 1):
        jieba.add_word(all_food[x - 1])
    for x in range(1,len(all_food) + 1):
        fenci(all_food[x - 1] + ".txt")
```

jieba.cut 为分词的方法,此处选择的是全模式,jieba.add_word 方法为自定义词库向词典中添加词条的方法,这里把菜品的词汇一一添加进去,此外还可以统计各词汇所占的权重。提取权重比较大的前 50 个词汇,并且输出对应的各个菜品的文件。

```
import jieba
import jieba.analyse
def fenci(filename) :
    f = open("菜品/" + filename,'rb')
    file_list = f.read()
    f.close()
    seg_list = jieba.analyse.extract_tags(file_list,topK = 50,withWeight = True)
    f = open("菜品 + /result_" + filename,"w")
    for seg in seg_list:
        # print item
        f.write(str(seg[0]) + " " + str(seg[1]) + "\n")
    f.close()
if __name__ == '__main__' :
    all_food = ['招牌虾滑','一根面','滑牛肉','海底捞牛肉','捞派鸭肠','捞派滑嫩牛肉','素毛肚',
'柠檬水','抻面','海底捞笋片','鱼片','午餐肉','豆花','豆浆','鸭血','牛肉丸','捞面','猪脑','猪
蹄','番茄锅底','羊肉丸','鲜虾滑','肥牛','金针菇','小料','鱼豆腐','豆皮','简阳鱼','捞派黄
喉','肥肠','手切羊肉','竹荪','海底捞小料','冻豆腐','鸭舌','墨鱼滑','豌豆尖','免费水果','千
层肚','小吃','鸳鸯锅','牛蛙','蒿子秆']
    for x in range(1,len(all_food) + 1):
        jieba.add_word(all_food[x - 1])
    for x in range(1,len(all_food) + 1):
        fenci(all_food[x - 1] + ".txt")
```

通过词频统计及词汇词频占比分析之前根据喜欢的菜所得到的菜品关联情况,在点了"捞派鸭肠"的情况下,"毛肚"出现 54 次,位列第一位,"招牌虾滑"出现 47 次,位列第二位;在点了"捞派滑嫩牛肉"的情况下,"招牌虾滑"出现 11 次,位列第一。

通过上述统计可以发现,"喜欢的菜"及评论所做出的菜品关联大致是吻合的,所以基于评论中所反映的情况,依据在点了菜品 1 的情况下,对于菜品 2 的购买量这一指标设计并实现一个推荐算法,可以根据顾客输入的菜品推荐 1~3 个菜品。运行程序 recommend.py,如图 7.24 所示。

具体代码(recommend.py)实现如下:

图 7.24　菜品推荐

```
import sys
import traceback
all_food = ['番茄锅底(拼锅)','捞派鸭肠','捞派黄喉','捞派滑嫩牛肉','捞派脆脆毛肚','四宫格锅
底','招牌虾滑','鸳鸯锅售卖品','功夫面','血旺','新西兰羊肉','午餐肉','现炸酥肉','脱骨鸭掌',
'番茄芹菜肉粒','水果拼盘','鹌鹑蛋','草原羔羊肉卷','牛油麻辣锅底','魔芋丝','捞派牛肚','五
花肉','藕片','金针菇','无刺巴沙鱼片','牛肉粒汤','鱿鱼须','进口肥牛卷','自助水果','油条虾滑','炸豆衣
卷','爆米花','蔬菜拼盘','猪脑花','翡翠墨鱼滑','自选小料','山药','娃娃菜(半份)','捞派豆花',
'手切牛肉','澳洲雪花和牛','热气羊肉','葱味飞饼','抖抖面筋球','冻基围虾','手切羊肉','猪骨头
锅底','泰式冬阴功锅底','蟹黄墨鱼滑','竹荪']
food_name = input("请输入菜品名称:")
filename = "./data/菜品处理/result_" + food_name + ".txt"
counts = input("输入推荐菜品数(1~3 个,默认为 1):")
count = 1
try:
    count = int(counts)
except:
    print("输入错误")
```

海底捞运营分析

```
        traceback.print_exc()
        sys.exit()
    count = count + 1
    temp = count
    try:
        f = open(filename, 'r', encoding = 'utf - 8')
        while 1:
            line = f.readline()
            if not line:
                break
            for x in range(1, len(all_food) + 1):
                if line.find(all_food[x - 1])!= - 1:
                    count = count - 1
                    if temp!= count + 1:
                        print("推荐菜品: " + all_food[x - 1] + "\n")
                    break
            if count == 0:
                break
    except:
        print("没有相关菜品推荐")
        traceback.print_exc()
```

其中,菜品处理文件夹下存储的是有关分词后词汇词频占比的文件,作为推荐程序的数据支持。除菜品、口味外,还有很多其他的因素影响着店铺的生意情况,可以进一步分析,充分利用评论中的文本数据,分析评分与评论之间存在的关联,做出更好的营销建议。

7.4.4 用户评论与评分分析

对评论 comments.txt(预处理后得到的文件)进行关键词提取,可以使用 TF-IDF 算法。TF-IDF 算法可以评估某个词对于一个文件集或一个语料库中的一个文件的重要程度。调用函数为 jieba.analyse.extract_tags(sentence, topK = 20, withWeight = False, allowPOS = ())。在函数的接口参数中,topK 为返回几个 TF/IDF 权重最大的关键词,withWeight 为是否一并返回关键词权重值,这里设置为 True。allowPOS 仅包括指定词性的词,设置为('n', 't', 's', 'f', 'v', 'a', 'b', 'z', 'm', 'q', 'x')。这里过滤掉了介词、连词、助词、叹词、代词、副词、语气词、前后缀与标点符号,保留了名词、形容词等。

在大致浏览本店评论后,结合上文的高推荐菜品名,添加一部分自定义语料库,例如"抻面""一根面"这样的食材,以及"棋牌""游乐场"这样的设施。结果保存到 commentsWord. txt 中。

```
# encoding = utf - 8
import jieba
import jieba.analyse
import pandas
customizedWords = ['海底捞', '毛血旺', '滑牛肉', '海底捞牛肉', '黄喉', '一根面', '鸭血', '柠
檬水', '抻面', '清汤', '南京东路', '笋片', '午餐肉', '豆花', '鸭肠', '支付宝', '微信', '人民广场',
'地铁站', '服务', '停车位', '辣锅', '鸳鸯锅', '儿童', '面筋', '会员', '免费', '番茄锅', '变脸',
'金针菇', '果盘', '外卖', '小吃', '虾滑', '嫩牛肉', '毛肚', '鱼片', '竹荪', '猪脑', '捞面', '四
川火锅', '香蕉酥', '简阳鱼', '小料', '黄辣丁', '油豆皮', '宽粉', '鱼豆腐', '长寿面', '美甲', '水
果', '排号', '棋牌', '表演', '锅底', '半份', '毛巾', '哈密瓜', '豆浆', 'pad', '零食', '游乐场', '果
盘', '车位', '停车', '番茄锅底', '鸭肠', '黄喉', '毛肚', '锅底', '虾滑', '鸳鸯锅', '功夫面', '番茄',
```

'血旺', '羊肉', '午餐肉', '酥肉', '鸭掌', '水果拼盘', '鹌鹑蛋', '草原羔羊肉卷', '牛油', '魔芋丝', '牛肚', '五花肉', '藕片', '金针菇', '无刺巴沙鱼片', '冻豆腐', '油豆腐皮', '凉拌百叶丝', '巴沙鱼', '肥牛', '酸梅汁', '牛肉', '鱿鱼', '自助水果', '油条', '爆米花', '蔬菜', '猪脑', '翡翠墨鱼滑', '自选小料', '山药', '娃娃菜', '豆花', '牛肉', '和牛', '热气羊肉', '飞饼', '面筋球', '基围虾', '猪骨头', '鱼片', '豆腐', '冬阴功', '蟹黄', '墨鱼滑', '竹荪']

```
for word in customizedWords:
    jieba.add_word(word)
dataset = pandas.read_csv('./data/dzdp.csv', encoding = 'utf - 8')
dataset = dataset['cus_comment']
comments = dataset.values
f = open("./data/comments.txt", "w + ", encoding = 'UTF - 8')
for com in comments:
    f.write(com + "\n")
f.close()
with open("./data/comments.txt", 'r', encoding = 'utf - 8') as wf, open("./data/commentsWord.txt", 'w', encoding = 'utf - 8') as wf2:
    content = wf.read()
    words = jieba.analyse.extract_tags(content, topK = 1000, withWeight = True, allowPOS = ('n', 't', 's', 'f', 'v', 'a', 'b', 'z', 'm', 'q', 'x'))
    for word in words:
        wf2.write(str(word[0]) + " " + str(word[1]) + "\n")
```

提取后的结果如图 7.25 所示，每一行为关键词及其权重。

```
海底捞 0.533520628114746
评价 0.16991574898070108
服务员 0.12398617254637183
好吃 0.10226921424751645
菜品 0.08098162641927932
火锅 0.07980852545872048
锅底 0.068435721764298092
不错 0.06570193307413007
虾滑 0.06464675294222764
味道 0.06385763032402106
排队 0.05706227345363728
番茄 0.05145449689933803
番茄锅 0.05066707753481228
热情 0.04817213310865991
牛肉 0.04773066984477206
等位 0.04764845232871355
喜欢 0.04727929305082614
毛肚 0.04641561468442311
感觉 0.04502739069203769
番茄锅底 0.040459695491302655
```

图 7.25　提取关键词

由于结果中部分词语（例如"不错""好吃""味道"等）在实际分析的时候由于谓语或其他成分缺失没有实用价值，因此要手动将这部分词语删除，在大致删除部分词语后保留了 600 个关键词。同时需要对提取的关键词进行分组。

这里使用知识图谱的方式实现词语的自动分组。选择了 CN-DBpedia 工具，该工具支持 RESTful 式的 API 调用。使用该工具对前文提取的关键词进行分类。

```
import urllib
from urllib.request import urlopen
import json
```

```
f = open('./data/commentsWord.txt', 'r', encoding = 'UTF - 8')
content = f.readlines()
f.close()
f1 = open("./data/class.txt", 'w', encoding = 'UTF - 8')
for i in range(len(content)):
    tem = content[i].split(' ')
    data = tem[0]
    url_values = urllib.parse.urlencode({'q': data})
    url = "http://shuyantech.com/api/cndbpedia/avpair?"
    full_url = url + url_values
    reData = urlopen(full_url).read()
    reData = reData.decode('UTF - 8')
    reData = json.loads(reData)['ret']
    try:
        for k in range(len(reData)):
            if reData[k][0] == '分类' or reData[k][0] == '类别':
                f1.write(data + ' ' + reData[k][1] + '\n')
    except:
        pass
```

最终提取的部分结果如图 7.26 所示。

火锅 麻辣火锅
火锅 鸳鸯火锅
火锅 清汤
火锅 牛油火锅
牛肉 肉类
毛肚 吃饲料长大的毛肚和吃粮食庄稼长大的毛肚
酥肉 山东菜
酥肉 四川菜
酥肉 长武菜
酥肉 洛阳水席
酥肉 豫菜
肥牛 涮食、生食
鸭肠 生鲜
猪肚 家常菜
羊肉 少数民族菜系
羊肉 家常菜
麻辣 川菜
麻辣 湘菜
捞面 面食，北方主食之一
鸭血 家常菜
拉面 小吃
拉面 面食
小吃 食品

图 7.26　知识图谱提取分类

知识图谱提取的结果具有一定的参考价值，但限于当前中文语料库和语义网的不完整，很多分类不能自动提取出来。并且由于在分析一些词语的时候带有主观意识，因此这部分词语也不能正确提取，例如"游乐区"和"婴儿车"在这里的分类是"儿童"，就不同于语义网中任何三元组的定义，所以知识图谱也不能提取出来。结合 class.txt 中的知识图谱提取结果，最后划分了 29 个有分析价值的组。其中包括火锅底料、食材、小吃等食物类型，排队、服务等基础设施相关类，额外表演、外卖等附加服务类，以及顾客的类型。该分类记录在 classification.txt 中，表格形式如表 7.1 所示。

表 7.1　知识图谱分类结果

分　组	详细分组	详细内容
料类	底料	油锅、辣椒、辣味、辣汤、宫格、麻辣锅、清汤、汤锅、麻辣、牛油、微辣、锅底、辣锅、番茄锅、鸳鸯锅、底料
	配料	配料、香油、红油、调料、酱料、小料、麻酱、芝麻、葱花、香菜、香草、清水、芝麻酱
面食	面食	抻面、一根面、拉面、面条、长寿面、捞面、杂面
荤菜	牛肉类	滑牛肉、牛滑、肥牛、牛肉、嫩牛肉、海底捞牛肉
	羊肉类	羊肉、手切羊肉、羔羊、羊肉、羊排
	其他肉类	鹅肠、鸡蛋羹、滑类、牛蛙、肥肠、猪蹄、鸭舌、脑花、黄喉、猪脑、午餐肉、肉质、肉类、涮肉、肉品、丸子、鸡蛋、毛肚、鸭肠
	河鲜与海鲜	虾丸、虾滑、虾片、鱼片、巴沙鱼、墨鱼、鱼滑、泥鳅
素菜	豆制品	油豆皮、苔粉、豆腐、豆花、豆浆、鱼豆腐、皮筋、冻豆腐、豆皮
	菌类	菌类、香菇、腐竹、蘑菇、菌菇、香菇、金针菇
	笋类	竹笋、笋片、青笋、海底捞笋片、笋
	其他素菜	粉丝、茼蒿、宽粉、山药、红薯、藕片、豆苗、萝卜、蔬菜、鸭血、番茄、青菜
小吃类	饮料	柠檬水、豆浆、饮料、凉茶
	水果	果盘、免费水果、柚子
	小吃	点心、油条、泡菜、蛋糕、凉菜、糍粑、小菜
	零食	冰棍、花生、小食、爆米花、烧饼、零食
出行目的	朋友聚餐	朋友、学校、室友、学生、下班、同事、同学聚会、同学
	生日	过生日、生日
	情侣	男朋友、女朋友
	家庭聚餐	一家人、全家、家庭聚会、孕妇、老人、家人
	儿童	游乐区、婴儿床、儿童、小孩子、小朋友、小孩、玩具、儿童乐园、游戏、娃娃
排队	排队	等位、拥挤、订位、排位、排队、排号、排到、排长队、等待、等待时间、等候、高峰期
服务类	服务	服务员、工作人员、服务态度、服务到位、服务生、服务质量、男服务员、服务水平、优质服务
	半份	半份、半分
	回头客	下次、下回、多次、两次、第二次、次次、再来
额外服务	额外表演或服务	现场表演、棋牌、纸鹤、麻将、跳舞、象棋、下棋、表演、跳棋、做指甲、充电、擦鞋、贴膜、指甲、头绳、手机套、打印
	夜晚营业	晚上、半夜、夜里、夜宵
	停车	停车、停车位、停车场、车位
	外卖	外卖、外送
	团购	团购

　　将该分类结果写回 Excel。在代码实现中，读取上面得到的 classification.txt，然后将每个关键词写到新的表格文件的第一行，同时需要新建一个字典存储关键词及其详细内容。接着读取之前抓取的评论，对每个关键词查看顾客的评论中是否有该词下属的详细词汇。这里用到"jieba 分词"的分词功能，函数是 jieba.lcut。若找到了一个详细词汇，则将对应的单元格设为 1，反之设为 0。这里针对"jieba 分词"的词库缺失添加了部分词语。

海底捞运营分析

```
import pandas
import xlwt
import xlrd
import jieba
dataset = pandas.read_csv('./data/dzdp.csv', encoding = 'utf-8')
dataset = dataset[['comment_star', 'kouwei', 'huanjing', 'fuwu', 'cus_comment']]
dataset.to_excel("./data/评论与评分.xls",index = False)
# 要输出的表格
workbook = xlwt.Workbook()
sheet1 = workbook.add_sheet('sheet1', cell_overwrite_ok = True)
# 读取提取后的关键词
f = open('./data/classification.txt', 'r', encoding = 'UTF-8')
content = f.readlines()
f.close()
# 添加第一行的关键词名称
num = 0
writeNum = 0
keyWordTup = ()                          # 所有的关键词
groupsDict = {}
while num < len(content):
    tem = content[num].find(' ')
    keyWord = content[num][0:tem]
    sheet1.write(0, writeNum, keyWord)
    keyWordTup += (keyWord,)
    temTup = ()
    groupContent = content[num].split('\n')[0].split(' ')
    print(groupContent)
    for i in range(1, len(groupContent)):
        temTup += (groupContent[i],)
    groupsDict[keyWord] = temTup
    writeNum += 1
    num += 1
# 读取抓取的数据
workbook1 = xlrd.open_workbook('./data/评论与评分.xls')
worksheets = workbook1.sheet_names()
worksheet1 = workbook1.sheet_by_name(u'Sheet1')
customizedWords = ['海底捞', '毛血旺', '滑牛肉', '海底捞牛肉', '黄喉', '一根面', '鸭血', '柠
檬水','抻面','清汤','南京东路','笋片','午餐肉','豆花','鸭肠','支付宝','微信','人民广场',
'地铁站','服务','停车位','辣锅','鸳鸯锅','儿童','面筋','会员','免费','番茄锅','变脸',
'金针菇','果盘','外卖','小吃','虾滑','嫩牛肉','毛肚','鱼片','竹荪','猪脑','捞面','四川
火锅','香蕉酥','简阳鱼','小料','黄辣丁','油豆皮','宽粉','鱼豆腐','长寿面','美甲','水
果','排号','棋牌','表演','锅底','半份','毛巾','哈密瓜','豆浆','pad','零食','游乐场',
'果盘','车位','停车','番茄锅底','鸭肠','黄喉','毛肚','锅底','虾滑','鸳鸯锅','功夫面','番
茄','血旺','羊肉','午餐肉','酥肉','鸭掌','水果拼盘','鹌鹑蛋','草原羔羊肉卷','牛油','魔
芋丝','牛肚','五花肉','藕片','金针菇','无刺巴沙鱼片','冻豆腐','油豆腐皮','凉拌百叶丝',
'巴沙鱼','肥牛','酸梅汁','牛肉','鱿鱼','自助水果','油条','爆米花','蔬菜','猪脑','翡翠
墨鱼滑','自选小料','山药','娃娃菜','豆花','牛肉','和牛','热气羊肉','飞饼','面筋球',
'基围虾','猪骨头','鱼片','豆腐','冬阴功','蟹黄','墨鱼滑','竹荪']
for word in customizedWords:
    jieba.add_word(word)
num_rows = worksheet1.nrows
for curr_row in range(num_rows):                        # 对抓取数据进行遍历
    keyWordFlag = 0
    while keyWordFlag < len(keyWordTup):                # 对关键词进行遍历
        keyWord = keyWordTup[keyWordFlag]
        cell = worksheet1.cell_value(curr_row, 4)       # 取评论
```

```python
        cell_list = jieba.lcut(
            str(cell).lstrip().rstrip(), cut_all = True)        # 分词
        find = 0
        for oneWord in groupsDict[keyWord]:                     # 找关键词
            try:
                cell_list.index(oneWord)
                find = 1
                break
            except:
                pass
        if find == 1:
            sheet1.write(curr_row + 1, keyWordFlag, 1)
        else:
            sheet1.write(curr_row + 1, keyWordFlag, 0)
        keyWordFlag += 1
workbook.save('./data/commentsWord.xls')
sheet1 = pandas.read_excel('./data/评论与评分.xls')
sheet1 = sheet1[['comment_star', 'kouwei', 'huanjing', 'fuwu']]
sheet2 = pandas.read_excel('./data/commentsWord.xls')
sheet2 = pandas.concat([sheet1, sheet2], axis = 1)
sheet2.to_excel('./data/commentsWord.xls')
```

将与评分相关的 4 列抓取数据加入代码生成的表格中，生成 commentsWord. xls，如图 7.27 所示。

	comment_s	kouwei	huanjing	fuwu	底料	配料	面食	主食	牛肉类	羊肉类	其他肉类	河鲜与海鲜	豆制品	菌类	笋类	其他素菜	饮料	水果	小吃
0	4.5	4.5	4.5	4.5	0	0	0	0	0	0	0	0	0	0	0	0	0	0	0
1	5	5	5	5	0	0	0	0	0	0	0	0	0	0	0	0	0	0	0
2	5	5	5	5	0	0	0	0	0	0	0	1	0	0	0	0	0	0	1
3	3.5	4.5	4.5	4.5	0	1	0	0	0	0	0	0	0	0	1	0	0	0	0
4	4	4.5	4.5	4.5	0	0	0	0	0	0	0	0	0	0	0	0	0	0	0
5	3.5	4	3.5	3.5	0	0	0	0	0	0	0	0	0	0	0	0	0	0	0
6	4.5	4.5	4.5	4.5	1	0	1	0	0	0	0	0	0	0	0	1	0	0	1
7	4.5	4.5	4.5	4	1	0	0	0	1	0	1	0	0	0	1	0	0	0	0
8	4.5	4.5	4.5	4.5	1	1	0	0	0	0	1	0	0	0	0	1	0	0	0
9	5	5	4	5	0	0	0	0	0	1	1	1	1	0	0	0	0	0	0
10	4.5	5	5	5	0	0	0	0	0	0	0	0	0	0	0	0	0	0	0
11	3.5	4.5	4.5	5	0	0	0	0	0	0	0	0	0	0	0	0	0	0	0
12	5	5	5	5	0	0	0	0	0	0	0	0	0	0	0	0	0	0	0
13	5	5	5	5	0	1	0	0	0	1	0	0	0	0	0	0	0	0	0
14	3.5	4.5	3.5	3.5	0	0	0	0	0	0	0	0	0	0	0	0	0	0	0
15	4.5	4.5	4.5	4.5	1	0	0	1	0	0	0	0	0	0	1	0	0	0	0
16	3.5	5	5	5	0	0	0	0	0	0	0	0	0	0	0	0	0	0	0
17	3.5	4.5	4.5	4.5	1	0	0	0	0	0	0	0	0	0	0	0	0	0	0
18	4.5	5	5	5	0	0	0	0	0	0	0	0	0	0	0	0	0	0	0
19	2.5	3.5	3.5	3.5	0	0	1	0	1	0	1	1	1	0	0	0	0	0	0
20	4.5	5	5	5	0	0	0	0	1	0	0	0	0	0	0	1	0	0	1
21	5	5	5	5	0	0	0	0	0	0	0	0	0	0	0	0	0	0	1
22	4.5	3.5	3.5	3.5	0	0	0	0	0	0	0	0	0	0	0	0	0	0	0
23	5	5	5	5	0	0	0	0	0	0	0	0	0	0	0	0	0	0	0
24	2.5	3	3.5	1.5	0	0	0	0	0	0	1	0	0	0	0	0	0	0	0
25	4	4.5	4	4.5	0	0	0	0	0	0	0	0	1	1	1	0	0	0	0
26	5	4.5	4.5	4.5	0	0	0	0	0	0	0	0	0	0	0	0	0	0	0
27	3.5	4.5	4.5	4.5	0	0	0	0	0	0	0	0	0	0	1	0	0	0	1
28	4	4.5	4.5	4.5	1	0	0	0	0	1	0	1	0	0	0	1	0	0	0
29	3.5	4	3.5	3	0	0	0	0	0	0	0	0	0	0	0	0	0	0	0
30	4	4	4	5	0	1	0	0	0	0	0	0	0	0	0	0	0	0	0
31	3.5	3.5	4.5	4.5	1	0	0	0	0	0	1	0	0	0	1	0	0	0	0
32	5	5	5	5	1	0	0	0	0	0	0	0	0	0	0	0	0	0	0
33	5	5	5	5	0	0	0	0	0	0	0	0	0	0	0	0	0	0	0
34	5	5	5	5	0	0	0	0	1	0	1	0	0	0	0	0	0	0	0
35	5	5	5	5	0	0	0	0	0	0	0	0	0	0	0	0	0	0	0
36	5	5	5	5	0	0	0	0	0	0	0	0	0	0	0	0	0	0	0
37	5	5	5	5	1	1	0	0	0	0	0	0	0	0	0	0	0	0	0
38	5	5	5	5	0	0	0	0	0	0	1	0	0	0	0	0	0	0	0
39	5	5	5	5	0	0	0	0	0	0	0	0	0	0	0	0	0	0	0
40	4	4	4	4	0	0	0	0	0	0	0	0	0	0	0	0	0	0	0
41	5	5	5	5	1	0	0	0	0	0	0	0	0	0	1	0	0	0	1

图 7.27　关键词处理后的数据

使用 Apriori 算法，设置最小支持度和最小置信度。选择按照"置信度"排序，结果如图 7.28 所示。

```python
import pandas
import pandas as pd
import xlwt
from mlxtend.preprocessing import TransactionEncoder
from mlxtend.frequent_patterns import apriori
```

```
from mlxtend.frequent_patterns import association_rules
# 设置数据集
sheet = pandas.read_excel('./data/commentsWord.xls')
sheet1 = sheet['comment_star']
lst = list(sheet1)
col = []
for i in range(0, 10):
    col.append(i/2 + 0.5)
# 要输出的表格
workbook = xlwt.Workbook()
sheet2 = workbook.add_sheet('sheet2', cell_overwrite_ok = True)
# 添加第一行的关键词名称
for i in range(0, 10):
    sheet2.write(0, i, '评分为' + str(i/2 + 0.5))
num_rows = len(lst)
for curr_row in range(num_rows):                    # 对抓取数据进行遍历
    curr_col = int(2 * (lst[curr_row] - 0.5))
    print(curr_col)
    for i in range(0, 10):
        sheet2.write(curr_row + 1, i, 0)
    sheet2.write(curr_row + 1, curr_col, 1)
workbook.save('./data/sheet2.xls')
sheet1 = pandas.read_excel('./data/commentsWord.xls')
sheet2 = pandas.read_excel('./data/sheet2.xls')
sheet1 = sheet1.iloc[:, 5:]
sheet = pandas.concat([sheet2, sheet1], axis = 1)
col = list(sheet)
col_num = len(col)
lst = []
for index, row in sheet.iterrows():
    curr_lst = []
    for i, v in row.items():
        if v == 1:
            curr_lst.append(i)
    lst.append(curr_lst)
words_list = lst
te = TransactionEncoder()
# 进行 one - hot 编码
te_ary = te.fit(words_list).transform(words_list)
df = pd.DataFrame(te_ary, columns = te.columns_)
# 利用 Apriori 算法找出频繁项集
freq = apriori(df, min_support = 0.03, use_colnames = True)
# 计算关联规则
result = association_rules(freq, metric = "confidence", min_threshold = 0.05).reset_index
(drop = True)
result = result.sort_values(by = ["confidence"], ascending = False)
result = result[['consequents', 'antecedents', 'antecedent support', 'confidence']]
result['antecedent support'] *= 100
result['confidence'] *= 100
result = result.round(3)
result = result[result['consequents'].astype('str').str.contains('{\'评分为 5.0\'}')]
col = ['后项', '前项', '支持度 %', '置信度 %']
result.columns = col
result.to_csv('./data/result2.csv', index = False)
```

下面对本店的顾客评论进行情感分析,了解顾客喜好。

```
后项,前项,支持度%,置信度%
frozenset({'评分为5.0'}),"frozenset({'服务', '河鲜与海鲜'})",4.592,66.242
frozenset({'评分为5.0'}),"frozenset({'河鲜与海鲜', '牛肉类'})",4.665,66.144
frozenset({'评分为5.0'}),"frozenset({'服务', '牛肉类'})",6.245,66.042
frozenset({'评分为5.0'}),"frozenset({'河鲜与海鲜', '底料'})",7.458,65.686
frozenset({'评分为5.0'}),"frozenset({'排队', '牛肉类'})",4.914,65.476
frozenset({'评分为5.0'}),"frozenset({'服务', '排队'})",8.511,65.464
frozenset({'评分为5.0'}),frozenset({'面食'}),5.967,65.196
frozenset({'评分为5.0'}),"frozenset({'河鲜与海鲜', '其他肉类'})",6.215,65.176
frozenset({'评分为5.0'}),"frozenset({'排队', '其他素菜', '底料'})",5.996,65.122
frozenset({'评分为5.0'}),"frozenset({'排队', '其他素菜'})",7.224,64.98
frozenset({'评分为5.0'}),"frozenset({'河鲜与海鲜', '牛肉类'})",6.259,64.953
frozenset({'评分为5.0'}),frozenset({'河鲜与海鲜'}),12.314,64.608
frozenset({'评分为5.0'}),"frozenset({'其他素菜', '河鲜与海鲜'})",6.201,64.387
frozenset({'评分为5.0'}),frozenset({'排队'}),24.174,64.247
frozenset({'评分为5.0'}),"frozenset({'其他素菜', '河鲜与海鲜', '底料'})",5.586,63.874
frozenset({'评分为5.0'}),"frozenset({'零食', '底料'})",4.811,63.83
frozenset({'评分为5.0'}),"frozenset({'服务', '其他素菜'})",8.204,63.28
frozenset({'评分为5.0'}),"frozenset({'排队', '零食'})",5.045,63.188
frozenset({'评分为5.0'}),"frozenset({'排队', '底料'})",8.994,63.089
frozenset({'评分为5.0'}),"frozenset({'服务', '其他素菜', '底料'})",6.727,63.043
frozenset({'评分为5.0'}),"frozenset({'其他素菜', '朋友聚餐', '底料'})",5.206,62.36
frozenset({'评分为5.0'}),"frozenset({'服务', '底料'})",10.632,62.173
frozenset({'评分为5.0'}),"frozenset({'牛肉类', '底料'})",11.495,62.087
frozenset({'评分为5.0'}),"frozenset({'排队', '朋友聚餐'})",6.917,61.945
frozenset({'评分为5.0'}),"frozenset({'配料', '底料'})",5.777,61.772
frozenset({'评分为5.0'}),"frozenset({'其他素菜', '牛肉类'})",10.705,61.749
frozenset({'评分为5.0'}),frozenset({'牛肉类'}),17.023,61.684
frozenset({'评分为5.0'}),frozenset({'其他素菜'}),23.881,61.666
frozenset({'评分为5.0'}),frozenset({'半份'}),6.479,61.625
frozenset({'评分为5.0'}),"frozenset({'其他素菜', '朋友聚餐'})",6.669,61.623
frozenset({'评分为5.0'}),"frozenset({'服务', '朋友聚餐'})",8.95,61.438
frozenset({'评分为5.0'}),frozenset({'回头客'}),12.197,61.271
frozenset({'评分为5.0'}),"frozenset({'其他素菜', '底料'})",19.245,61.246
```

图 7.28　评论和评分关联分析

7.4.5　顾客情感分析

为了对用户进行情感分析,要进行文本的中文分词,代码如下:

```
import jieba
import jieba.analyse
import jieba.posseg as pseg
with open("./data/comments.txt", 'rb') as wf, open("./data/commentsWord_emotion.txt", 'w',
encoding = 'utf - 8') as wf2:
    content = wf.read()
    freq_word = {}
    freq_flag = {}
    contents = pseg.cut(content)
    for word, flag in contents:
        if (len(word) > 1):
            if (flag == 'c' or flag == 'cc' or flag == 'p' or flag == 't' or flag == 'r' or
flag == 'd'):
                pass
            else:
                if word in freq_word:
                    freq_word[word] += 1
                else:
                    freq_word[word] = 1
    freq_word_1 = []
    for word, freq in freq_word.items():
        freq_word_1.append((word, freq))
```

```
freq_word_1.sort(key = lambda x: x[1], reverse = True)
print(freq_word_1)
for word, freq in freq_word_1:
    if (freq > 10):
        wf2.write(str(word) + "," + str(freq) + "\n")
```

使用 pseg.cut()方法对文本分词,其中 word 和 flag 表示处理得到的关键词和该关键词的词性。由于处理得到的关键词中,介词、连词、时间词、代词、副词等是没有意义的,因此可以通过过滤删除这些词。同时计算关键词在该评论文本中出现的频率,将结果(关键词和该关键词的频率)保存到一个 Excel 文件中,如图 7.29 所示。

服务,7611	喜欢,1340
海底,7276	感觉,1290
评价,4069	菜品,1272
服务员,2249	环境,1255
番茄,2101	时候,1202
好吃,2041	小姐姐,1191
没有,1941	热情,1185
不错,1716	排队,1143
锅底,1686	牛肉,1131
一个,1470	朋友,1079
味道,1407	还有,1024
火锅,1346	一如既往,995

图 7.29　处理后的结果

删除没有意义的结果后,绘制顾客情感分析云图,结果为标签云图,如图 7.30 所示。

```
import pandas
import numpy as np
from PIL import Image
from wordcloud import WordCloud
from matplotlib import pyplot as plt
dataset = pandas.read_csv("./data/commentsWord_emotion.txt", encoding = 'utf - 8', header = None)
dataset = dataset.iloc[:,0]
lst = list(dataset)
image = Image.open("./data/img.png")
img_array = np.array(image)                          # 使用 NumPy 把图片转换为矩阵数组
# 制作词云图
wc = WordCloud(
    background_color = 'white',
    font_path = 'C:\Windows\Fonts\simkai.ttf',       # 若是有中文的话
    mask = img_array,
)
text = ''
for i in range(0, len(lst)):
    text += lst[i] + ''
wc.generate_from_text(text)
fig = plt.figure(figsize = (10, 10))                 # 制作一幅图片
plt.imshow(wc)
plt.axis("off")                                      # 不使用坐标轴
plt.show()
```

从图 7.30 的标签云图可以看出,顾客的关注点主要在于"服务""环境"等。这家火锅店能够为前来用餐的顾客提供"好吃"的菜品,让很多客户觉得"不错",服务比较"热情"。这些

图 7.30　顾客情感标签云图

优势是需要继续维持的方面。火锅店也可以针对这些特色做广告宣传的工作。但是也存在一些问题，例如顾客会觉得店里过于拥挤，需要排队。火锅店可以考虑开设分店，将消费者分流或者制定避开高峰时间段用餐的优惠政策（折扣、礼品馈赠等方式）。

下面分析文本中用户的情感，使用情感分析包 SnowNLP 来实现，它会分析每条评论的用户情感，并给出一个[0,1]的数值，0～1 表示消极情绪到积极情绪的变化过程，越靠近 1 说明积极情绪越高。

```
from snownlp import SnowNLP
fr = open('comment.txt','r',encoding = 'utf - 8')
fw = open('emotion.txt','w',encoding = 'utf - 8')
while 1:
    line = fr.readline()
    if not line:
        break
    s1 = SnowNLP(line)
    fw.write(str(s1.sentiments) + " " + line)
```

s1. sentiments 得到该条评论的得分，并最终将每条评论的得分与该评论的内容写入 emotion1. txt 文件中，如图 7.31 所示。

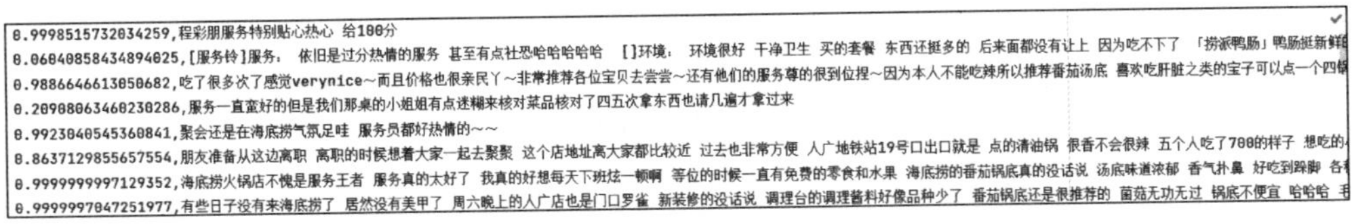
0.9998515732034259,程彩朋服务特别贴心热心　给100分
0.06040858434894025,[服务铃]服务：　依旧是过分热情的服务　甚至有点社恐哈哈哈哈哈　[]环境：　环境很好　干净卫生　买的套餐　东西还挺多的　后来面都没有让上　因为吃不下了　「捞派鸭肠」鸭肠挺新鲜
0.9886646613050682,吃了很多次了感觉verynice～而且价格也很亲民丫～非常推荐各位宝贝去尝尝～还有他们的服务尊的很到位捏～因为本人不能吃辣所以推荐番茄汤底　喜欢吃肝脏之类的宝子可以点一个四
0.20908063460230286,服务一直蛮好的但是我们那桌的小姐姐有点迷糊来核对菜品核对了四五次拿东西也请几遍才拿过来
0.9923040545360841,聚会还是在海底捞气氛足哇　服务员都好热情的～～
0.8637129855657554,朋友准备从这边离职　离职的时候想着大家一起去聚聚　这个店地址高大家都比较近　过去也非常方便　人广地铁站19号口出口就是　点的清油锅　很香不会很辣　五个人吃了700的样子　想吃的
0.9999999997129352,海底捞火锅店不愧是服务王者　服务真的太好了　我真的好想每天下班炫一顿啊　等位的时候一直有免费的零食和水果　海底捞的番茄锅底真的没话说　汤底味道浓郁　香气扑鼻　好吃到跺脚　各
0.9999997047251977,有些日子没有来海底捞了　居然没有美甲了　周六晚上的人广店也是门口罗雀　新装修的没话说　调理台的调理酱料好像品种少了　番茄锅底还是很推荐的　菌菇无功无过　锅底不便宜　哈哈哈　手

图 7.31　评论与情感得分

可以看出，得分基本反映了用户的情感，是比较合理的。根据该数值就可以得到用户的情感。划定积极情绪、中间情绪和消极情绪的范围分别为(0.6,1]、(0.4,0.6]和[0,0.4]。然后计算积极情绪、中间情绪和消极情绪的比例。

```
f = open('data/emotion1.txt', 'r', encoding = 'utf - 8')
gc = open('./data/goodCom1.txt', 'w', encoding = 'utf - 8')
tc = open('./data/tempCom1.txt', 'w', encoding = 'utf - 8')
bc = open('./data/badCom1.txt', 'w', encoding = 'utf - 8')
count_good = 0
count_temp = 0
```

```
count_bad = 0
count = 0
while 1:
    line = f.readline()
    if not line:
        break
    t = line.split(',')
    print(t)
    w = t[0]
    print(w)
    m = t[1]
    print(m)
    if float(w) > 0.6:
        count_good += 1
        gc.write(m)
    elif float(w) > 0.4 and float(w) <= 0.6:
        count_temp += 1
        tc.write(m)
    else:
        bc.write(m)
        count_bad += 1
    count += 1
    temp = line
count_good = round(count_good/count, 2)
count_temp = round(count_temp/count, 2)
count_bad = round(count_bad/count, 2)
```

通过执行代码,得到各种情绪的占比。积极情绪、中间情绪和消极情绪的比例分别为 0.79、0.03 和 0.18,大部分客户对于该店是比较满意的。态度处于中间水平的客户不多,有将近两成的客户对该店不满意。

可以从热评词中分析关注该热评词的客户对该店的态度:从上面的标签云图中很容易发现评论的热评词,例如服务、味道、环境等,可以从这些热评词入手,看看客户比较关注的方面对应该店的表现。从服务入手,计算出提到服务热评词的评论的数量,然后分析其中的积极情绪、中间情绪和消极情绪分别占的比例。

```
import codecs
import pandas
filee = codecs.open('./data/filee.txt', 'w', encoding = 'utf-8')
dataset = pandas.read_csv("./data/commentsWord_emotion.txt", encoding = 'utf-8', header = None)
dataset = dataset.iloc[:,0]
lst = list(dataset)
all_food = lst
for x in range(1, len(all_food) + 1):
    comment_good = codecs.open('./data/goodCom1.txt', 'r', encoding = 'utf-8')
    comment_temp = codecs.open('./data/tempCom1.txt', 'r', encoding = 'utf-8')
    comment_bad = codecs.open('./data/badCom1.txt', 'r', encoding = 'utf-8')
    cou_good = 0
    cou_temp = 0
    cou_bad = 0
    while 1:
        line = comment_good.readline()
        if not line:
            break
```

```
            if line.find(all_food[x-1])!=-1:
                cou_good = cou_good + 1
    while 1:
        line = comment_temp.readline()
        if not line:
            break
        if line.find(all_food[x-1])!=-1:
            cou_temp = cou_temp + 1
    while 1:
        line = comment_bad.readline()
        if not line:
            break
        if line.find(all_food[x-1])!=-1:
            cou_bad = cou_bad + 1
    count = cou_good + cou_temp + cou_bad
    if count == 0:
        continue
    cout_good = cou_good/count
    cout_temp = cou_temp/count
    cout_bad = cou_bad/count
    filee.write(all_food[x-1]+" "+str(count)+" "+str(cou_good)+" "+str(cou_temp)
+" "+str(cou_bad)+" "+str(cout_good)+" "+str(cout_temp)+" "+str(cout_bad)+"\n")
```

可以得到,积极情绪有 4465 条,消极情绪有 915 条,占比分别为 80% 和 16%。为了对比分析,可以找出评论中不包含"服务"的评论,分析其各种情绪所占的比例。可以发现,在不包含服务的评论中,积极情绪降低了将近 9%,消极情绪和中间情绪都有所增加,这说明服务因素很大程度上决定了该店的客户情感,商家可以进一步改进服务。

思　考　题

1. 讨论电商客户对商品评论数据的抓取方法。
2. 如何分析某变量的影响因素?
3. 标签云图的作用是什么?
4. 电商情感分析常用的分析方法有哪些?
5. 讨论如何使用关联分析获得评论和评分之间的关系。

第7章

海底捞运营分析

第8章　慢性肾脏病状态预测

慢性肾脏病(Chronic Kidney Disease，CKD)是一种由肾脏长期受损引起的疾病,导致肾脏逐渐失去滤清血液的能力。患有 CKD 的人可能会经历肾功能逐渐恶化的过程,直到进入肾衰竭的阶段。

8.1　业务背景分析

慢性肾脏病是一种逐渐发展的肾脏疾病,其病程缓慢,不易察觉,但会逐渐导致肾脏损伤和功能受损。以下是 CKD 不同阶段可能出现的症状。

- CKD1、2 期:早期阶段,通常没有明显症状,但可能有轻微的蛋白尿或血尿。
- CKD3 期:在此阶段,肾脏已受损,可能出现以下症状:水肿、疲劳、脱发、腰部疼痛、夜间尿频、高血压。
- CKD4 期:在此阶段,肾功能进一步下降,可能出现以下症状:骨质疏松、食欲不振、皮肤瘙痒、肌肉痉挛。
- CKD5 期:也称为终末期肾病,症状通常比较明显和严重,包括但不限于以下症状,疲劳和虚弱感、食欲不振和恶心呕吐、皮肤瘙痒和干燥、水肿、尿量减少或完全停止、多尿和夜尿增多、贫血、骨质疏松和骨折、心血管疾病、神经系统症状。

CKD 在全球范围内已成为一种常见疾病,影响着数百万人的健康和生活质量。随着医疗技术的不断发展和人们对健康的更高要求,对 CKD 的预测和管理变得越来越重要。准确预测患者的病情和疾病进展,能够帮助医生更好地制定个性化的治疗方案,并及时调整治疗策略,从而达到最佳的治疗效果。基于数据分析,可以对患者的生理指标、病史、体检结果等多维度数据进行分析,建立预测模型,预测患者的 CKD 状态和疾病进展趋势。这样的预测模型能够为医生提供可靠的决策支持,帮助他们更好地管理患者的疾病,从而提高患者的治疗效果和生活质量。因此,开展慢性肾脏病状态预测业务具有重要的临床应用价值和市场前景。

8.2　数据收集

数据集来自 7 家医院确诊 CKD 患者的数据,包含确诊医院、确诊人性别、患者病史和血液相关指标等数据,共计 1150 条,如表 8.1 所示。

表 8.1 关键属性表

关键属性名	字段含义	变量取值
hos_id	医院编号	7 家医院
hos_name	医院名称	/(不确定)
gender	性别	男/女
genetic	遗传性肾脏病史	有/无
family	慢性肾炎家族史	有/无
transplant	肾移植病史	是/否
biopsy	肾穿刺活检术史	是/否
HBP	高血压病史	有/无
diabetes	糖尿病病史	有/无
hyperuricemia	高尿血酸症	否/无/有/是
UAS	肾脏超声发现构造异常	无/否/是
ACR	尿白蛋白肌酐比	<30/30～300/>300
UP_positive	尿常规蛋白指标	阳性/阴性
UP_index	尿蛋白阳性	±(0.1～0.2)/+(0.2～1.0)/2+(1.0～2.0)/3+(2.0～4.0)/5+
URC_unit	尿红细胞单位	HP——每高倍视野的红细胞含量 ul——每微升红细胞计数
URC_num	尿红细胞数值	不同的 unit 单位
Scr	血肌酐	0/27.2～85800
eGFR	估算肾小球滤过率	2.5～148
date	确诊日期	2016-12-13～2018-01-27
rate	CKD 分层	低危/中危/高危/极高危
stage	CKD 评级	CKD1～5 期

8.3 数据探索

8.3.1 CKD_rate 和 CKD_stage 分布

本案例主要预测的变量为 CKD 分层和 CKD 评级。CKD 评级是根据肾小球滤过率或肾小管功能的不同程度将 CKD 分为不同的阶段,一般采用 CKD-EPI 或 MDRD 公式估算肾小球滤过率(eGFR)。

目前常用的 CKD 评级如下。

- CKD1 期:eGFR ≥ 90ml/min/1.73m^2,但伴有其他肾损害标志(如蛋白尿)。
- CKD2 期:eGFR 60～89ml/min/1.73m^2。
- CKD3 期:eGFR 30～59ml/min/1.73m^2。
- CKD4 期:eGFR 15～29ml/min/1.73m^2。
- CKD5 期:eGFR<15ml/min/1.73m^2 或需要透析治疗。

CKD 评级有助于医生了解病情的严重程度,制定个性化的治疗计划和预后评估。在早期诊断和治疗 CKD 方面,CKD 评级也具有重要意义。

观察如图 8.1 所示的 CKD_rate 分布,发现其中中危人群占比最高。如图 8.2 所示,

CKD_stage 中 1 期和 2 期的患者数较多,大部分患者在早期进行就医,较少患者处于 4、5 期阶段,可能是因 CKD 发展速度缓慢或者致死率过高导致的。

图 8.1 和图 8.2 分别展示了数据库中 rate 列和 stage 列的计数结果。其中,rate 列的前 4 个元素按照指定顺序进行排序,并使用特定的颜色进行显示,而 stage 列的元素按索引排序并使用预定义的颜色列表进行显示。两图分别被保存为 CKD_rate.jpg 和 CKD_stage.jpg 文件。

```
plt.rcParams['font.sans - serif'] = ['SimHei']
color = ['#dc2624', '#2b4750', '#45a0a2', '#e87a59',
        '#7dcaa9', '#649E7D', '#dc8018', '#C89F91',
        '#6c6d6c', '#4f6268', '#c7cccf']
a = data['rate'].value_counts().iloc[[1, 0, 2, 3]]
fig, ax = plt.subplots(figsize = (4, 3))
ax.grid(linestyle = ' - .', axis = 'y', linewidth = .5)
x = ax.bar(a.index, a.values, alpha = .8, width = .5, color = ['#105c43', '#001d57', '#e87a59',
'#dc8018'])
ax.bar_label(x, padding = -1, label_type = 'center')
ax.set_xlabel('CKD_rate')
ax.set_ylabel('确诊人数')
plt.savefig('CKD_rate.jpg', dpi = 300, bbox_inches = 'tight')
a = data['stage'].value_counts().sort_index()
fig, ax = plt.subplots(figsize = (4, 3))
ax.grid(linestyle = ' - .', axis = 'y', linewidth = .5)
x = ax.bar(a.index, a.values, alpha = .8, width = .5, color = color)
ax.bar_label(x, padding = -1, label_type = 'center')
ax.set_xlabel('CKD_stage')
ax.set_ylabel('确诊人数')
plt.savefig('CKD_stage.jpg', dpi = 300, bbox_inches = 'tight')
```

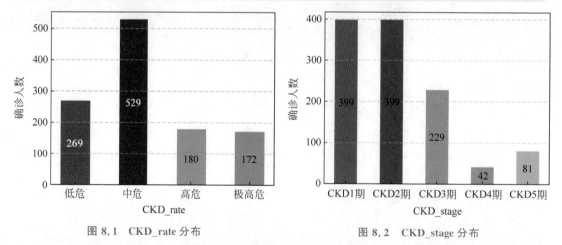

图 8.1　CKD_rate 分布　　　　　图 8.2　CKD_stage 分布

在这里通过使用柱状堆叠图来对 CKD_rate 和 CKD_stage 的关系进行分析,结果如图 8.3 所示。

```
x1 = 'rate'
x2 = 'stage'
a = data.groupby([x2, x1]).count()['gender']
b = pd.DataFrame(index = data[x2].value_counts().sort_index().index, columns = ['低危','中危',
'高危','极高危'])
```

```
for i in b.index:
    b.loc[i, :] = a[i]
with sns.color_palette(color):
    b.plot.bar(stacked = True, alpha = .9, rot = 0)
plt.savefig('1.jpg', dpi = 300, bbox_inches = 'tight')
```

堆叠图是一种可视化方式,将不同类别的数据分别显示在同一个图形上,通过将它们垂直叠放,使得每个类别的数据能够在同一个坐标系下进行比较。堆叠图通常用于比较各个类别的组成成分,以及它们在整体中所占的比例。

在图 8.3 中,可以发现极高危的患者只出现在 3、4、5 期,而低危患者出现在 1、2 期。CKD_rate 和 CKD_stage 具有一定的相关性,可以把预测目标变量划为二分类问题,进行机器学习预测。

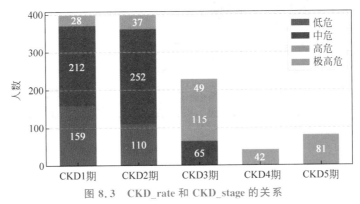

图 8.3　CKD_rate 和 CKD_stage 的关系

8.3.2　医院

上海各医院的 CKD 堆叠和各类患者比例分别如图 8.4 和图 8.5 所示。通过观察发现

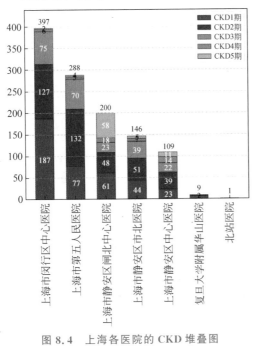

图 8.4　上海各医院的 CKD 堆叠图

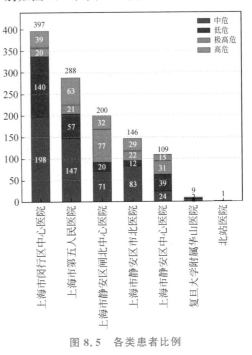

图 8.5　各类患者比例

慢性肾脏病状态预测

上海市闵行区中心医院就医患者较多。在上海市静安区闸北中心医院高危患者较多,推测可能此医院为重症患者优先考虑的就医地点。

8.3.3 性别

可以查询数据的性别比例为 655∶495。整体患者女性稍多,CKD 堆叠图如图 8.6 所示,发现性别差异没有显著影响。

```
data['gender'].value_counts()
```

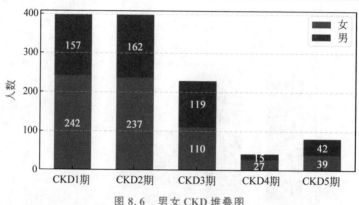

图 8.6 男女 CKD 堆叠图

8.3.4 相关遗传病史

本案例的遗传病史包括 genetic(遗传性肾脏病史)、family(慢性肾炎家族史)、transplant(肾移植病史)、biopsy(肾穿刺活检术史)、HBP(高血压病史)、diabetes(糖尿病病史)、hyperuricemia(高尿血酸症)和 UAS(肾脏超声发现构造异常),通过以下代码可以清晰地观察到各种遗传病的数据分布情况,如图 8.7 所示。遗传性肾脏病史、慢性肾炎家族史等数据的有无两个类别分布情况较差,所以从中选取 HBP(高血压病史)、diabetes(糖尿病病史)、hyperuricemia(高尿血酸症)和 UAS(肾脏超声发现构造异常)4 个属性进行 CKD 堆叠图的构建。通过定义 fun2 函数来实现堆叠图的构造。这样需要对各种遗传病可视化时,只需要将 Name 传入 visualize_data 函数即可。

```
无      1060
有         6
Name: genetic, dtype: int64
无      1058
有         5
Name: family, dtype: int64
否      1064
是         3
Name: transplant, dtype: int64
否      1058
是         3
Name: biopsy, dtype: int64
有      802
无      265
Name: HBP, dtype: int64
无      594
有      474
Name: diabetes, dtype: int64
无      988
有       80
Name: hyperuricemia, dtype: int64
无      987
是       79
Name: UAS, dtype: int64
```

```
for i in data.columns[3:11]:
    print(data[i].value_counts())
```

图 8.7 遗传病数据分布

通过传入一个变量 x,创建了一个包含三个子图的大图。第一个子图展示了 x 变量的取值和其在数据中出现的次数,使用了条形图来表示数据。第二个和第三个子图分别展示了变量 x 和另外两个变量(stage 和 rate)之间的关系,使用了堆叠的条形图来表示数据。在这两个子图中,每一列的条形代表了在一个特定的 rate 或 stage 条件下,x 变量取不同值的情况。每个条形的颜色表示不同的 x 变量取值的情况,同时也通过堆叠来表示在这个条件下不同取值的数据占比。

```python
def visualize_data(x):
    # Create subplots with specified size and width ratios
    fig, (ax1,ax2,ax3) = plt.subplots(1, 3, gridspec_kw={'width_ratios': [1, 2, 2]},
figsize=(10, 3))

    # Compute value counts of the specified column and create a bar plot of the counts
    a = data[x].value_counts()
    bar = ax1.bar(a.index, a.values, width=.4, color=color[7], ec='k', lw=.9, alpha=.6)
    ax1.bar_label(bar, label_type='center', padding=6, fontsize=10)
    ax1.set_xlabel(dic[x])
    ax1.set_ylabel('确诊人数')

    # Create a stacked bar plot for x2 = 'stage'
    x2 = 'stage'
    b, bottom = create_stacked_barplot(data, x, x2, ax2, dic, color)
    ax2.legend()
    ax2.set_xlabel(dic[x2])
    ax2.grid(linestyle='-.', axis='y', linewidth=.5)

    # Create another stacked bar plot for x2 = 'rate'
    x2 = 'rate'
    b, bottom = create_stacked_barplot(data, x, x2, ax3, dic, color)
    ax3.legend()
    ax3.set_xlabel(dic[x2])
    ax3.grid(linestyle='-.', axis='y', linewidth=.5)

    # Show the plot and save as a file
    plt.show()
    plt.savefig('2.jpg', dpi=1200, bbox_inches='tight')

def create_stacked_barplot(data, x, x2, ax, dic, color):
    # Compute value counts and create a DataFrame
    a = data.groupby([x2, x]).count()['date']
    b = pd.DataFrame(index=data[x2].value_counts().sort_index().index, columns=data[x].
value_counts().sort_index().index)
    for i in b.index:
        b.loc[i,:] = a[i]
    b.fillna(0, inplace=True)
    b = b.astype(int)

    # Create stacked bar plot
    bottom = np.zeros(len(b))
    for i in b.columns:
        if x2 == 'rate':
            x_ticks = ['低危', '中危', '高危', '极高危']
        else:
            x_ticks = data[x2].value_counts().sort_index().index
        height = b.loc[:,i]
        bar = ax.bar(x=x_ticks, bottom=bottom, label=str(i),
            height=height, width=0.6, alpha=.6, ec='k', lw=.9)
        for j in range(len(x_ticks)):
            if height[j] != 0:
                ax.text(x_ticks[j], bottom[j] + height[j]/2 - 11, height[j],
                    ha="center", va="bottom", fontsize=10)
        bottom += b.loc[:,i]
```

```
        return b, bottom
visualize_data('HBP')
visualize_data('diabetes')
visualize_data('hyperuricemia')
visualize_data('UAS')
visualize_data('UP_positive')
```

图 8.8～图 8.11 分别为高血压病史堆叠图、糖尿病病史堆叠图、高尿血酸症堆叠图和肾脏超声发现构造异常堆叠图。

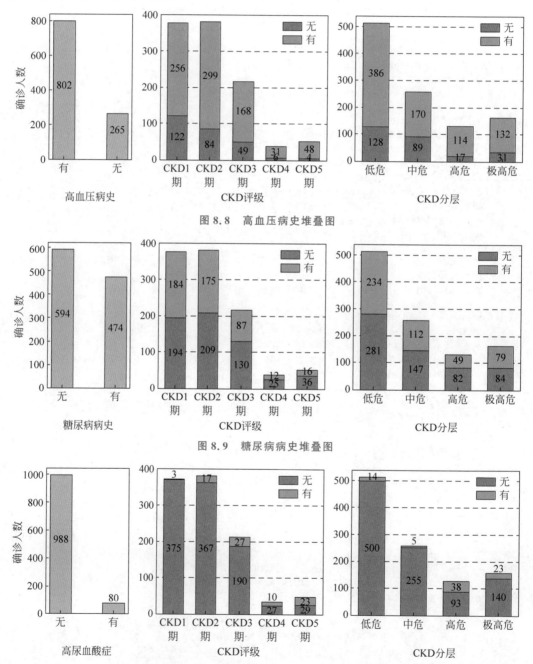

图 8.8　高血压病史堆叠图

图 8.9　糖尿病病史堆叠图

图 8.10　高尿血酸症堆叠图

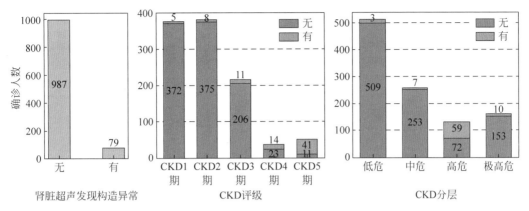

图 8.11　肾脏超声发现构造异常堆叠图

8.3.5　血指标

尿常规蛋白指标堆叠图如图 8.12 所示。

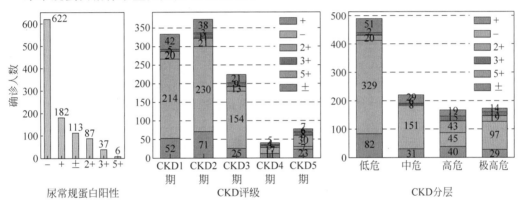

图 8.12　尿常规蛋白指标堆叠图

尿常规蛋白指标和慢性肾脏病(CKD)之间关系密切。慢性肾脏病是指肾脏的疾病导致肾脏功能持续性损害,通常分为 5 个阶段,其中第三阶段(CKD3 期)及以上的患者常常会出现尿常规蛋白升高的情况。尿常规蛋白检测是 CKD 患者常规检查中的一个重要指标。

一般情况下,尿液中只含有微量的蛋白质,正常的 24 小时尿蛋白排泄量一般不超过 150mg/24h。如果尿蛋白浓度超过正常值,通常认为存在蛋白尿,是 CKD 患者的常见症状之一。蛋白尿的发生与肾脏小球滤过膜的损伤有关,肾小球滤过膜的损伤会导致蛋白质从尿路中逸出而形成蛋白尿。随着病情的进展,CKD 患者蛋白尿会逐渐加重,尤其是到了 CKD4～5 期,尿蛋白排泄量往往会远高于正常值。

因此,尿常规蛋白指标通常是 CKD 患者常规检查的重要指标之一,可以监测疾病的进展和治疗效果。对于 CKD 患者来说,定期进行尿常规检查可以及早发现蛋白尿的出现,从而让医生及时调整治疗策略,避免病情进一步恶化。

尿白蛋白肌酐比(ACR)是评估肾脏损伤和尿蛋白排泄量的一个指标,ACR 和 CKD 之间存在密切的关联。ACR 的升高是 CKD 早期诊断肾脏损害的重要指标之一。在 CKD 的不同阶段,ACR 的水平也会逐渐升高。特别是在 CKD 的早期阶段,ACR 的升高可以预示未来肾脏病情恶化的风险。尿白蛋白肌酐比堆叠图如图 8.13 所示。

慢性肾脏病状态预测

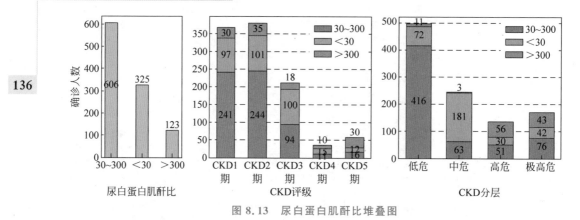

图 8.13　尿白蛋白肌酐比堆叠图

8.3.6　eGFR

eGFR 是评估肾脏功能的一个指标,用于判断肾脏健康和疾病严重程度。它可以通过多种 CKD-EPI 和 MDRD 公式计算,考虑因素包括患者性别、年龄、肌酐水平和种族等。正常成年人的 eGFR 在 $90\mathrm{mL/min/1.73m^2}$ 以上。当 eGFR 低于 $60\mathrm{mL/min/1.73m^2}$ 时,就认为存在肾脏功能异常或慢性肾脏疾病。当 eGFR 低于 $30\mathrm{mL/min/1.73m^2}$ 时,肾脏功能已经严重受损,需要积极治疗。需要注意的是,eGFR 只是一种估算值,不能完全代表肾脏的真实滤过率,并且计算结果受到身体肌肉量和血浆胆红素水平等因素的影响。因此,在使用 eGFR 进行肾脏功能评估时,需要结合临床症状和其他检查结果进行综合分析,以得出正确的诊断和治疗方案。

```
order = ['CKD1 期','CKD2 期','CKD3 期','CKD4 期','CKD5 期']
with sns.color_palette(color):
    plt.figure(figsize = (4,3))
    sns.boxplot(data = data, x = 'stage', y = 'eGFR', order = order, fliersize = 1)
    plt.grid(linestyle = '-.', axis = 'y', linewidth = .5)
    plt.xlabel(dic['stage'])
order = ['低危','中危','高危','极高危']
with sns.color_palette(color[-3::-1]):
    plt.figure(figsize = (4,3))
    sns.boxplot(data = data, x = 'rate', y = 'eGFR', order = order, fliersize = 1)
    plt.grid(linestyle = '-.', axis = 'y', linewidth = .5)
    plt.xlabel(dic['rate'])
```

eGFR 堆叠图如图 8.14 所示。

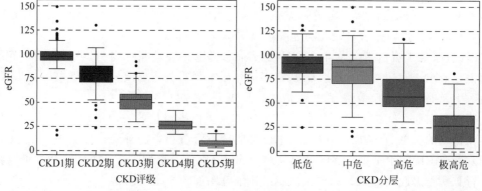

图 8.14　eGFR 堆叠图

8.4　数据预处理

慢性肾脏病数据采集完毕后无法直接使用,这是因为原数据中包含大量的冗余特征、噪声、默认值和错误数据需要处理,并不适合直接开展数据挖掘工作,所以需要进行一定的数据预处理工作。

8.4.1　数据清洗

1. 检查重复数据

通过代码检查数据中的重复值,发现没有重复数据,如图 8.15 所示。

```
# 重复值
data.duplicated().value_counts()
```

2. 处理异常值

通过观察发现具有异常值的变量是血肌酐,通过观察血肌酐 Scr 的数值分布,从图 8.16 中发现其数据中有非常多的异常值,故这里将其设为空值等待后续处理。

```
False      1150
dtype: int64
```

图 8.15　检查重复数据

```
# 血肌酐 -- Scr
data.Scr = data.Scr.map(lambda x: np.nan if x > 2000 else x)
```

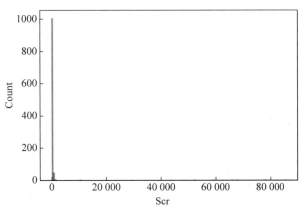

图 8.16　Scr 数据分布

3. 缺失值处理

在数据分析过程中,若使用的数据集存在缺失值,则会对训练出来的模型造成极大的影响。因此,需要对缺失值进行适当的处理。MissingNo 库可以很方便地展示数据集中缺失值的分布情况,从而更快地了解数据的完整性。从图 8.17 可以看到,样本数据中存在一定数量的缺失值。处理缺失值最简单的方法是将其删除,但这样可能会丢失数据中隐含的特征信息,从而对预测结果产生不良影响。因此,需要对不同的特征进行单独的分析处理。从图 8.18 中可以发现,病史特征往往都一起出现缺失,推断这是医院未要求患者进行相关登记导致的。

```
msno.matrix(data, labels = True)
msno.bar(data, sort = 'ascending')
msno.heatmap(data)
```

138

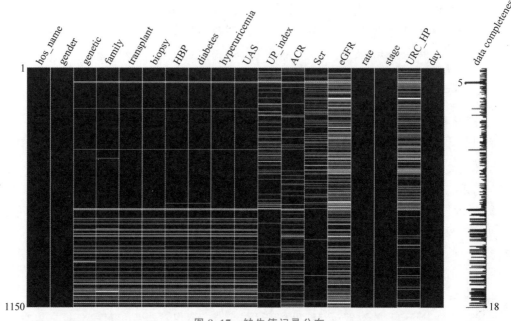

图 8.17　缺失值记录分布

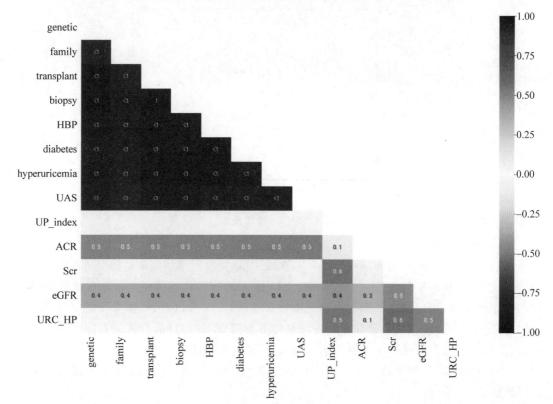

图 8.18　缺失值热力图

本案例使用删除法、众数填补、KNN 算法填补进行缺失值处理。

先统计缺失值样本的缺失特征数量。对于那些缺失特征较多的样本，应予以删除。发现病史中仅有 HBP、diabetes、hyperuricemia、UAS 的分布比较均匀，并且通过之前的可视化分析，发现这几个特征对于需要预测的目标变量影响较大，所以应该尽可能保留病史缺失的数据。通过以下代码可以发现并统计缺失值情况。

找出数据中的缺失值，并将其替换为 0 或 1。然后对缺失值的数量和每个组中的行数计数，按照缺失值数量降序排列。使用样式设置创建一个带有颜色和样式的表格，以突出显示缺失值的位置。其中，用红色背景和黑色字体突出显示缺失值 0，用绿色背景和黑色字体突出显示非缺失值 1。

```python
# Define colors
RED_COLOR = '#FFDDDD'
GREEN_COLOR = '#DDFFDD'

# Find missing values
mis = data[data.isnull().any(axis = 1)].copy(deep = True)
mis['mis_num'] = mis.isnull().sum(axis = 1)

# Get columns with missing data
mis_cols = mis.columns[mis.isnull().any()].tolist()

# Replace missing values with 0, otherwise 1
for col in mis_cols:
    mis[col] = mis[col].notnull().astype(int)
mis_cols.append('mis_num')
# Group by columns with missing data
grouped = mis.groupby(mis_cols)

# Count number of rows in each group and sort by missing values
count = grouped.size().reset_index(name = 'count')
count.sort_values('mis_num', ascending = False, inplace = True)

# Create styled table
def highlight_zero(x):
    if x == 0:
        return f'background - color: {RED_COLOR}; color: black; '
    else:
        return f'background - color: {GREEN_COLOR}; color: black; '

styled_table = (count.style
                .applymap(highlight_zero, subset = mis_cols)
                .set_table_styles([
                    dict(selector = '', props = [('border', '1px solid black')]),
                    dict(selector = 'th', props = [('background - color', '#F2F2F2')]),
                    dict(selector = 'td', props = [('padding', '5px')]),
                    dict(selector = '.row_heading', props = [('text - align', 'right')]),
                    dict(selector = 'caption', props = [('caption - side', 'bottom')])
                ])
                )

styled_table
```

缺失值位置与数量统计如图 8.19 所示。

	genetic	family	transplant	biopsy	HBP	diabetes	hyperuricemia	UAS	UP_index	ACR	Scr	eGFR	URC_HP	mis_num	count
0	0	0	0	0	0	0	0	0	0	0	0	0	0	13	4
3	0	0	0	0	0	0	0	0	1	0	0	0	0	12	2
1	0	0	0	0	0	0	0	0	0	0	1	0	0	12	3
2	0	0	0	0	0	0	0	0	0	1	0	0	0	11	1
4	0	0	0	0	0	0	0	0	1	0	1	0	0	11	2
5	0	0	0	0	0	0	0	0	1	0	1	0	1	10	39
6	0	0	0	0	0	0	0	0	1	0	1	1	1	9	1
7	0	0	0	0	0	0	0	0	1	1	1	0	1	9	26
8	0	0	0	0	0	0	0	0	1	1	1	1	0	9	3
9	0	0	0	0	0	1	0	0	1	1	1	1	1	7	1
10	0	0	0	0	1	1	0	1	0	1	1	1	1	6	1
15	1	1	1	1	1	1	1	0	1	0	0	0	1	4	1
23	1	1	1	1	1	1	1	1	1	0	0	0	0	4	2

图 8.19　缺失值位置与数量统计

这里选择剔除掉那些病史缺失数量大于或等于 10 或者血液缺失数量大于或等于 3 的数据,共删除 174 个样本。

```python
# 获取指标数量缺失超过 10 个的行索引
index_del = list(mis[mis['mis_num'] >= 10].index)

# 获取指标的列名
blood_cols = ['UP_index', 'ACR', 'Scr', 'eGFR', 'URC_HP']

# 获取只包含指标的数据集,并计算每行中缺失血液指标的数量
a = mis[blood_cols]
a['blood_num'] = a.apply(lambda x: 5 - x.sum(), axis = 1)

# 将缺失指标数量超过 3 的行索引加入 index_del 列表中
index_del.extend(a[a['blood_num'] >= 3].index)

# 输出 index_del 列表中元素的个数
print(len(index_del))
data.drop(index_del, inplace = True)
```

对于本案例的病史数据,其属于分类变量,这里使用众数填充,它的基本思想是用数据集中出现次数最多的值来填补缺失值。

```python
selected_columns = ['genetic', 'family', 'transplant', 'biopsy', 'HBP', 'diabetes',
'hyperuricemia', 'UAS']
kidney_data = data[selected_columns]
imputer = SimpleImputer(missing_values = np.nan, strategy = 'most_frequent', copy = False)
imputer.fit_transform(kidney_data)
for i in his_df.columns:
    data[i] = kidney_data [i]
```

对于 UP_index、ACR 变量,使用 KNN 进行填补。虽然 KNNImputer 函数只能针对数值变量。它们是类别变量,但原来是连续值离散化形成的标签,可以进行类别变量到离散变量的映射。

KNN 填补是一种缺失值填补方法,它的基本思想是利用 K 近邻算法来预测缺失值。具体来说,对于数据集中缺失值所在的样本,根据其与其他样本之间的相似度,找到 K 个最

相似的样本,然后利用这 K 个样本的特征值来预测缺失值。

```
data['UP_index'] = data['UP_index'].map(lambda x: UP_dic.get(x, x))
data['ACR'] = data['ACR'].map(lambda x: ACR_dic.get(x, x))
blood_cols = data.columns[1:15]
blood_df = data[blood_cols]
from sklearn.impute import KNNImputer
imputer = KNNImputer(n_neighbors = 5, copy = False)
imputed_blood_df = pd.DataFrame(imputer.fit_transform(blood_df), columns = blood_cols,
index = blood_df.index)
data[blood_cols] = imputed_blood_df
```

通过以上缺失值处理,可以通过下面的代码查看缺失值。如图 8.20 所示,缺失值情况已经处理完成。

```
data.isnull().sum()
```

4. 单位转换

在 hyperuricemia 变量中发现其取值有"否、无、有、是",这里将其取值进行规范,"是"用"有"来代替,"否"用"无"来代替,如图 8.21 所示。UAS 变量使用"无"来代替原先的"否"。

```
data['hyperuricemia'] = data['hyperuricemia'].replace({'是': '有', '否': '无'})
data['UAS'] = data['UAS'].replace({'否': '无'})
```

UP_index 中使用"-"来代替 UP_positive 中的阴性样本,统一单位。

```
data.UP_index = data.apply(lambda x: '-' if x[11] == '阴' else x[12], axis = 1)
```

尿红蛋白在医学中有两种常见的单位,HP 是指每高倍视野的红细胞含量,ul 是指每微升中含有多少个红细胞,在本数据集中如图 8.22 所示,发现有 1052 个样本使用 HP 指标,有 95 个样本使用 ul 指标,通过查阅相关资料,按 ul 和 HP 以 10∶1 的比例进行换算。这样就将 URC 的单位进行了统一,使用 HP 单位后,URC_unit 这一列就没有任何作用了,之后可以将其剔除。

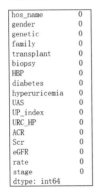

```
hos_name      0
gender        0
genetic       0
family        0
transplant    0
biopsy        0
HBP           0
diabetes      0
hyperuricemia 0
UAS           0
UP_index      0
URC_HP        0
ACR           0
Scr           0
eGFR          0
rate          0
stage         0
dtype: int64
```

否	661
无	327
有	68
是	12

URC_unit	
HP	1052
ul	95

图 8.20　缺失值处理情况　　　图 8.21　hyperuricemia 变量　　　图 8.22　URC 单位数量

```
t = data[['URC_unit', 'URC_num']]
data['URC_HP'] = np.where(t['URC_unit'] == 'ul', t['URC_num'] / 10, t['URC_num'])
```

对于日期处理,选择只保存其月份,所以只需要保存 date 属性中的前 7 位字符即可。

```
data['day'] = data.date.map(lambda x: x[:7])
```

慢性肾脏病状态预测

8.4.2　数据编码

本案例的数据中有部分数据编码不规范,为了方便模型训练,对数据集中的一些数据进行了编码,这些数据原来可能使用中文字段或特殊单位表示。需要编码的属性包括尿蛋白阳性(UP_index)、尿白蛋白肌酐比(ACR)、CKD 分层(rate)、CKD 评级(stage)、医院(hos_name),如表 8.2～表 8.6 所示。

表 8.2　尿蛋白阳性(UP_index)

类 别 名 称	映 射 编 码	实际意义(g/L)
一	0	<4.0
±	1	0.1-0.2g/L
+	2	0.2-1.0g/L
2	3	1.0-2.0g/L
3	4	2.0-4.0g/L
5	5	>4.0

表 8.3　尿白蛋白肌酐比(ACR)

类 别 名 称	映 射 编 码
<30	0
30～300	1
>300	2

表 8.4　CKD 分层(rate)

类 别 名 称	映 射 编 码
低危	0
中危	1
高危	2
极高危	3

表 8.5　CKD 评级(stage)

类 别 名 称	映 射 编 码
CKD1 期	0
CKD2 期	1
CKD3 期	2
CKD4 期	3
CKD5 期	4

表 8.6　医院(hos_name)

类 别 名 称	映 射 编 码
静安区闸北中心医院	1
静安区中心医院	1
Other	0

```python
# 转换字典
dic_1 = {
        '有': 1,
        '无': 0,
        '是': 1,
        '否': 0,
        '阳性': 1,
        '阴性': 0,
        '男': 1,
        '女': 0
      }

for i in data.columns:
    data[i] = data[i].map(lambda x: dic_1[x] if x in dic_1 else x)

columns = ['hos_name', 'gender', 'genetic', 'family', 'transplant', 'biopsy',
        'HBP', 'diabetes', 'hyperuricemia', 'UAS', 'UP_index', 'URC_HP', 'ACR', 'Scr',
        'eGFR', 'rate', 'stage']
data = data[columns]

data.UP_index.value_counts()
UP_dic = {
        '－':0,
        '±':1,
        '+':2,
        '2+':3,
        '3+':4,
        '5+':5,
      }
ACR_dic = {
        '<30':0,
        '30~300': 1,
        '>300':2,
        }

data['UP_index'] = data['UP_index'].map(lambda x: UP_dic.get(x, x))
data['ACR'] = data['ACR'].map(lambda x: ACR_dic.get(x, x))

# rate
rate_dic = {'低危': 0,
        '中危': 1,
        '高危': 2,
        '极高危': 3,
        }
# stage
stage_dic = {'CKD1 期': 0,
        'CKD2 期': 1,
        'CKD3 期': 2,
        'CKD4 期': 3,
        'CKD5 期': 4,
        }

# hospital
hos_dic = {'上海市静安区闸北中心医院': 1,
        '上海市静安区中心医院': 1,
```

```
                    '上海市闵行区中心医院': 0,
                    '上海市第五人民医院': 0,
                    '复旦大学附属华山医院':0,
                    '上海市静安区市北医院':0,
                    '北站医院':0,
                }
    data.rate = data.rate.map(lambda x: rate_dic[x])
    data.stage = data.stage.map(lambda x: stage_dic[x])
    data.hos_name = data.hos_name.map(lambda x: hos_dic[x])
```

8.4.3　数据离散化

数据中部分属性为连续值，但数据分布较为分散，在对其进行离散化处理后，有利于分析，并增强模型的健壮性，降低过拟合的风险。

通过观察数据集，发现 Scr、URC_HP 和 eGFR 具有分布分散的特点，取值范围较大，直接使用不利于后面对模型的训练和理解，离散化的方式是先使用对数函数对其进行数据范围压缩，可以使数据更集中，分布更均衡，如 Scr 数据对数化之后如图 8.23 所示。进行对数变换处理后，再使用基于 K-Means 算法的聚类离散法获得聚类中心值，使用 rolling_mean 函数平均移动，计算当前值和前两个数值的均值确定边界并切分数据，得到离散化后的新数据取值。URC_HP、Scr 和 eGFR 的离散化结果如图 8.24 所示。

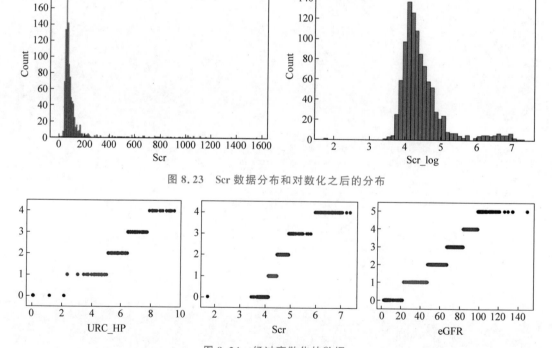

图 8.23　Scr 数据分布和对数化之后的分布

图 8.24　经过离散化的数据

首先，对 URC_HP 和 Scr 变量实施对数变换，并进行标准化。然后，通过 K-Means 聚类算法对变量进行聚类，其中 URC_HP 被分为 5 类，Scr 被分为 5 类，eGFR 被分为 6 类。最后，通过 cluster_plot 函数对每个聚类结果进行可视化展示。

```
# 对数变换
data['URC_HP_log'] = data.URC_HP.map(lambda x: np.log(x) if x != 0 else np.log(0.01))
data['Scr_log'] = data.Scr.map(lambda x: np.log(x) if x else x)

# 标准化
scale_cols = ['URC_HP_log', 'Scr_log', 'eGFR']
scaler = StandardScaler()
scaled = scaler.fit_transform(data[scale_cols])

data['URC_HP_stan'] = scaled[:,0]
data['Scr_stan'] = scaled[:,1]
data['eGFR_stan'] = scaled[:,2]

def cluster_plot(d5, d, k):
    plt.rcParams['font.sans-serif'] = ['SimHei']
    plt.rcParams['axes.unicode_minus'] = False

    plt.figure(figsize=(6, 4))
    for j in range(0, k):
        plt.plot(d[d5 == j], [j for i in d5[d5 == j]], 'o')

    plt.ylim(-0.5, k - 0.5)
    plt.show()

def cluster(d, k):
    kmodel = KMeans(n_clusters=k)
    kmodel.fit(np.array(d).reshape(len(d),1))
    centers = pd.DataFrame(kmodel.cluster_centers_, columns=['a']).sort_values(by='a')
    rolling_mean = centers.rolling(2).mean().iloc[1:]

    # 构建划分区间
    w = [0] + list(rolling_mean['a']) + [d.max()]
    d5 = pd.cut(d, w, labels=range(k))

    cluster_plot(d5, d, k)

    return(kmodel.predict(np.array(d).reshape(len(d),1)))


from sklearn.cluster import KMeans
t = data.URC_HP_log + 4.7
data['URC_cluster'] = cluster(t,5)

t = data.Scr_log
data['Scr_cluster'] = cluster(t,5)

t = data.eGFR
data['eGFR_cluster'] = cluster(t,6)
```

8.4.4 数据平衡

如果各个类别的样本数不均匀,就会出现数据不平衡问题,导致模型出现过拟合现象。因此,这里需要处理数据均衡的问题。通常处理数据不平衡有两种方法:一种是基于采样,另一种是基于有代价敏感方法和 SMOTE 方法。

慢性肾脏病状态预测

样本平衡应当在训练集上进行,因此在这里先对处理过的数据集进行分割,比例采取 7∶3。如图 8.25 所示,发现样本类别出现不平衡的情况,所以需要进行数据平衡处理。

```
data = pd.read_csv('data_clean.csv')
X = data.drop(['rate', 'stage'], axis = 1)
rate = data.rate
stage = data.stage
seed = 432

X_train_rate, X_test_rate, y_train_rate, y_test_rate = train_test_split(X, rate,
                                                        test_size = 0.3,
                                                        random_state = seed)

X_train_stage, X_test_stage, y_train_stage, y_test_stage = train_test_split(X, stage,
                                                        test_size = 0.3,
                                                        random_state = seed)

from collections import Counter
print(Counter(y_train_rate))
print(Counter(y_train_stage))
```

在 CKD_stage 中发现 CKD4 期和 CKD5 期患者数量较少,出现样本不平衡的情况,这种现象会影响模型的预测精度和健壮性,所以这里使用 SMOTE 方法进行过采样。

Borderline SMOTE 是 SMOTE 的一种改进版本,旨在解决 SMOTE 在合成新样本时可能会引入噪声的问题。在 Borderline SMOTE 中,只有边界样本(靠近多数类别的少数类样本)被用来合成新样本。这样可以避免合成过程中产生噪声,同时可以提高算法的效果。

```
from imblearn.over_sampling import BorderlineSMOTE

# 定义 SMOTE 模型,random_state 相当于随机数种子
sm = BorderlineSMOTE(random_state = 42, kind = "borderline - 1")
X_train_rate, y_train_rate = sm.fit_resample(X_train_rate, y_train_rate)
X_train_stage, y_train_stage = sm.fit_resample(X_train_stage, y_train_stage)

print(Counter(y_train_rate))
print(Counter(y_train_stage))
```

Borderline SMOTE 后的数据样本如图 8.26 所示。

```
Counter({1: 337, 0: 143, 2: 111, 3: 100})
Counter({1: 262, 0: 223, 2: 136, 4: 41, 3: 29})
```

图 8.25　样本类别分布

```
Counter({1: 337, 2: 337, 0: 337, 3: 337})
Counter({2: 262, 1: 262, 0: 262, 4: 262, 3: 262})
```

图 8.26　Borderline SMOTE 后的数据样本

8.4.5　特征重要性分析

特征重要性筛选主要是去除对数据分析影响较小和无关的特征,这有助于提高模型的迭代速度,增强模型的泛化能力,防止过拟合,从而增加对特征和特征值之间的理解。通过 XGBoost 模型的分析得到各个特征的重要性评分如图 8.27 所示。从图 8.27 中可以发现 biopsy、transplant、family、genetic 的重要性几乎为零,可以考虑在后面的模型训练中将其删除。对 CKD 分层最重要的属性为 ACR(尿白蛋白肌酐比),对 CKD 评级最重要的属性为 eGFR(估算肾小球滤过率)。

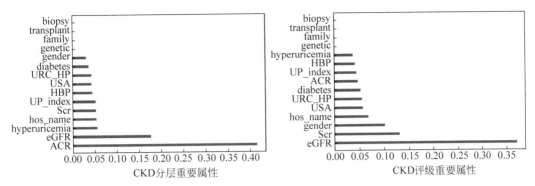

图 8.27　特征重要性得分

下面这段代码是使用 XGBoost 分类器对 CKD 数据进行训练并可视化特征重要性。首先,将数据集分解为特征 X 和目标值 y。然后,使用 XGBClassifier() 对 X 和 y 进行训练。接着,使用 pd.DataFrame() 对模型的特征重要性进行可视化。代码分别训练了两个模型:一个是针对 CKD 分层(rate)的,另一个是针对 CKD 评级(stage)的。特征重要性的可视化采用横向柱状图,横坐标表示重要性,纵坐标表示特征。

```
X = data[['hos_name', 'gender', 'genetic', 'family', 'transplant', 'biopsy',
          'HBP', 'diabetes', 'hyperuricemia', 'UAS', 'UP_index', 'ACR',
          'URC_HP', 'Scr', 'eGFR']]
y = data['rate']

# 模型训练
model = XGBClassifier()
model.fit(X, y)

# 特征重要性可视化
plt.figure(figsize = (10, 7))
with sns.color_palette(color_1):
    im = pd.DataFrame({'importance': model.feature_importances_, 'var': X.columns})
    im = im.sort_values(by = 'importance', ascending = False)
    plt.barh(im['var'], im['importance'], height = .3)
    plt.yticks(fontsize = 18)
    plt.xticks(fontsize = 15)
    plt.xlabel('CKD 分层重要属性', fontsize = 20)
    plt.show()

X = data[['hos_name', 'gender', 'genetic', 'family', 'transplant', 'biopsy',
          'HBP', 'diabetes', 'hyperuricemia', 'UAS', 'UP_index', 'ACR',
          'URC_HP', 'Scr', 'eGFR']]
y = data['stage']
# 模型训练
model = XGBClassifier()
model.fit(X, y)
# 特征重要性可视化
plt.figure(figsize = (10, 7))
with sns.color_palette(color_1):
    im = pd.DataFrame({'importance': model.feature_importances_, 'var': X.columns})
    im = im.sort_values(by = 'importance', ascending = False)
    plt.barh(im['var'], im['importance'], height = .3)
    plt.yticks(fontsize = 18)
```

```
plt.xticks(fontsize = 15)
plt.xlabel('CKD 评级重要属性', fontsize = 20)
plt.show()
```

8.5　慢性肾脏病状态预测分析

本案例旨在通过数据预处理,应用多种机器学习算法对慢性肾脏病进行分析,将使用逻辑回归、决策树、随机森林、XGBoost、支持向量机(Support Vector Machine,SVM)和神经网络等算法执行分类和预测任务。

为了减小因数据集划分方式不同而引入的不确定性,通常采用 K 折交叉验证的方式,将数据集分为 K 份,每次取其中一份作为测试集,其余 $K-1$ 份作为训练集,重复 K 次,每次选取不同的测试集,最后求得 K 次评估结果的均值,从而得到模型的最终结果。下面是使用支持向量机进行 5 折交叉验证的代码,图 8.28 展示了交叉验证的结果。

```
from sklearn.model_selection import cross_val_score,StratifiedKFold
from sklearn.datasets import load_iris
from sklearn.linear_model import LogisticRegression

reg = svm.SVC(probability = True)
stratifiedkf = StratifiedKFold(n_splits = 5)

scores = cross_val_score(reg, X_train, y_train, cv = stratifiedkf)
print("Cross - validation scores: {}".format(scores))
print("Average Cross Validation score :{}".format(scores.mean()))
```

```
Cross-validation scores: [0.85877863 0.90076336 0.88931298 0.91603053 0.90458015]
Average Cross Validation score :0.8938931297709922
```

图 8.28　交叉验证的结果

下面这段代码定义了两个函数:add_score 和 get_score,用于计算分类模型在测试集上的各项评估指标。评估指标包括准确率、精度、召回率、F1 分数和 ROC AUC 分数。其中,add_score 函数将各项指标的计算结果存储在 model_score 字典中,并且可以自定义这次评估结果的名称。get_score 函数与 add_score 函数的功能类似,但不会将评估结果存储在字典中,只会在控制台上输出评估结果。这两个函数内部都调用了 sklearn 库中的各种指标计算函数。

```
model_score = {}

def add_score(X_test0, y_test0, name = "default"):
    from sklearn.metrics import accuracy_score, precision_score, recall_score, f1_score, roc_auc_
score, classification_report
    y_predict = model.predict(X_test0)
    y_score = model.predict_proba(X_test0)
    dic = {
        "模型默认评分": model.score(X_test0, y_test0),
        "准确率 t/(t + f)": accuracy_score(y_test0, y_predict),
        "精度 tp/(tp + fp)": precision_score(y_test0, y_predict, average = "weighted"),
        "召回率 tp/(tp + fn)": recall_score(y_test0, y_predict, average = "weighted"),
```

```
        "F1 分数": f1_score(y_test0, y_predict, average = "weighted"),
        "roc_auc_score": roc_auc_score(y_test0, y_score, multi_class = "ovr")
    }

    import pprint
    pprint.pprint(dic)

    model_score[name] = dic

def get_score(X_test0, y_test0):
    from sklearn.metrics import accuracy_score, precision_score, recall_score, f1_score,
roc_auc_score
    y_predict = model.predict(X_test0)
    y_score = model.predict_proba(X_test0)
    dic = {
        "模型默认评分": model.score(X_test0, y_test0),
        "准确率 t/(t + f)": accuracy_score(y_test0, y_predict),
        "精度 tp/(tp + fp)": precision_score(y_test0, y_predict, average = "weighted"),
        "召回率 tp/(tp + fn)": recall_score(y_test0, y_predict, average = "weighted"),
        "F1 分数": f1_score(y_test0, y_predict, average = "weighted"),
        "roc_auc_score": roc_auc_score(y_test0, y_score, multi_class = "ovr")
    }

    import pprint
    pprint.pprint(dic)
```

8.5.1 逻辑回归

逻辑回归是一种广泛使用的二元分类算法,其目标是将给定的数据点分配到两个不同的类别之一。

```
# 逻辑回归
model = LogisticRegressionCV(multi_class = "ovr", fit_intercept = True, cv = 10, penalty = "l2")

model.fit(X_train, y_train)

print("参数:")
print(model.get_params())

print("训练集:")
get_score(X_train, y_train)
print("测试集:")
add_score(X_test, y_test, "LR")
```

8.5.2 决策树

CART 算法是一种常用的决策树算法,它可以用于分类和回归问题。该算法的执行过程包括特征选择、树的生成、剪枝等步骤。

```
# CART 决策树
model = DecisionTreeClassifier(criterion = "gini", random_state = 0)
model = model.fit(X_train, y_train)
```

```
print("参数:")
print(model.get_params())

print("训练集:")
get_score(X_train, y_train)
print("测试集:")
add_score(X_test, y_test, "CART")
```

8.5.3　随机森林

随机森林(Random Forest)是一种集成学习(Ensemble Learning)方法,它是由多棵决策树(Decision Tree)组成的,每棵决策树的结果会投票决定最终结果。它在决策树的基础上,通过引入随机性来降低模型的方差,提高模型的泛化能力。

```
# 随机森林(RF)
model = RandomForestClassifier(criterion = "gini", n_estimators = 500, bootstrap = False,
random_state = 0)
model = model.fit(X_train, y_train)
print("参数:")
print(model.get_params())
print("训练集:")
get_score(X_train, y_train)
print("测试集:")
add_score(X_test, y_test, "RF")
```

8.5.4　XGBoost

XGBoost(Extreme Gradient Boosting)是一种基于决策树集成的机器学习算法,常用于回归和分类问题。它采用了梯度提升框架,并使用了一些优化技巧,例如加权特征排序、缺失值处理、正则化和并行处理等,以提高模型的准确性和效率。

```
# XGBoost
model = XGBClassifier(learning_rate = 0.1, n_estimators = 200)
model = model.fit(X_train, y_train)
print("参数:")
print(model.get_params())

print("训练集:")
get_score(X_train, y_train)
print("测试集:")
add_score(X_test, y_test, "XGB")
```

8.5.5　支持向量机

支持向量机是一种二分类模型,其基本思想是通过一个超平面(线性分类器)将样本分成两类,并使得两类样本之间的间隔最大化,从而实现分类。如果样本不是线性可分的,那么可以使用核函数将样本映射到高维空间,从而实现非线性分类。

```
# SVM
model = svm.SVC(probability = True)
model = model.fit(X_train, y_train)
```

```
print("参数:")
print(model.get_params())
print("训练集:")
get_score(X_train, y_train)
print("测试集:")
add_score(X_test, y_test, "SVM")
```

8.5.6　神经网络

神经网络是一种基于大量节点(或称为神经元)相互连接的数学模型。这些节点分为若干层,每一层中的节点通过一定的函数对前一层节点的输出进行计算,从而得到本层节点的输出,并传递到下一层。神经网络通过反向传播算法来训练网络的权重和偏置,从而达到优化模型的目的。

```
# 神经网络(MLP)
model = MLPClassifier(random_state = 0, learning_rate = 'adaptive', learning_rate_init = 0.01,
max_iter = 1000, early_stopping = False)
model.fit(X_train, y_train)
print("参数:")
print(model.get_params())
print("训练集:")
get_score(X_train, y_train)
print("测试集:")
add_score(X_test, y_test, "MLP")
```

8.6　参　数　调　节

可以使用 Hyperopt 库来实现随机森林参数的优化。

函数 hyperopt_train_test(params)接收一个字典类型的参数,其中一些参数可以指定输入数据是否需要进行归一化或缩放处理。该函数使用给定的参数创建一个随机森林分类器模型,在具有相应目标值 y 的输入数据 X 上执行交叉验证,并返回交叉验证分数的平均值。

函数 hyperopt_train_test(params)被用作 Hyperopt 库中贝叶斯超参数优化的目标函数,在优化给定的 RandomForestClassifier 模型的超参数值的范围内找到最佳的超参数组合。

字典 space4rf 定义了模型的超参数空间,包括 max_depth、max_features、n_estimators、criterion、min_samples_split 和 min_samples_leaf。

函数 f(params)被定义为使用给定的超参数运行 hyperopt_train_test(params)函数,并返回负的精度得分作为优化的损失。使用 Hyperopt 库的 fmin()函数执行使用树状 Parzen 估计器(Tree-structured Parzen Estimator,TPE)算法的优化,最大评估次数(max_evals)设置为 300。

优化结果存储在 trials 对象中,该对象用于绘制每个超参数值作为验证损失的函数关系图,使用 Matplotlib 库进行绘制。代码创建一个 2×3 的图表,每个图表显示不同超参数的验证损失函数关系。字典 best 存储在优化过程中找到的最佳超参数。这里展示随机森林及决

慢性肾脏病状态预测

策树的优化结果图。随机森林结果如图 8.29 所示,决策树优化如图 8.30 和图 8.31 所示。

```python
def hyperopt_train_test(params):
    X_ = X[:]
    if 'normalize' in params:
        if params['normalize'] == 1:
            X_ = normalize(X_)
            del params['normalize']

    if 'scale' in params:
        if params['scale'] == 1:
            X_ = scale(X_)
            del params['scale']
    clf = RandomForestClassifier(**params)
    return cross_val_score(clf, X, y).mean()

space4rf = {
    'max_depth': hp.choice('max_depth', range(5,30)),
    'max_features': hp.choice('max_features', range(1,50)),
    'n_estimators': hp.choice('n_estimators', range(50,200)),
    'criterion':hp.choice('criterion',["gini","entropy"]),
    'min_samples_split':hp.choice('min_samples_split',range(2,20)),
    'min_samples_leaf':hp.choice('min_samples_leaf',range(1,20))
}

best = 0
def f(params):
    global best
    acc = hyperopt_train_test(params)
    if acc > best:
        best = acc
        print ('new best:', best, params)
    return {'loss': -acc, 'status': STATUS_OK}

trials = Trials()
best = fmin(f, space4rf, algo = tpe.suggest, max_evals = 300, trials = trials)
print('best:')
print(best)

parameters = ['n_estimators', 'max_depth', 'max_features','min_samples_split', 'min_samples_
leaf','criterion']
f, axes = plt.subplots(nrows = 2, ncols = 3, figsize = (15,10))
cmap = plt.cm.jet
for i, val in enumerate(parameters):
    xs = np.array([t['misc']['vals'][val] for t in trials.trials]).ravel()
    ys = [-t['result']['loss'] for t in trials.trials]
    xs, ys = zip(*sorted(zip(xs, ys)))
    ys = np.array(ys)

    axes[int(i/3),i%3].scatter(xs, ys, s = 20, linewidth = 0.01, alpha = 0.5, c = cmap(float
(i)/len(parameters)))
    axes[int(i/3),i%3].set_title(val)
```

经过对决策树模型进行调参后,测试集的表现明显提升,而训练集的得分有所下降。这并不一定意味着模型效果变差,而是因为在原模型中出现了过拟合现象。通过调参能够在一定程度上缓解过拟合现象,提高模型的泛化能力。因此,调参可以帮助改善模型性能,并提高其在新数据上的预测准确性。

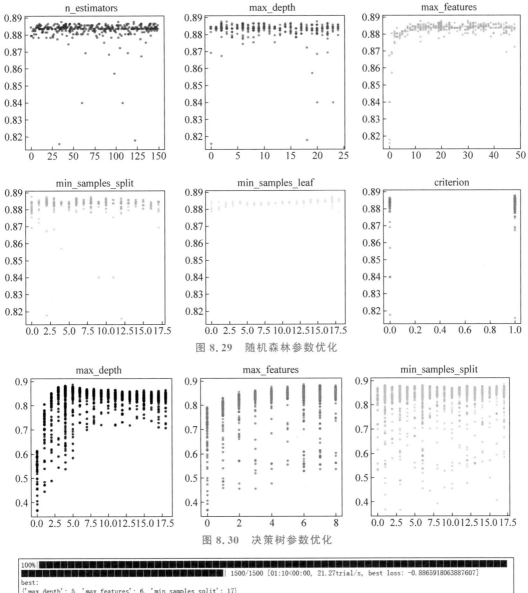

图 8.29　随机森林参数优化

图 8.30　决策树参数优化

```
100%|████████████████████████████████████████████████████████████████████████████████████████| 1500/1500 [01:10<00:00, 21.27trial/s, best loss: -0.8865918063887607]
best:
{'max_depth': 5, 'max_features': 6, 'min_samples_split': 17}
```

图 8.31　决策树最佳参数组合

调参前的性能和调参后的性能对比如图 8.32 所示。

训练集:
{'F1分数': 0.9992366384412273,
'roc_auc_score': 0.9999992716042188,
'准确率t/(t+f)': 0.999236641221374,
'召回率tp/(tp+fn)': 0.999236641221374,
'模型默认评分': 0.999236641221374,
'精度tp/(tp+fp)': 0.9992395437262357}
测试集:
{'F1分数': 0.8389379482541297,
'roc_auc_score': 0.8970862216553817,
'准确率t/(t+f)': 0.8383838383838383,
'召回率tp/(tp+fn)': 0.8383838383838383,
'模型默认评分': 0.8383838383838383,
'精度tp/(tp+fp)': 0.8411520063266111}

训练集:
{'F1分数': 0.9283156244364644,
'roc_auc_score': 0.9872326787483248,
'准确率t/(t+f)': 0.9282442748091603,
'召回率tp/(tp+fn)': 0.9282442748091603,
'模型默认评分': 0.9282442748091603,
'精度tp/(tp+fp)': 0.9292896909940748}
测试集:
{'F1分数': 0.8512098205738508,
'roc_auc_score': 0.9435333739305237,
'准确率t/(t+f)': 0.8484848484848485,
'召回率tp/(tp+fn)': 0.8484848484848485,
'模型默认评分': 0.8484848484848485,
'精度tp/(tp+fp)': 0.8595195654019182}

图 8.32　调参前的性能和调参后的性能对比

8.7 模型评估

从实验结果分析,XGBoost 准确度最高,其次是随机森林和 CART 决策树,各模型调参后的各项性能指标如图 8.33 所示,从上到下依次为 CART 树、随机森林、XGBoost、支持向量机、神经网络及逻辑回归。XGBoost 算法泛化能力强,非常适合慢性肾脏病的特点,同时实现简单,在慢性肾脏病预测中取得了较好的结果。

	model	模型默认评分	准确率t/(t+f)	精度tp/(tp+fp)	召回率tp/(tp+fn)	F1分数	roc_auc_score
0	CART	0.848485	0.848485	0.859520	0.848485	0.851210	0.943533
1	RF	0.861953	0.861953	0.864085	0.861953	0.861575	0.956369
2	XGB	0.861953	0.861953	0.865809	0.861953	0.862785	0.955411
3	SVM	0.804714	0.804714	0.808192	0.804714	0.806149	0.951221
4	MLP	0.814815	0.814815	0.817674	0.814815	0.816015	0.928860
5	LR	0.811448	0.811448	0.812841	0.811448	0.811463	0.948434

图 8.33 各模型调参后的性能指标

模型性能柱状图如图 8.34 所示。

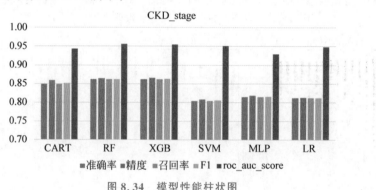

图 8.34 模型性能柱状图

8.8 慢性肾脏病聚类分析

聚类分析的作用是将一组数据或者对象按照其相似性进行聚合和分组,形成几个类别。这里使用轮廓系数来确定最佳 k 值,K-Means 轮廓系数(Silhouette Coefficient)如图 8.35 所示,可以发现 k 取 3 时为最大值,所以这里 k 取 3。可视化聚类结果如图 8.36 所示,可以观察到数据能够形成较好的聚类结果。

```
# 轮廓系数
scores = []
for k in range(2,10):
    kmeans = KMeans(n_clusters = k).fit(data)
    score = silhouette_score(data,kmeans.labels_)
    scores.append(score)
plt.plot(list(range(2,10)),scores)
kmeans = KMeans(n_clusters = 3).fit(data)
data['cluster_km'] = kmeans.labels_
```

```
data.sort_values('cluster_km')

# PCA 降维
transfer = PCA(n_components = 2)
data_PCA = transfer.fit_transform(data)
data_df = pd.DataFrame(data_PCA)

colors = np.array(['red', 'yellow', 'green', 'blue'])
scatter_matrix(data_df, s = 100, alpha = 1, c = colors[kmeans.labels_], figsize = (5, 5))
plt.suptitle('cluster_km')
plt.show()
```

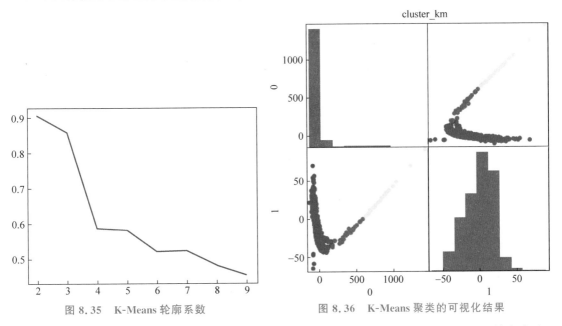

图 8.35　K-Means 轮廓系数　　　　图 8.36　K-Means 聚类的可视化结果

　　DBSCAN(Density-Based Spatial Clustering of Applications with Noise)是一种密度聚类算法,它可以将数据点划分为若干类别,同时也能够检测出离群点(噪声)。

　　该算法基于两个重要参数:半径参数(Eps)和密度参数(MinPts)。其中,Eps 指定了聚类的半径范围,MinPts 指定了一个区域内的最小点数。

　　在使用聚类算法之前,使用肘形法来确定合适的 Eps 级别。从图 8.37 来看,合适的 Eps 值在 20 附近,可视化结果如图 8.38 所示。

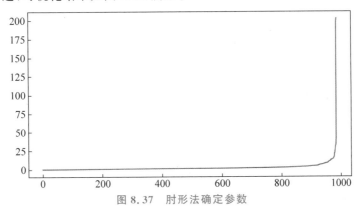

图 8.37　肘形法确定参数

慢性肾脏病状态预测

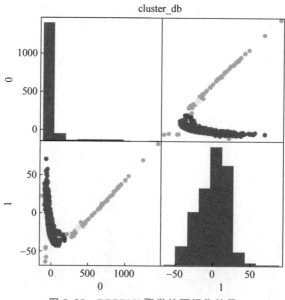

图 8.38　DBSCAN 聚类的可视化结果

```
from sklearn.neighbors import NearestNeighbors
plt.figure(figsize = (10,5))
nn = NearestNeighbors(n_neighbors = 5).fit(data_df)
distances, idx = nn.kneighbors(data_df)
distances = np.sort(distances, axis = 0)
distances = distances[:,1]
plt.plot(distances)
plt.show()
```

8.9　慢性肾脏病关联分析

这里使用 apyori 库中的 apriori 函数来调用 Apriori 关联算法,设置最小支持度为 0.10,最小置信度为 0.8,最小提升度为 1。部分结果如图 8.39 所示,例如可以发现'hyperuricemia♯0.0'、'UP_index♯2.0'和'HBP♯1.0'有一定的关联性。

```
associate = apriori(list2, min_support = 0.10, min_confidence = 0.80, min_lift = 1)
for rule in associate:
    print("频繁项集 %s,支持度 %f" % (rule.items, rule.support))
    for item in rule.ordered_statistics:
        print("%s -> %s, 置信度 %f 提升度 %f" % (item.items_base, item.items_add,
item.confidence, item.lift))
    print()
```

FP-Growth 算法不需要构建候选集,因此减少了多次扫描的步骤。使用 FP-Growth 算法挖掘出的关联关系(部分)如图 8.40 所示。

```
patterns = pyfpgrowth.find_frequent_patterns(list2, 0.35 * 1012)
rules = pyfpgrowth.generate_association_rules(patterns, 0.6)
print(rules)
for i in rules:
    print("%s -> %s 置信度 %f" % (i, rules[i][0], rules[i][1]))
```

```
频繁项集 frozenset({'stage#0.0', 'hyperuricemia#0.0', 'HBP#0.0'}), 支持度 0.101215
frozenset({'stage#0.0', 'HBP#0.0'}) -> frozenset({'hyperuricemia#0.0'}), 置信度 1.000000 提升度 1.088106

频繁项集 frozenset({'UP_index#0.0', 'hyperuricemia#0.0', 'HBP#1.0'}), 支持度 0.405870
frozenset({'UP_index#0.0', 'HBP#1.0'}) -> frozenset({'hyperuricemia#0.0'}), 置信度 0.928241 提升度 1.010024

频繁项集 frozenset({'hyperuricemia#0.0', 'UP_index#2.0', 'HBP#1.0'}), 支持度 0.125506
frozenset({'hyperuricemia#0.0', 'UP_index#2.0'}) -> frozenset({'HBP#1.0'}), 置信度 0.810458 提升度 1.061979

频繁项集 frozenset({'stage#0.0', 'hyperuricemia#0.0', 'HBP#1.0'}), 支持度 0.220648
frozenset({'stage#0.0', 'HBP#1.0'}) -> frozenset({'hyperuricemia#0.0'}), 置信度 0.986425 提升度 1.073335

频繁项集 frozenset({'stage#1.0', 'hyperuricemia#0.0', 'HBP#1.0'}), 支持度 0.272267
frozenset({'stage#1.0', 'HBP#1.0'}) -> frozenset({'hyperuricemia#0.0'}), 置信度 0.953901 提升度 1.037945

频繁项集 frozenset({'stage#0.0', 'hyperuricemia#0.0', 'UP_index#0.0'}), 支持度 0.206478
frozenset({'stage#0.0', 'UP_index#0.0'}) -> frozenset({'hyperuricemia#0.0'}), 置信度 0.995122 提升度 1.082798

频繁项集 frozenset({'stage#1.0', 'hyperuricemia#0.0', 'UP_index#0.0'}), 支持度 0.215587
frozenset({'stage#1.0', 'UP_index#0.0'}) -> frozenset({'hyperuricemia#0.0'}), 置信度 0.963801 提升度 1.048717

频繁项集 frozenset({'stage#0.0', 'UP_index#0.0', 'hyperuricemia#0.0', 'HBP#1.0'}), 支持度 0.134615
frozenset({'stage#0.0', 'UP_index#0.0', 'HBP#1.0'}) -> frozenset({'hyperuricemia#0.0'}), 置信度 0.992537 提升度 1.079986

频繁项集 frozenset({'stage#1.0', 'UP_index#0.0', 'hyperuricemia#0.0', 'HBP#1.0'}), 支持度 0.160931
frozenset({'stage#1.0', 'UP_index#0.0', 'HBP#1.0'}) -> frozenset({'hyperuricemia#0.0'}), 置信度 0.963636 提升度 1.048538
```

图 8.39　Apriori 关联分析

```
{('HBP#1.0', 'UP_index#0.0'): (('hyperuricemia#0.0',), 0.9282407407407407), ('UP_index#0.0', 'hyperuricemia#0.0'): (('HBP#1.0',), 0.71992818
67145422), ('hyperuricemia#0.0',): (('HBP#1.0',), 0.7522026431718062), ('HBP#1.0',): (('hyperuricemia#0.0',), 0.9058355437665783))}
('HBP#1.0', 'UP_index#0.0') -> ('hyperuricemia#0.0',) 置信度 0.928241
('UP_index#0.0', 'hyperuricemia#0.0') -> ('HBP#1.0',) 置信度 0.719928
('hyperuricemia#0.0',) -> ('HBP#1.0',) 置信度 0.752203
('HBP#1.0',) -> ('hyperuricemia#0.0',) 置信度 0.905836
```

图 8.40　FP-Growth 关联分析(部分)

8.10　慢性肾脏病回归分析

调用线性回归模型,可以从结果得知 Scr、HBP、diabetes、hyperuricemia、UAS、UP_index、URC_HP 呈正相关,而 eGFR、ACR 呈负相关,如图 8.41 所示。

```
from sklearn.linear_model import LinearRegression
# 构建线性回归模型
model = LinearRegression()
X = np.array(data[['Scr', 'eGFR','HBP', 'diabetes', 'hyperuricemia', 'UAS', 'UP_index', 'ACR',
'URC_HP']]).tolist()
Y = list(data['stage'])
model.fit(X, Y)
print(pd.DataFrame(model.coef_,index = ['Scr', 'eGFR','HBP', 'diabetes', 'hyperuricemia', 'UAS',
'UP_index', 'ACR','URC_HP']))
```

从图 8.42 的结果中,观察 coef、t、P>|t|这三列,coef 就是所谓的回归常数,而 t、P>|t|这两列是等价的,选择其中一个使用即可。Prob(F-statistic)这个值就是常用的 P 值,其接近 0 说明线性回归是显著的,也就是 y 与 x1、x2、x3、x4 有着显著的线性关系,这里是 y 与整体 x 有显著的线性关系,而不是 y 与每个自变量都有显著的线性关系。t 检验可以使用图中 P>|t|这一列来判别,确定一个阈值,通常是 0.05、0.02、0.01,这里使用 0.05。将大于 0.05 的自变量剔除,这就是与 y 关系不显著的变量。每次剔除只能剔除一个,往往是剔除 P 最大的自变

	0
Scr	0.000820
eGFR	-0.032383
HBP	0.035018
diabetes	0.010515
hyperuricemia	0.064216
UAS	0.133939
UP_index	0.013867
ACR	-0.040504
URC_HP	0.000681

图 8.41　线性回归结果

慢性肾脏病状态预测

量,直到所有 P 值都小于阈值。剩下的自变量就是所需要的。这里观察图 8.42 应该剔除
x6 变量,它和 y 的线性关系不显著,所以舍去。然后使用 x1、x2、x3、x4、x5、x7、x8、x9 继续上
述建模流程。最后的结果如图 8.43 所示,剩余变量为'Scr'、'eGFR'、'HBP'、'hyperuricemia'和
'UP_index'。

```python
import numpy as np
import pandas as pd
import statsmodels.api as sm
x = np.array(data[['Scr', 'eGFR','HBP', 'diabetes', 'hyperuricemia', 'UAS', 'UP_index', 'ACR',
'URC_HP']]).tolist()
y = list(data['stage'])
model = sm.OLS(y, x)          # 生成模型
result = model.fit()         # 模型拟合
result.summary()             # 模型描述
```

Dep. Variable:		y	R-squared (uncentered):		0.750
Model:		OLS	Adj. R-squared (uncentered):		0.748
Method:		Least Squares	F-statistic:		326.1
Date:		Sat, 01 Apr 2023	Prob (F-statistic):		2.23e-287
Time:		16:16:16	Log-Likelihood:		-1170.0
No. Observations:		988	AIC:		2358.
Df Residuals:		979	BIC:		2402.
Df Model:		9			
Covariance Type:		nonrobust			

	coef	std err	t	P>|t|	[0.025	0.975]
x1	0.0043	0.000	21.984	0.000	0.004	0.005
x2	-0.0023	0.001	-3.504	0.000	-0.004	-0.001
x3	0.6435	0.057	11.373	0.000	0.532	0.755
x4	0.0825	0.052	1.579	0.115	-0.020	0.185
x5	0.4096	0.102	4.035	0.000	0.210	0.609
x6	-0.0150	0.126	-0.120	0.905	-0.262	0.231
x7	0.0385	0.024	1.610	0.108	-0.008	0.085
x8	0.0689	0.043	1.588	0.113	-0.016	0.154
x9	0.0017	0.002	0.763	0.446	-0.003	0.006

Omnibus:	10.593	Durbin-Watson:	1.958
Prob(Omnibus):	0.005	Jarque-Bera (JB):	16.141
Skew:	-0.004	Prob(JB):	0.000313
Kurtosis:	3.626	Cond. No.	1.08e+03

图 8.42   回归模型各项参数

Ridge 回归、LASSO 回归、ElasticNet 回归都是常用的线性回归模型,它们可以用来解
决多重共线性问题。不同回归模型的性能如图 8.44 所示。

```python
model = LinearRegression()
model = Ridge(alpha = 0.69, normalize = True)
model = Lasso()
model = ElasticNet(random_state = 0, l1_ratio = 0.5, alpha = 0.001)
```

可以从图 8.44 中发现 LASSO 模型的性能较优,它的 r2_score 取得了几个模型中的最

图 8.43　剔除无关变量后的模型参数

	model	模型默认评分	r2_score	explained_variance_score	mean_absolute_error	mean_squared_error	intercept_
0	LR	0.723081	0.723081	0.723089	0.339361	0.327604	1.519102
1	Ridge	0.800956	0.800956	0.800999	0.391057	0.235475	2.134557
2	LASSO	0.869782	0.869782	0.870384	0.311654	0.154052	2.111548
3	ElasticNet	0.850554	0.850554	0.850929	0.318797	0.176799	0.735538

图 8.44　不同回归模型的性能

大值,从整体上看 4 个模型的 r2_score 分数都比较高,这就说明回归模型的预测效果较好,即 stage 与'Scr'、'eGFR'、'HBP'、'hyperuricemia'、'UP_index'之间的关系紧密。

思　考　题

1. 如何分析变量之间的相关性?
2. 如何对分类算法的参数进行优化?
3. 聚类算法的类别如何确定?
4. 如何对离散后的数据进行编码?
5. 自变量之间的相关性对回归分析有什么影响?

慢性肾脏病状态预测

第9章 行车记录仪销量分析

行车记录仪是一种智能交通工具,它可以记录车辆行驶途中的影像和声音等信息,如车辆行驶的速度、行驶的路线、行驶的时间、行驶的距离等,并可以将这些信息传输给相关的服务器,以便进行分析和跟踪。随着社会的发展,行车记录仪的销量也随之增长。本章将对行车记录仪的销量进行分析,以了解行车记录仪在汽车行业的发展情况,并探讨其市场前景。

9.1 业务背景分析

随着社会经济的快速发展,汽车租赁、网约车、二手车、新能源汽车市场的快速发展,交通环境日益复杂,行车记录仪作为维护自身权益、处理交通纠纷的重要工具,它的重要性显而易见。2018 年我国行车记录仪行业规模约 350 亿元,2019 年约 439 亿元,2020 年约 559 亿元,2021 年约 679 亿元,2022 年约 802 亿元。未来随着汽车数量的大量增加,以及消费者的生活水平不断提高,行车记录仪的市场还会进一步扩大,产品功能也会越来越丰富。在这样的背景下,对行车记录仪销量进行分析,可以帮助分析市场消费者对行车记录仪的需求情况,从而更好地调整行车记录仪的产品结构,满足消费者的需求;可以帮助分析行车记录仪的服务质量,从而更好地提高行车记录仪的服务质量,以提高消费者的满意度;还可以帮助分析行车记录仪的市场价格,从而更好地调整行车记录仪的价格,以满足消费者的需求。

9.2 数据说明

表 9.1 所示为行车记录仪的关键属性。

表 9.1 行车记录仪的关键属性

关键属性名	字段含义	选择理由
name	名称	产品名称由其他属性复合组成,包含商品的一些特征属性
price	价格	价格是行车记录仪的一种重要属性,影响商品的性价比,对商品销量具有直接影响
comment	评论数	评论数是数据集中衡量商品销量的特征
info	尺码	尺码是一个多值特征,包含行车记录仪的各种型号
brand	品牌	生产品牌是影响客户选择商品的一种重要属性,有很多用户只选择购买大厂的品牌
location	商品产地	商品产地只区分了是否来自中国,是一个粗粒度的划分,此项空值较多
operate_type	操作方式	触屏操作和按键操作影响着价格和用户体验

关键属性名	字 段 含 义	选 择 理 由
size	屏幕尺寸	商品基本属性的一部分
angle	拍摄角度	在一定限度内,拍摄的角度越大,拍摄的内容也就越多,功能也就越强
function	功能	包含商品的功能,与商品的销量紧密相关
resolution	分辨率	商品基本属性的一部分
install_type	安装方式	商品基本属性的一部分
weight	商品毛重	商品基本属性的一部分

9.3 数据预处理

行车记录仪数据采集完毕后无法直接使用,这是因为原数据中包含大量的冗余特征、噪声、默认值和错误数据需要处理,并不适合直接开展数据挖掘工作,所以需要进行一定的数据预处理工作。

9.3.1 数据清洗

数据清洗是一种数据处理技术,它涉及从原始收集的数据中清除或修复错误、模糊、缺失和重复的数据,并使其更加结构化,有意义。

1. 处理重复数据

这里对于数据集中的重复数据的定义有两种:一种是全部字段重复的数据,即所有的字段值都完全一样;另一种是品名字段相同,即品名相同但其他字段的取值并不完全相同。第一种情况说明数据存在冗余,所以将重复数据直接删除。第二种情况说明同一商品数据互相矛盾,所以也将其数据删除。

2. 删除异常值

这里异常值主要是指与行车记录仪无关的数据,通过观察发现数据集中有一些商品跟行车记录仪无关,这里将带有"行车记录""记录仪"和 TCL 这三个关键词的商品保留,删除无关数据,仅保留相关数据。

3. 处理缺失值

使用具有缺失值的数据进行数据分析会对训练后的模型造成严重影响,所以需要对缺失值进行处理。利用 MissingNo 库可以展示数据集中的缺失值的密度,快速了解数据的完整性。从图 9.1 可以看出样本数据中存在一定的缺失值。对于缺失值最简单的处理方式是将其删除,但是这样可能会丢失其隐藏的特征,进而影响预测结果,所以需要对不同特征分别进行分析。

从图 9.1 可以看出缺失值主要集中在商品产地、操作方式和拍摄角度。其中商品产地的缺失尤为严重。

商品产地中仅有 445 条非 null 数据。其中有 442 个值为中国,商品产地缺失值很多,并且非空值取值不均衡,所以此属性对于数据挖掘没有任何作用,因此直接将其删除。操作方式具有两个非空值,分别为"按键""触屏",操作方式的空值这里设置为其他。通过观察数据发现,当安装方式为"绑带式""专车专用式""其他"或者空值时,拍摄角度均为空值。这里将

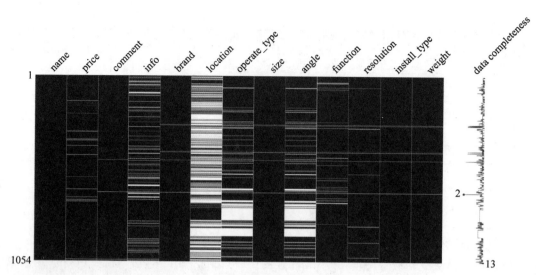

图 9.1 样本缺失值记录分布

拍摄角度空值使用 90 与 180 范围内取值的中位数进行填充。

```python
def judge(i):
    word_list = ['行车记录', '记录仪', 'TCL']
    special_list = [453, 489, 627, 1099, 1778]    #人工筛选
    for word in word_list:
        if word in data['品名'][i]:
            return False
    print(i, data['品名'][i])
    if i in special_list:
        return False
    return True
data['c'] = False
for i in range(len(data)):
    data['c'][i] = judge(i)
data = data[data['c'] == False]
data.reset_index(drop = True, inplace = True)
data = data.drop('c', axis = 1)

data = data.drop_duplicates()                    # 去重
data.reset_index(drop = True, inplace = True)
def get_count(i):
    count = 0
    for j in range(len(data)):
        if data['品名'][i] == data['品名'][j]:
            count += 1
    return count
data['id_count'] = np.NAN
for i in range(len(data)):
    data['id_count'][i] = get_count(i)
data = data[data['id_count'] == 1]
data = data.drop('id_count', axis = 1)
data.reset_index(drop = True, inplace = True)
data.info()
print(data['商品产地'].value_counts())
data = data.drop('商品产地', axis = 1)
```

```python
data = data.drop('尺码', axis = 1)
data.reset_index(drop = True, inplace = True)

def judge_null(i):
    if np.isnan(data['价格'][i]): # 价格为 NAN(空)
        print("data['价格'][{}] = [{}]".format(i, data['价格'][i]))
        return True
    if type(data['评论数'][i]) == float and np.isnan(data['评论数'][i]): # 评论数为 NAN
        print("data['评论数'][{}] = [{}]".format(i, data['评论数'][i]))
        return True
    data['评论数'][i] = data['评论数'][i].strip()

    if data['评论数'][i] != "" and data['评论数'][i][-1] == "+":
        data['评论数'][i] = data['评论数'][i][:-1]
    if data['评论数'][i] == "": # 评论数为""
        print("data['评论数'][{}] = [{}]".format(i, data['评论数'][i]))
        return True
    data['评论数'][i] = float(data['评论数'][i])

    if type(data['商品毛重'][i]) == float and np.isnan(data['商品毛重'][i]): # 商品毛重为 NAN
        print("data['商品毛重'][{}] = [{}]".format(i, data['商品毛重'][i]))
        return True
    data['商品毛重'][i] = data['商品毛重'][i].strip()
    if len(data['商品毛重'][i]) >= 2 and data['商品毛重'][i][-2:] == "kg":
        data['商品毛重'][i] = data['商品毛重'][i][:-2]
        data['商品毛重'][i] = float(data['商品毛重'][i]) * 1000
    elif len(data['商品毛重'][i]) >= 1 and data['商品毛重'][i][-1] == "g":
        data['商品毛重'][i] = data['商品毛重'][i][:-1]
        data['商品毛重'][i] = float(data['商品毛重'][i])
    if type(data['品牌'][i]) == float and np.isnan(data['品牌'][i]): # 品牌为 NAN
        print("data['品牌'][{}] = [{}]".format(i, data['品牌'][i]))
        return True

    if type(data['屏幕尺寸'][i]) == float and np.isnan(data['屏幕尺寸'][i]): # 屏幕尺寸为 NAN
        print("data['屏幕尺寸'][{}] = [{}]".format(i, data['屏幕尺寸'][i]))
        return True

    if type(data['安装方式'][i]) == float and np.isnan(data['安装方式'][i]): # 安装方式为 NAN
        print("data['安装方式'][{}] = [{}]".format(i, data['安装方式'][i]))
        return True

    if type(data['分辨率'][i]) == float and np.isnan(data['分辨率'][i]): # 分辨率为 NAN
        print("data['分辨率'][{}] = [{}]".format(i, data['分辨率'][i]))
        return True

    if type(data['操作方式'][i]) == float and np.isnan(data['操作方式'][i]):
        data['操作方式'][i] = "其他"
    if type(data['拍摄角度'][i]) == float and np.isnan(data['拍摄角度'][i]):
        data['拍摄角度'][i] = "120°-149°"
    return False
data['judge_null'] = False
for i in range(len(data)):
    data['judge_null'][i] = judge_null(i)
```

行车记录仪销量分析

```
data = data[data['judge_null'] == False]
data = data.drop('judge_null', axis = 1)
data.reset_index(drop = True, inplace = True)
data['评论数'] = data['评论数'].astype(float)
data['商品毛重'] = data['商品毛重'].astype(float)
print(data.info())
```

9.3.2　离散数据编码

部分数据是以中文字段或者特殊单位来表示的,为了方便进行模型训练,这里将其进行编码,需要编码的属性有分辨率、屏幕尺寸、拍摄角度、品牌、操作方式、安装方式。

其中,分辨率、屏幕尺寸、拍摄角度属性是有序的,取值代表不同范围,可以根据参数值进行排序,所以在这里使用序列编码来实现。安装方式和操作方式这两个属性的取值只有较少的几个类别,且不同类别并没有序列大小关系,所以这里使用独热编码。品牌的取值有很多种类别,使用独热编码会出现维度过大的情况,这里的处理思路是计算每个品牌的所有商品的评论数均值,然后对品牌进行排序,将位置相邻的多个品牌划分到同一个组别中,进而将百种类别分为几组。并且在此基础上使用序列编码,从而评论数较大的组可以使用较大的序列值。

表 9.2～表 9.6 分别为分辨率编码、屏幕尺寸编码、拍摄角度编码、操作方式编码和安装方式编码。

表 9.2　分辨率编码

分 辨 率	编 码	分 辨 率	编 码
480p	0	1296p	3
720p	1	1440p	4
1080p	2	2000p 及以上	5

表 9.3　屏幕尺寸编码

屏 幕 尺 寸	编 码	屏 幕 尺 寸	编 码
无	0	4.3 英寸以下	5
2.0 英寸	1	4.3 英寸	6
2.4 英寸	2	5 英寸	7
2.7 英寸	3	7 英寸	8
3.0 英寸	4	8 英寸及以上	9

表 9.4　拍摄角度编码

拍 摄 角 度	编 码	拍 摄 角 度	编 码
90°～119°	0	150°～169°	2
130°～149°	1	170°以上	3

表 9.5　操作方式编码

操 作 方 式	编 码
按键	100
触屏	010
其他	001

表 9.6　安装方式编码

安 装 方 式	编　　码	安 装 方 式	编　　码
通用单镜头	10000000	绑带式	00001000
通用双镜头	01000000	专车专用单镜头	00000100
专车专用双镜头	00100000	专车专用式	00000010
360°全景	00010000	其他	00000001

```python
# 将功能拆分为多列
total_func_set = set()
for func_str in data['功能'].unique():
    if type(func_str) == float and np.isnan(func_str):
        continue
    func_list = func_str.split(",")
    total_func_set = total_func_set | set(func_list)
total_func_list = list(total_func_set)
print(total_func_list)
print(len(total_func_list))

for func in total_func_list:
    data[func] = 0
for i in range(len(data)):
    if type(data['功能'][i]) == float and np.isnan(data['功能'][i]):
        continue
    for func in total_func_list:
        if func in data['功能'][i]:
            data[func][i] = 1            # 具有 func 这一子功能,就用 1 表示
data = data.drop('功能', axis=1)
print(data.info())
data2 = data.copy()
data2['分辨率'].unique()
data2['屏幕尺寸'].unique()
data2['拍摄角度'].unique()
resolution_dic = {
    '480P': 0,
    '720p': 1,
    '1080p': 2,
    '1296P': 3,
    '1440P': 4,
    '2000P 及以上': 5
}
data['分辨率'] = data['分辨率'].map(resolution_dic)
size_dic = {
    '无屏幕': 0,
    '2.0 英寸': 1,
    '2.4 英寸': 2,
    '2.7 英寸': 3,
    '3.0 英寸': 4,
    '4.3 英寸及以下': 5,
    '4.3 英寸': 6,
    '5 英寸': 7,
    '7 英寸': 8,
    '8 英寸及以上': 9
}
data['屏幕尺寸'] = data['屏幕尺寸'].map(size_dic)
```

行车记录仪销量分析

```python
angle_dic = {
    '90° - 119°': 0,
    '120° - 149°': 1,
    '150° - 169°': 2,
    '170°及以上': 3
}
data['拍摄角度'] = data['拍摄角度'].map(angle_dic)
# 独热编码: ['安装方式', '操作方式']
one_hot_encoder = OneHotEncoder()
it = one_hot_encoder.fit_transform(data['安装方式'])
for i in range(len(it.columns)):
    data['安装方式_col_{}'.format(i + 1)] = it['安装方式_{}'.format(i + 1)]
ot = one_hot_encoder.fit_transform(data['操作方式'])
for i in range(len(ot.columns)):
    data['操作方式_col_{}'.format(i + 1)] = ot['操作方式_{}'.format(i + 1)]
def cal_brand_avg_cn(brand):
    total = 0
    count = 0
    for i in range(len(data)):
        if data['品牌'][i] == brand:
            total += data['评论数'][i]
            count += 1
    if count == 0:
        return - 1
    return total / count
brand_list = data['品牌'].unique()
brand_avg_cn_list = []
for brand in brand_list:
    brand_avg_cn = cal_brand_avg_cn(brand)
    brand_avg_cn_list.append(brand_avg_cn)
brand_and_brand_avg_cn_list = [(brand_list[i], brand_avg_cn_list[i]) for i in range(len(brand_list))]
brand_and_brand_avg_cn_list.sort(key = lambda x:x[1], reverse = True)
def getlabel(i, n):
    for j in range(8):
        if i < (j + 1) * n / 8:
            return j # label
    return - 2
b_dic = {}
brand_n = len(brand_list)
for i in range(brand_n):
    label = getlabel(i, brand_n)
    brand = brand_and_brand_avg_cn_list[i][0]
    b_dic[brand] = label
# 序列编码: 对'品牌'分组进行编码
data['品牌'] = data['品牌'].map(b_dic)
data.info()
```

9.3.3 数据离散化

数据中部分属性为连续值,但是数据分布较为分散,在对其进行离散化处理后,有利于分析,并增强模型的健壮性,降低过拟合的风险。

通过观察数据集,发现价格、评论数、商品毛重数据具有分布分散的特点,取值范围较大,直接使用不利于后面对模型的训练和理解。离散化的方式是先使用对数函数对其进行数据范围压缩,通过对数变化可以使数据更集中,分布更均衡,如价格属性对数化之后如

图 9.2 所示。进行对数变换处理后,再使用基于 K-Means 算法的聚类离散法获得聚类中心值,使用 rolling_mean 函数平均移动,计算当前值和前两个数值的均值确定边界并切分数据,得到离散化后的新属性取值。评论数的离散化结果如图 9.3 所示。

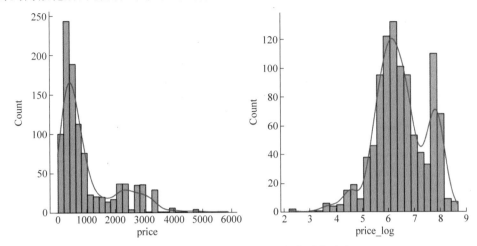

图 9.2　价格的数据分布和对数化后的分布

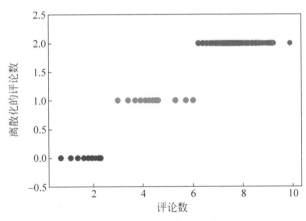

图 9.3　经过离散化的评论数

```
# 对数化
data['价格_log'] = np.log(data['价格'])
for i in range(len(data)):
    if data['评论数'][i] <= 0.90:
        data['评论数'][i] = 0.90          # 为了对数化
data['评论数_log'] = np.log(data['评论数'])
data['商品毛重_log'] = np.log(data['商品毛重'])
data.describe()
plt.figure(figsize = (6,3))
sns.displot(data['价格'], kde = True, height = 5)
plt.xlabel('price')
plt.show()
plt.figure(figsize = (6,3))
sns.displot(data['价格_log'], kde = True, height = 5)
plt.xlabel('price_log')
plt.show()
```

第
9
章

行车记录仪销量分析

```
# 离散化
def cluster_plot(d5, d, k):
    plt.rcParams['font.sans-serif'] = ['SimHei']
    plt.rcParams['axes.unicode_minus'] = False
    plt.figure(figsize = (6, 4))
    for j in range(0, k):
        plt.plot(d[d5 == j], [j for i in d5[d5 == j]], 'o')
    plt.ylim(-0.5, k - 0.5)
    return plt
def cluster(d, k):
    kmodel = KMeans(n_clusters = k)
    kmodel.fit(np.array(d).reshape(len(d),1))
    c = pd.DataFrame(kmodel.cluster_centers_, columns = list('a')).sort_values(by = 'a')
    w = c.rolling(2).mean().iloc[1:]
    w = [0] + list(w['a']) + [d.max()]
    d5 = pd.cut(d, w, labels = range(k))
    cluster_plot(d5, d, k).show()
    return(kmodel.predict(np.array(d).reshape(len(d),1)))
```

9.3.4 特征重要性评估

特征重要性筛选主要是去除对数据分析影响较小和无关的特征,这样有助于提高模型的迭代速度,增强模型的泛化能力,防止过拟合,有助于增加对特征和特征值之间的理解。通过 XGBoost 模型分析后,分析各个特征的重要性,得到特征选择中的特征评分如图 9.4 所示。从图 9.4 中可以发现前车碰撞语境、安装方式 8、价格_log、商品毛重_log(分别为 10、32、36、37)这 4 个属性的特征重要性占比很小,因此后续模型分析时将其剔除。安装方式 7 (专车专用)、循环录像和移动侦测的特征重要性分别为 0.276、0.097、0.083,它们为排在前三位的特征。

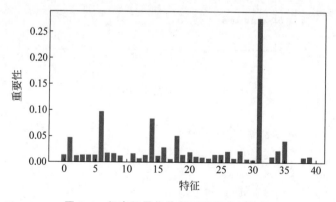

图 9.4　行车记录仪特征重要性分析结果

```
from sklearn.datasets import make_regression
from xgboost import XGBClassifier
from matplotlib import pyplot
model = XGBClassifier()
model.fit(X, y)
importance = model.feature_importances_
for i,j in enumerate(importance):
    print('Feature: %0d, Score: %.5f' % (i,j))
```

```
pyplot.bar([x for x in range(len(importance))], importance)
pyplot.show()
for i,j in enumerate(importance):
    if j < 0.005:
        print(i, j)
```

9.3.5 数据平衡

如果各个类别的样本数不均匀,就会出现数据不平衡问题,导致模型出现过拟合现象。所以这里需要处理数据均衡的问题,通常处理数据不平衡有两种方法:一种是基于采样,另一种是基于算法。比较常用的是 SMOTE 方法。

样本平衡应当在训练集上进行,因此在这里先对处理过的数据集进行分割,比例采取 8∶2。如图 9.5 所示,发现样本类别没有出现不平衡的情况,故不需要进行数据平衡处理。

```
from collections import Counter
print(Counter(y_train))

Counter({2: 386, 0: 222, 1: 201})
```

图 9.5　样本类别分布

9.4　行车记录仪销量分析

通过进行数据预处理,开始对行车记录仪销量进行分析。本案例使用逻辑回归、决策树、随机森林、XGBoost、支持向量机和神经网络进行行车记录仪销量分析。

交叉验证(Cross Validation)是在机器学习中,检验模型的泛化能力(Generalization)的常用方法,它的基本思想是将原始数据集分为训练数据集和测试数据集,然后在训练数据集上训练模型,最后在测试数据集上评估模型的性能。交叉验证的一般做法是,将原始训练集分为 K 份,每次取其中一份作为测试集,其他 $K-1$ 份作为训练集,重复 K 次,每次选取不同的测试集,最后求得 K 次评估结果的均值,从而得到模型的最终结果。下面是决策树使用交叉验证的代码。这里使用的是 5 折交叉验证,图 9.6 为使用 5 折交叉验证的结果。

```
from sklearn.model_selection import cross_val_score,StratifiedKFold
from sklearn.datasets import load_iris
from sklearn.linear_model import LogisticRegression

reg = DecisionTreeClassifier(criterion = "gini",random_state = 0,splitter = "random")
stratifiedkf = StratifiedKFold(n_splits = 5)

scores = cross_val_score(reg, X_train, y_train, cv = stratifiedkf)
print("Cross - validation scores: {}".format(scores))
print("Average Cross Validation score :{}".format(scores.mean()))
```

```
Cross-validation scores: [0.62676056 0.64084507 0.61971831 0.58865248 0.59574468]
Average Cross Validation score :0.6143442213565079
```

图 9.6　5 折交叉验证的结果

在 scikit-learn 库中,可以使用 GridSearchCV(网格搜索交叉验证调参)方法来对模型进行调参,这里以 XGBoost 模型为例进行讲解。

GridSearchCV 是一种用于确定最佳模型参数的超参数优化方法,它的搜索原理如下:
(1)网格搜索。GridSearchCV 首先将超参数空间定义为一组网格点,其中每个网格点

第 9 章

行车记录仪销量分析

都是超参数的一个不同组合。例如,对于支持向量机模型,可能会定义一个网格点集合,包含不同的 C 和 Gamma 值。

(2) 交叉验证。对于每个网格点,GridSearchCV 使用交叉验证来估计模型的性能。在交叉验证过程中,数据集被分成 K 个子集,每个子集轮流作为测试集,其余子集作为训练集。GridSearchCV 使用 K 次交叉验证的平均分数来评估每个超参数组合的性能。

(3) 选择最佳超参数组合。GridSearchCV 根据性能评分选择最佳的超参数组合。这通常是具有最高交叉验证得分的组合,但是也可以根据其他标准进行选择。

总之,GridSearchCV 通过系统地测试不同的超参数组合来找到最佳模型参数,以获得最佳的性能评估。

在 GridSearchCV 中,主要使用的参数如下。

- estimator:表示需要调优的模型。
- param_grid:字典类型变量,主要存储的是需要尝试的参数,每个参数中尝试的值组成一个列表,不同的列表构成一个字典。
- n_jobs:int 类型,表示并行运行的作业数,−1 表示使用所有的处理器。可以认为此参数控制使用 CPU 的核数。
- cv:int 类型,表示要交叉验证拆分的数量,即 K-Fold 的数量。

一般的调参顺序是,每次调一个或者两个超参数,然后将所找到的最优超参数代入模型中继续调余下的参数。以 XGBoost 来说,需要调参的顺序和排列组合如下。

最佳迭代次数(树模型的个数):

(1) n_estimators

(2) min_child_weight 和 max_depth

(3) gamma

(4) subsample 和 colsample_bytree

(5) reg_alpha 和 reg_lambda

(6) learning_rate

下面以 min_child_weight 和 max_depth 这步调参为例进行演示。代码如下,结果如图 9.7 所示。从结果可以看出,GridSearchCV 确定了最佳的 max_depth 为 3,最佳的 min_child_weight 为 3,使用这两个参数的模型最佳得分为 0.70,取得了所需的结果。

```
gsearch1.best_params_ {'max_depth': 2, 'min_child_weight': 2}
gsearch1.best_score_  -0.7065198102348038
```

图 9.7　GridSearchCV 调参结果

GridSearchCV 是 XGBoost 模型最常用的调参方法,在调参时要注意调参顺序,并且要有效设置参数的变化范围,提高效率。受限于暴力搜索的设计逻辑,GridSearchCV 并不适用于数据量大和超参数数量多的场景。当数据量大时,可以考虑坐标下降方法;当所调超参数数量多时,可以考虑使用随机搜索 RandomizedSearchCV 方法。

```
from xgboost import XGBRegressor
xgb = XGBRegressor(learning_rate = 0.1,
                   n_estimators = 150,
                   max_depth = 5,
                   min_child_weight = 1,
```

```
                          gamma = 0,
                          subsample = 0.8,
                          colsample_bytree = 0.8,
                          objective = 'reg:squarederror',
                          reg_alpha = 0,
                          reg_lambda = 1,
                          nthread = 4,
                          scale_pos_weight = 1,
                          seed = 27)
from sklearn.model_selection import GridSearchCV
# Need to research
# research_one: n_epoch
# research_one: max_depth
param_test1 = {
    'min_child_weight': [1, 2, 3],
    'max_depth':[2, 3, 4, 5, 6, 7]
    }

xgb_res = GridSearchCV(estimator = xgb,
                        param_grid = param_test1,
                        n_jobs = 4,
                        cv = 5)

xgb_res.fit(X_train, y_train)
print('max_depth_min_child_weight')
print('gsearch1.grid_scores_ ', xgb_res.cv_results_)
print('gsearch1.best_params_ ', xgb_res.best_params_)
print('gsearch1.best_score_ ', xgb_res.best_score_)
```

下面以随机森林算法为例讲述调参的过程。这里使用的调参算法为格搜索。格搜索调参是一种用于调整机器学习模型参数的方法。它搜索空间,试图找到最优参数组合,从而提高模型的性能。在随机森林模型中,格搜索调参是通过将模型中的参数设置为固定值,然后评估模型的表现来完成的。参数可以是内部参数,如决策树的最大深度,也可以是外部参数,如决策树的数量。

```
# 格搜索
rf = RandomForestClassifier(random_state = 0, bootstrap = False, criterion = "entropy")

param_dist = {
    "bootstrap": [True, False],
    'n_estimators': [200, 500, 1000]
}

n_iter_search = 20
rf_rs = RandomizedSearchCV(rf, param_distributions = param_dist,
                            n_iter = n_iter_search, cv = 5, n_jobs = -1)
rf_rs.fit(X_train, y_train)
rf = rf_rs.best_estimator_
model = rf

print("参数:")
print(model.get_params())

print("训练集:")
```

行车记录仪销量分析

```
    get_score(X_train, y_train)
    print("测试集:")
    add_score(X_test, y_test, "RF")
```

进行参数优化时,也可以使用 Hyperopt 库实现随机森林参数的优化。

```
def hyperopt_train_test(params):
    X_ = X[:]
    if 'normalize' in params:
        if params['normalize'] == 1:
            X_ = normalize(X_)
            del params['normalize']

    if 'scale' in params:
        if params['scale'] == 1:
            X_ = scale(X_)
            del params['scale']
    clf = RandomForestClassifier( ** params)
    return cross_val_score(clf, X, y).mean()
space4rf = {
    'max_depth': hp.choice('max_depth', range(5,30)),
    'max_features': hp.choice('max_features', range(1,50)),
    'n_estimators': hp.choice('n_estimators', range(50,200)),
    'criterion':hp.choice('criterion',["gini","entropy"]),
    'min_samples_split':hp.choice('min_samples_split',range(2,20)),
    'min_samples_leaf':hp.choice('min_samples_leaf',range(1,20))
}

best = 0
def f(params):
    global best
    acc = hyperopt_train_test(params)
    if acc > best:
        best = acc
        print ('new best:', best, params)
    return {'loss': - acc, 'status': STATUS_OK}

trials = Trials()
best = fmin(f, space4rf, algo = tpe.suggest, max_evals = 300, trials = trials)
```

通过 Trials 获取每一次调优的状态信息,再通过使用 Matplotlib 库就可以将参数的变化展示出来,如图 9.8 所示。

```
parameters = ['n_estimators', 'max_depth', 'max_features','min_samples_split', 'min_samples_
leaf','criterion']
f, axes = plt.subplots(nrows = 2, ncols = 3, figsize = (15,10))
cmap = plt.cm.jet
for i, val in enumerate(parameters):
    xs = np.array([t['misc']['vals'][val] for t in trials.trials]).ravel()
    ys = [ -t['result']['loss'] for t in trials.trials]
    xs, ys = zip( * sorted(zip(xs, ys)))
    ys = np.array(ys)

    axes[int(i/3),i % 3].scatter(xs, ys, s = 20, linewidth = 0.01, alpha = 0.5, c = cmap(float
(i)/len(parameters)))
    axes[int(i/3),i % 3].set_title(val)
```

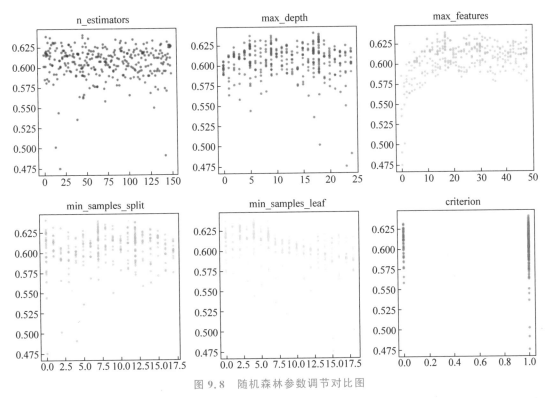

图 9.8 随机森林参数调节对比图

随机森林调参效果如图 9.9 所示,观察到在进行调参后,测试集的分数明显高于调参前。而训练集虽然分数有所下降,但不是说明模型效果变差,而是原模型出现过拟合现象导致的,反观测试集的 F1 分数明显提升,可以发现通过调参可以在一定限度上缓解过拟合现象,提升模型的泛化能力。

```
{'F1分数': 0.9938142225928629,          {'F1分数': 0.9876439436018191,
'roc_auc_score': 0.9999492179403616,    'roc_auc_score': 0.9994786620482614,
'准确率t/(t+f)': 0.9938195302843016,      '准确率t/(t+f)': 0.9876390605686032,
'召回率tp/(tp+fn)': 0.9938195302843016,   '召回率tp/(tp+fn)': 0.9876390605686032,
'模型默认评分': 0.9938195302843016,        '模型默认评分': 0.9876390605686032,
'精度tp/(tp+fp)': 0.9938135574272637}     '精度tp/(tp+fp)': 0.9876869888212136}
测试集:                                  测试集:
{'F1分数': 0.6703317653876926,          {'F1分数': 0.6963190571930756,
'roc_auc_score': 0.8480963559946711,    'roc_auc_score': 0.8614538709005567,
'准确率t/(t+f)': 0.6748768472906403,      '准确率t/(t+f)': 0.6995073891625616,
'召回率tp/(tp+fn)': 0.6748768472906403,   '召回率tp/(tp+fn)': 0.6995073891625616,
'模型默认评分': 0.6748768472906403,        '模型默认评分': 0.6995073891625616,
'精度tp/(tp+fp)': 0.6778896687349542}     '精度tp/(tp+fp)': 0.7067091273987826}
```

图 9.9　左侧为调参前的性能,右侧为调参后的性能

决策树需要调节的参数有 max_depth、max_features 和 min_samples_split,也可以使用可视化的方法来选取最佳参数,效果如图 9.10 所示。

各模型调参后的参数结果如下:

```
model = DecisionTreeClassifier(max_depth = 13, min_samples_leaf = 1, min_samples_split = 13,
                               criterion = "gini", random_state = 0, splitter = "random")
model = RandomForestClassifier(criterion = "entropy", n_estimators = 200, bootstrap = 'true',
                               random_state = 0, max_depth = 14, min_samples_leaf = 1, min_
samples_split = 2)
```

行车记录仪销量分析

```
model = XGBClassifier(learning_rate = 0.83, random_state = 27, n_estimators = 34, subsample = 1)
stratifiedkf = StratifiedKFold(n_splits = 5)
model = svm.SVC(C = 1.9, kernel = 'rbf', decision_function_shape = 'ovr', gamma = 0.04,
probability = True)
stratifiedkf = StratifiedKFold(n_splits = 5)
model = MLPClassifier(random_state = 0, learning_rate = 'adaptive', learning_rate_init = 0.02,
max_iter = 55, early_stopping = False, hidden_layer_sizes = (50,20,10), alpha = 0.1)
model = LogisticRegressionCV(multi_class = "ovr", fit_intercept = True, cv = 10, penalty =
"l2", tol = 0.01, max_iter = 800)
```

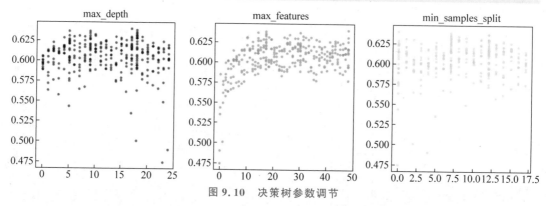

图 9.10　决策树参数调节

从实验结果分析，XGBoost 准确度最高，其次是 CART 决策树和随机森林。各模型调参后的各项性能如图 9.11 所示，从上到下依次为 CART 树、随机森林、XGBoost、支持向量机、神经网络以及逻辑回归。XGBoost 算法泛化能力强，非常适合行车记录仪分析的业务特点，同时实现简单，有利于应用到实际生产中，在行车记录仪销量分析中可以取得较好的结果。图 9.12 是图 9.11 对应的模型性能对比图。

	model	模型默认评分	准确率t/(t+f)	精度tp/(tp+fp)	召回率tp/(tp+fn)	F1分数	roc_auc_score
0	CART	0.699507	0.699507	0.717043	0.699507	0.697772	0.801902
1	RF	0.699507	0.699507	0.706709	0.699507	0.696319	0.861454
2	XGB	0.714286	0.714286	0.720393	0.714286	0.710503	0.862673
3	SVM	0.679803	0.679803	0.702894	0.679803	0.673365	0.823868
4	MLP	0.689655	0.689655	0.710247	0.689655	0.689171	0.829153
5	LR	0.645320	0.645320	0.660383	0.645320	0.638784	0.804138

图 9.11　各模型性能指标

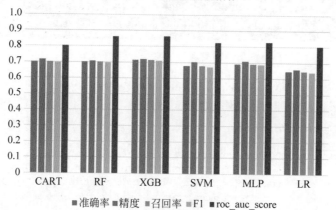

图 9.12　模型性能柱状图

本案例主要介绍了行车记录仪销量分析,首先对采集到的行车记录仪数据进行数据分析和清洗,对重复数据、缺失值和异常值进行清理。然后使用多种算法对行车记录仪销量进行分析,最后通过比较确定 XGBoost 是最适合行车记录仪销量分析的算法。

9.5　行车记录仪聚类分析

聚类分析的作用是将一组数据或者对象按照其相似性进行聚合和分组,形成几个类别。聚类分析具有很好的应用价值,可以用来挖掘数据中隐藏的知识和规律,挖掘客户消费行为,帮助企业分类客户,制定相应的营销策略,提高客户满意度。它可以作为对数据挖掘和机器学习技术的重要补充,用于便捷地发现具有共同特征的特定群体。这里使用 K-Means 和 DBSCAN 算法来对行车记录仪进行聚类分析。

K-Means 算法是一种无监督的聚类算法,它是一种迭代计算的方法,把 n 个数据点分成 k 个聚类。

在 K-Means 算法的第一步,随机地选择 k 个初始聚类中心,然后将给定的 n 个数据点分配到 k 个聚类中心,每个数据点距离最近的聚类中心会分配到这个聚类中。

在 K-Means 算法的第二步,计算每个聚类的平均值,然后以这个平均值为新的聚类中心,重新分配数据点到 k 个聚类。

K-Means 算法的迭代过程会一直持续到最终结果与初始聚类中心的偏差变小或者达到最大迭代次数为止,最后得到的 k 个聚类结果就是最终的聚类结果。

这里使用轮廓系数来确定最佳 k 值,K-Means 轮廓系数如图 9.13 所示,可以发现 k 取 3 时为最大值,所以这里 k 取 3。可视化聚类结果如图 9.14 所示,可以观察到数据能够形成较好的聚类结果。

```
# 轮廓系数
scores = []
for k in range(2,10):
    kmeans = KMeans(n_clusters = k).fit(data)
    score = silhouette_score(data,kmeans.labels_)
    scores.append(score)
plt.plot(list(range(2,10)),scores)
```

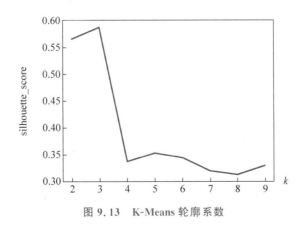

图 9.13　K-Means 轮廓系数

行车记录仪销量分析

```
kmeans = KMeans(n_clusters = 3).fit(data)
data['cluster_km'] = kmeans.labels_
data.sort_values('cluster_km')

# PCA 降维
transfer = PCA(n_components = 2)
data_PCA = transfer.fit_transform(data)
data_df = pd.DataFrame(data_PCA)

colors = np.array(['red','yellow','green','blue'])
scatter_matrix(data_df,s = 100,alpha = 1,c = colors[kmeans.labels_],figsize = (5,5))
plt.suptitle('cluster_km')
plt.show()
```

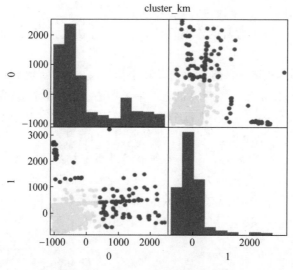

图 9.14　K-Means 聚类可视化结果

DBSCAN(Density-Based Spatial Clustering of Applications with Noise)是一种密度聚类算法，它可以将数据点划分为若干类别，同时也能够检测出离群点(噪声)。

该算法基于两个重要参数：半径参数(Eps)和密度参数(MinPts)。其中，Eps 指定了聚类的半径范围，MinPts 指定了一个区域内的最小点数。

DBSCAN 算法可以发现任意形状的簇，而且相对于 K-Means 算法，DBSCAN 算法不需要预先指定簇的数量。另外，由于该算法可以发现噪声点，因此它在异常检测方面也有着广泛的应用。

在使用聚类算法之前，使用肘形法来确定合适的 Eps 级别。从图 9.15 来看合适的 Eps 值在 250 附近。

```
from sklearn.neighbors import NearestNeighbors
plt.figure(figsize = (10,5))
nn = NearestNeighbors(n_neighbors = 5).fit(data_df)
distances, idx = nn.kneighbors(data_df)
distances = np.sort(distances, axis = 0)
distances = distances[:,1]
plt.plot(distances)
plt.show()
```

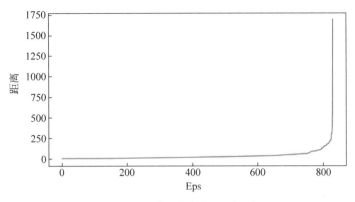

图 9.15　肘形法确定 Eps 级别

最终使用 eps＝270、min_samples＝4 来进行聚类,可视化结果如图 9.16 所示。

```
db = DBSCAN(eps = 270, min_samples = 4).fit(data_df)
data['cluster_db'] = db.labels_
data.sort_values('cluster_db')


n_clusters_ = len(set(db.labels_))
print(n_clusters_)
colors = np.array(['red','yellow','green','blue','pink','purple','orange','bisque','slategrey',
'darkblue','fuchsia','yellowgreen'])
scatter_matrix(data_df,s = 100,alpha = 1,c = colors[db.labels_],figsize = (5,5))


plt.suptitle('cluster_db')
plt.show()
```

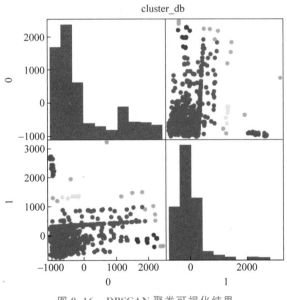

图 9.16　DBSCAN 聚类可视化结果

这里以 K-Means 聚类展开讨论,通过观察聚类后的数据发现第 1 组价格较高,属于高端产品,第 0 组和第 2 组属于相对便宜的产品;第 0 组的评论最多,其次为第 1 组;屏幕尺寸方面,第0组以小屏幕为主,而第1组则是大屏;第0组的拍摄角度比其他的都要广,如图9.17所示从功能上看,第2组功能种类较少,第0组只拥有一部分功能,而第1组则拥有大部分功能,如图9.18所示。从安装方式来看,主要影响分类的是安装方式7(专车专用式),如图9.19所示。

cluster_km	价格	评论数	品牌	屏幕尺寸	拍摄角度	分辨率	商品毛重
0	538.827179	230.636752	2.868376	3.923077	2.082051	2.165812	582.618803
1	2509.858447	165.051142	3.835616	7.840183	1.410959	2.105023	584.452055
2	444.206897	67.751724	4.517241	6.068966	1.379310	1.965517	2791.379310

图 9.17　K-Means 聚类中各组价格、评论数等数据

电子狗	移动侦测	流动测速	倒车影像	GPS	夜视加强	循环录像	上网	轨道偏离预警	WIFI	碰撞感应	语音交互	胎压监测	停车监控	智能导航	前后双录
0.247863	0.044444	0.013675	0.292308	0.179487	0.659829	0.058120	0.102564	0.105983	0.223932	0.047863	0.123077	0.015385	0.505983	0.147009	0.333333
0.771689	0.694064	0.694064	0.789954	0.780822	0.913242	0.712329	0.744292	0.356164	0.789954	0.680365	0.767123	0.415525	0.817352	0.794521	0.794521
0.000000	0.000000	0.000000	0.827586	0.000000	0.931034	0.000000	0.000000	0.034483	0.000000	0.000000	0.000000	0.000000	0.793103	0.000000	0.862069

图 9.18　K-Means 聚类中各组功能数据

安装方式_col_1	安装方式_col_2	安装方式_col_3	安装方式_col_4	安装方式_col_5	安装方式_col_6	安装方式_col_7	安装方式_col_8
0.355556	0.369231	0.117949	0.018803	0.052991	0.064957	0.015385	0.005128
0.091324	0.050228	0.091324	0.013699	0.000000	0.027397	0.726027	0.000000
0.000000	0.758621	0.103448	0.137931	0.000000	0.000000	0.000000	0.000000

图 9.19　K-Means 聚类中各组安装方式数据

9.6　行车记录仪关联分析

关联分析是一种挖掘大数据中相关关系的数据挖掘方法,其目的是找出表中变量之间的相互关系及其影响程度,主要用来发现隐藏在大数据中的关联关系。关联分析通过模式发现、关联规则发现和关联模式挖掘等方法自动挖掘关联规则或模式,并举出大量的关联规则,有助于了解客户的行为、交易习惯以及购买关系等信息。这里选择 Apriori 和 FP-Growth 算法来进行关联分析。

Apriori 算法是一种非常流行的关联规则挖掘算法,它是一种贪心算法,迭代地寻找频繁项集。它的主要思想是:首先通过扫描数据库找出所有频繁项集,然后基于这些频繁项集来构建关联规则。Apriori 算法可以用来发现数据集中隐藏的关联关系,例如购物篮分析等。这里使用 apyori 库中的 apriori 函数来调用 Apriori 关联算法,设置最小支持度为0.35,最小置信度为0.8,最小提升度为2。部分结果如图9.20所示,比如可以发现功能智能导航和流动测速与拍摄角度#2有一定的关联性。

```
from apyori import apriori
associate = apriori(data, min_support = 0.35, min_confidence = 0.8, min_lift = 2)
from apyori import apriori

list1 = data.values.tolist()
list2 = []
for item in list1:
    temp = get_tp(item)
    list2.append(temp)
associate = apriori(list2, min_support = 0.25, min_confidence = 0.8, min_lift = 2)
for rule in associate:
    print("频繁项集 %s,支持度 %f" % (rule.items, rule.support))
    for item in rule.ordered_statistics:
        print("%s -> %s, 置信度 %f 提升度 %f" % (item.items_base, item.items_add,
item.confidence, item.lift))
    print()
```

```
频繁项集 frozenset({'流动测速', '智能导航', '商品毛重'}),支持度 0.303360
frozenset({'商品毛重'}) -> frozenset({'智能导航', '流动测速'}), 置信度 0.841096 提升度 2.122666
frozenset({'智能导航', '商品毛重'}) -> frozenset({'流动测速'}), 置信度 0.950464 提升度 2.273924
frozenset({'流动测速', '商品毛重'}) -> frozenset({'智能导航'}), 置信度 0.974603 提升度 2.148798

频繁项集 frozenset({'拍摄角度#2', '智能导航', '流动测速'}),支持度 0.361660
frozenset({'流动测速'}) -> frozenset({'拍摄角度#2', '智能导航'}), 置信度 0.865248 提升度 2.104883
frozenset({'拍摄角度#2', '智能导航'}) -> frozenset({'流动测速'}), 置信度 0.879808 提升度 2.104883
frozenset({'拍摄角度#2', '流动测速'}) -> frozenset({'智能导航'}), 置信度 0.948187 提升度 2.090555

频繁项集 frozenset({'胎压监测', '智能导航', '流动测速'}),支持度 0.356719
frozenset({'流动测速'}) -> frozenset({'胎压监测', '智能导航'}), 置信度 0.853428 提升度 2.220229
frozenset({'胎压监测', '智能导航'}) -> frozenset({'流动测速'}), 置信度 0.928021 提升度 2.220229
frozenset({'胎压监测', '流动测速'}) -> frozenset({'智能导航'}), 置信度 0.978320 提升度 2.156993

频繁项集 frozenset({'胎压监测', 'GPS', '智能导航', '流动测速'}),支持度 0.303360
frozenset({'GPS', '智能导航'}) -> frozenset({'胎压监测', '流动测速'}), 置信度 0.857542 提升度 2.351849
frozenset({'GPS', '流动测速'}) -> frozenset({'胎压监测', '智能导航'}), 置信度 0.905605 提升度 2.355969
frozenset({'胎压监测', '流动测速'}) -> frozenset({'GPS', '智能导航'}), 置信度 0.831978 提升度 2.351849
frozenset({'胎压监测', 'GPS', '智能导航'}) -> frozenset({'流动测速'}), 置信度 0.919162 提升度 2.199035
frozenset({'胎压监测', 'GPS', '流动测速'}) -> frozenset({'智能导航'}), 置信度 0.977707 提升度 2.155642

频繁项集 frozenset({'胎压监测', '拍摄角度#2', '智能导航', '流动测速'}),支持度 0.333992
frozenset({'拍摄角度#2', '智能导航'}) -> frozenset({'胎压监测', '流动测速'}), 置信度 0.812500 提升度 2.228320
frozenset({'拍摄角度#2', '流动测速'}) -> frozenset({'胎压监测', '智能导航'}), 置信度 0.875648 提升度 2.278035
frozenset({'胎压监测', '智能导航'}) -> frozenset({'拍摄角度#2', '流动测速'}), 置信度 0.868895 提升度 2.278035
frozenset({'胎压监测', '流动测速'}) -> frozenset({'拍摄角度#2', '智能导航'}), 置信度 0.915989 提升度 2.228320
frozenset({'胎压监测', '拍摄角度#2', '智能导航'}) -> frozenset({'流动测速'}), 置信度 0.931129 提升度 2.227667
frozenset({'胎压监测', '拍摄角度#2', '流动测速'}) -> frozenset({'智能导航'}), 置信度 0.979710 提升度 2.160058
```

图 9.20　Apriori 算法

FP-Growth 算法(Frequent Pattern Growth 算法)是一种用于搜索频繁项集和关联规则的快速算法。它采用贪心策略,以一种基于构建 FP 树的方式来发现大型数据集中的频繁项集。FP-Growth 算法不需要构建候选集,因此减少了多次扫描的步骤。

使用 FP-Growth 算法挖掘出的关联关系(部分)如图 9.21 所示。例如可以发现拍摄角度♯2 与 GPS 和胎压监测有一定的关联性。

```
patterns = pyfpgrowth.find_frequent_patterns(list2, 0.35 * 1012)
rules = pyfpgrowth.generate_association_rules(patterns, 0.6)
print(rules)
for i in rules:
    print("%s -> %s 置信度 %f" % (i, rules[i][0], rules[i][1]))
```

行车记录仪销量分析

```
('智能导航', '流动测速') -> ('拍摄角度#2',) 置信度 0.912718
('智能导航', '胎压监测') -> ('拍摄角度#2',) 置信度 0.933162
('流动测速', '胎压监测') -> ('智能导航',) 置信度 0.978320
('拍摄角度#2', '智能导航') -> ('胎压监测',) 置信度 0.872596
('拍摄角度#2', '流动测速') -> ('智能导航',) 置信度 0.948187
('屏幕尺寸#1',) -> ('拍摄角度#2',) 置信度 0.897196
('评论数#2',) -> ('拍摄角度#2',) 置信度 0.891455
('拍摄角度#2', '胎压监测') -> ('GPS',) 置信度 0.710173
('评论数#1',) -> ('拍摄角度#2',) 置信度 0.797386
('#2',) -> ('拍摄角度#2',) 置信度 0.869822
('GPS', '拍摄角度#2') -> ('评论数#0',) 置信度 0.660656
('GPS', '胎压监测') -> ('拍摄角度#2',) 置信度 0.887290
('拍摄角度#2',) -> ('GPS',) 置信度 0.710128
('GPS',) -> ('拍摄角度#2',) 置信度 0.851955
('GPS', '评论数#0') -> ('拍摄角度#2',) 置信度 0.872294
('拍摄角度#2', '评论数#0') -> ('GPS',) 置信度 0.751866
```

图 9.21　FP-Growth 算法

经过关联分析,可以发现产品具有功能智能导航、流动测速和胎压监测,一般的拍摄角度为 $150°\sim169°$。智能导航、停车监控、轨道偏离预警和流动测速经常一起出现,在设计产品时可以进行参考借鉴,也可以将一部分关联性强的属性组合宣传来增加销量。

9.7　行车记录仪回归分析

回归分析是一种统计学方法,用于确定两个变量之间的相关关系,以及其中一个变量对另一个变量的影响程度。它可以用于描述一个变量如何随另一个变量而变化,以及总体上是否存在显著的线性关系。回归分析还可以用于预测一个变量的变化,并为给定的输入变量找出最佳拟合曲线。通过以下代码调用线性回归模型,可以从结果得知屏幕尺寸和销量呈正相关,而价格、商品毛重、分辨率和销量呈负相关,如图 9.22 所示。

价格	-0.279564
屏幕尺寸	38.360026
商品毛重	-0.002236
分辨率	-2.215018

图 9.22　线性回归结果

```python
from sklearn.linear_model import LinearRegression
# 构建线性回归模型
model = LinearRegression()
X = np.array(data[['价格','屏幕尺寸','商品毛重','分辨率']]).tolist()
Y = list(data['评论数'])
model.fit(X, Y)
print(pd.DataFrame(model.coef_,index = ['价格','屏幕尺寸','商品毛重','分辨率']))
```

回归模型各项参数如图 9.23 所示。观察 coef、t、P>|t| 这三列,coef 就是所谓的回归常数。而 t、P>|t| 这两列是等价的,选择其中一个使用即可。Prob(F-statistic) 这个值就是常用的 P 值,其接近 0 说明线性回归是显著的,也就是 y 与 x1、x2、x3、x4 有着显著的线性关系,这里是 y 与整体 x 有显著的线性关系,而不是 y 与每个自变量都有显著的线性关系。t 检验可以使用图中 P>|t| 这一列来判别,这里确定一个阈值,通常是 0.05、0.02、0.01,这里使用 0.05。将大于 0.05 的自变量剔除,这就是与 y 关系不显著的变量。每次只能剔除一个,往往是剔除 P 最大的自变量,直到所有 P 值都小于阈值。剩下的自变量就是所需要的。这里观察图 9.23,应该剔除 x3 变量,它和 y 的线性关系不显著,所以舍去。然后使用 x1、x2、x4 继续上述建模流程。最后的结果如图 9.24 所示,剩下的自变量为价格、屏幕尺寸、分辨率。

```
import numpy as np
import pandas as pd
import statsmodels.api as sm
x = np.array(data[['价格','屏幕尺寸','商品毛重','分辨率']]).tolist()
y = list(data['评论数'])
model = sm.OLS(y, x)                    # 生成模型
result = model.fit()                    # 模型拟合
result.summary()                        # 模型描述
```

OLS Regression Results

Dep. Variable:	y	R-squared (uncentered):	0.244
Model:	OLS	Adj. R-squared (uncentered):	0.241
Method:	Least Squares	F-statistic:	80.16
Date:	Wed, 01 Mar 2023	Prob (F-statistic):	5.40e-59
Time:	16:13:17	Log-Likelihood:	-8392.2
No. Observations:	999	AIC:	1.679e+04
Df Residuals:	995	BIC:	1.681e+04
Df Model:	4		
Covariance Type:	nonrobust		

	coef	std err	t	P>|t|	[0.025	0.975]
x1	-0.2735	0.038	-7.284	0.000	-0.347	-0.200
x2	58.5795	9.836	5.956	0.000	39.279	77.880
x3	-0.0006	0.006	-0.108	0.914	-0.012	0.011
x4	247.0559	25.212	9.799	0.000	197.580	296.531

Omnibus:	661.306	Durbin-Watson:	1.202
Prob(Omnibus):	0.000	Jarque-Bera (JB):	6799.470
Skew:	3.006	Prob(JB):	0.00
Kurtosis:	14.279	Cond. No.	4.50e+03

图 9.23　回归模型各项参数

　　进行可视化,进一步观察销量与价格、屏幕尺寸、商品毛重以及分辨率之间的关系,结果如图 9.25～图 9.28 所示。发现价格在 1000 元以下,商品毛重在 1000g 以下,屏幕尺寸在 7 英寸以上,分辨率为 1080p 的情况下销量最好。

　　图 9.29 横坐标为价格,纵坐标为分辨率。图 9.30 横坐标为价格,纵坐标为屏幕尺寸。图 9.31 横坐标为分辨率,纵坐标为屏幕尺寸。其中左图表示销量较高,右图表示销量较低。从图 9.29 中可以发现,销量高的商品集中在分辨率 2(1080p)、价格 1000 元以下;从图 9.30 中发现价格小于 1000 元,屏幕尺寸在 7 英寸左右销量较好,价格的影响大于屏幕尺寸的影响。从图 9.31 中发现,分辨率在 2(1080p)以上销量较好,屏幕尺寸影响较小。综上所述,价格和分辨率对销量的影响较大,屏幕尺寸对销量的影响较小。

　　Ridge 回归、LASSO 回归和 ElasticNet 回归都是常用的线性回归模型,它们可以用来解决多重共线性问题。

行车记录仪销量分析

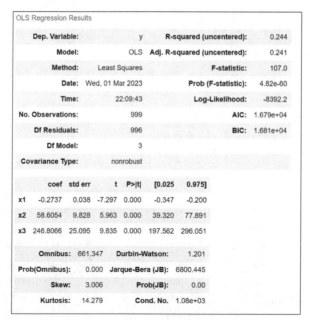

图 9.24　剔除无关变量后的模型参数

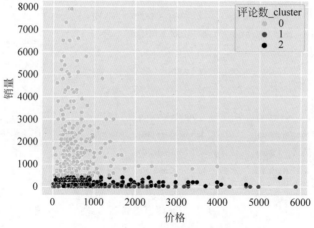

图 9.25　价格和销量的关系

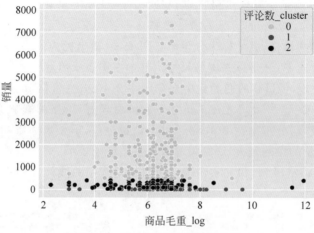

图 9.26　商品毛重和销量的关系

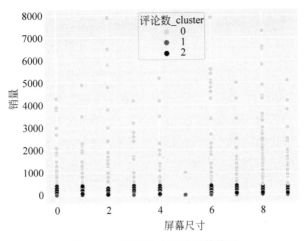

图 9.27　屏幕尺寸和销量的关系

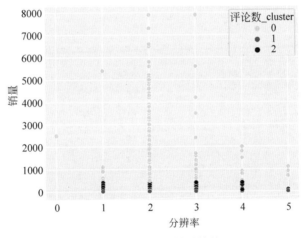

图 9.28　分辨率和销量的关系

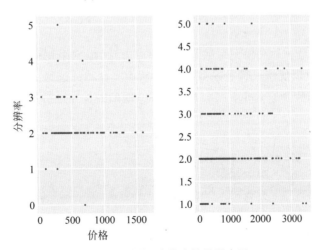

图 9.29　价格、分辨率销量散点图

行车记录仪销量分析

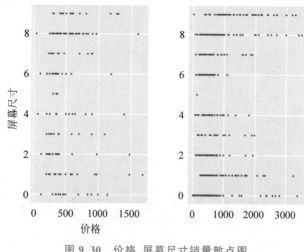

图 9.30　价格、屏幕尺寸销量散点图

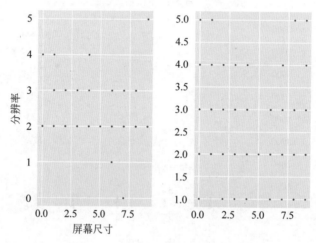

图 9.31　屏幕尺寸、分辨率销量散点图

　　Ridge 回归通过对模型系数的平方和进行惩罚,来减小模型的方差,并缩小模型系数的值。

　　LASSO 回归也是一种对模型系数进行惩罚的方法,但它采用的是绝对值惩罚,而不是平方和惩罚。这样可以使得一部分系数变为 0,从而实现特征选择。

　　ElasticNet 回归结合了 Ridge 回归和 LASSO 回归的优点,它同时使用了平方和惩罚和绝对值惩罚。

```
model = LinearRegression()
model = Ridge(alpha = 0.69, normalize = True)
model = Lasso(alpha = 1.79, normalize = True)
model = ElasticNet(random_state = 0, l1_ratio = 0.5, alpha = 0.001)
```

　　如图 9.32 所示为不同回归模型的性能。

　　可以从图 9.32 中发现,LASSO 模型的性能较优,它的 r2_score 取得了几个模型中的最大值,从整体上看 4 个模型的 r2_score 分数都比较小,这就说明回归模型的预测效果比较一般,即评论数与价格、尺寸、分辨率之间的关系并不明确。

	model	模型默认评分	r2_score	explained_variance_score	mean_absolute_error	mean_squared_error	intercept_
0	LR	0.025504	0.025504	0.025530	652.864544	1.059549e+06	9207.627462
1	Ridge	0.048458	0.048458	0.048471	655.075424	1.034592e+06	1131.635075
2	LASSO	0.054573	0.054573	0.054584	647.776817	1.027943e+06	881.243915
3	ElasticNet	0.032832	0.032832	0.032869	651.436694	1.051582e+06	-4428.367242

图 9.32 不同回归模型的性能

思 考 题

1. 讨论离散化对分类算法的影响。
2. 独热编码的基本方法是什么?
3. 举例说明独热编码在分类算法的输入和输出编码中的应用。
4. 对于同一数据集,分别使用 Apriori 算法和 FP-Growth 算法,结果有什么区别?
5. Ridge 回归和 LASSO 回归对回归分析的结果有什么影响?

行车记录仪销量分析

第 10 章　商务酒店竞争分析

随着人们生活水平的提高,国内商务酒店行业发展迅猛,行业内的竞争也日益激烈,各家酒店都纷纷建立起自身的特色和优势,如何在该行业的市场中生存和发展下去成为酒店经营者急需解决的问题。

本案例通过抓取 A 酒店以及同一类型的 B、C、D 3 家酒店在评价网站上的评价数据,获取各家酒店的评分、评价内容、评价人、评论时间等数据。首先对 A 酒店的评价内容进行分词、提取关键词和情感分析,将酒店竞争力和正面、中立、负面情绪进行比较,再根据关键词制作词云,分析不同关键词对于客户评价情感的影响。然后比较不同酒店之间的评分和用户评价数据,将 4 家酒店的评分制作成可视化的柱状图、箱线图和折线图,根据可视化的图表分析 A 酒店相比其他酒店的优势和劣势,并据此找到 A 酒店现存的问题,并给出合理的建议提高酒店的竞争力。

10.1　业务背景分析

21 世纪以来,随着如家、汉庭等本土经济型酒店品牌的创建,其凭借标准化的服务和环境、质量相对稳定以及高性价比而发展迅速。然而同质化竞争严重,利润下降,使得经济型酒店服务水平低下,最终影响整个行业进入低赢利水平阶段。

目前酒店行业竞争态势还处于低层次竞争级别,差异化不明显,更多的是进行价格竞争,要想在众多酒店中获得更大的优势,主要还需要对服务进行创新,通过服务好目标客户群产生良好的品牌口碑,逐渐在竞争中胜出。

图 10.1 展示的是 A 酒店的地理位置,可以看到其距离徐州东站的距离不超过 500m,并且该宾馆附近有两个商业中心,具有高客流基础,具有较高的竞争优势。

图 10.1　A 酒店的地理位置

虽然 A 酒店占据了很好的地理优势,但是由于商务宾馆门槛较低,附近类似的酒店有数十家,并且针对性地提出了不少优惠方案,对 A 酒店的经营产生了很大的影响。因此,A 酒店必须具有较强的竞争能力和客户服务能力才能脱颖而出。

能否在竞争中脱颖而出,取决于如何进行差异化经营,如何增强商务宾馆的商业竞争力。为了实现这一目标,通过对入住客人的评论内容进行不同维度的数据挖掘,获取 A 酒店的竞争现状和存在的主要问题,并为其提出酒店经营的合理化建议,以提高其市场竞争能力。

10.2 数 据 提 取

使用八爪鱼软件从携程网站抓取 A 酒店和竞争对手的客户评价数据,并提取出客户对酒店的评分、评论内容、评论人、评论时间等信息。爬虫软件的原理是通过提取页面 HTML 代码中对应节点的文本内容来获取网站上的目标数据的,数据提取之后以文本文件形式存储。将上述文本内容进行格式化存储,用于后续的数据分析。

由于携程网站的评价是分页显示的,因此需要两级规则抓取数据:第一级规则模拟单击"更多点评"按钮,并设置爬虫路线链接到下一级规则;第二级规则通过重复单击下一页的爬虫路线来抓取数据。

以下为八爪鱼软件爬取数据的操作步骤。

(1)首先将主题命名为"A 酒店 demo",规则编号保持默认,页面地址就是需要抓取数据的网址,并对主题名进行查重,再进入下一步。然后在"创建规则"的整理箱操作区单击"新建",命名为"列表"。单击浏览器中的"查看全部点评",定位到该按钮的 div 节点。然后右击"♯text",选择"内容映射",将文本映射到设置的抓取内容"模拟点击标志"。

(2)在操作区单击"新建"新建线索,并命名为"线索一";设置"连贯抓取",选择为记号线索;单击"查看更多点评"定位到其对应的 div 节点,展开节点下的文件夹,找到 text 节点。右击"text 节点",选择"线索映射"→"定位"→"线索一"。然后选择"线索映射"→"记号映射",设置目标主题名。

(3)命名主题名为在第一级规则中设置的目标主题名,即"B 酒店"。需要抓取的内容主要是在用户评论中包含的内容,主要包括用户昵称、用户等级、用户历史评论情况(点评总数、点评有用次数、上传图片总数)、出游目的、入住时间、入住房型、评论内容、评分(包含分类评分)、评论发表时间。新建整理箱,添加需要抓取的内容,针对不同的抓取内容需要不同的抓取方法,下面是本案例采用的几种特殊的抓取规则。

- 用户等级抓取:单击"点评新星",找到对应的 div 节点,展开节点找到"@class"节点;在该节点右击,选择内容映射到"用户等级";然后选择抓取内容中的"用户等级",单击"高级设置";选择"自定义 xpath"和"文本内容",设置抓取内容表达式并保存。

- 评分抓取:找到用户头像对应的节点,在节点对应的属性找到这些数据存放的节点,比如@data-usefulcount 和@data-img-count 等,右击,选择"内容映射"即可。

- 入住房型抓取:单击"和颐高级大床房",找到对应的 div 节点;找到属性里的"@data-baseroomname",右击,选择内容映射到入住房型;单击"入住房型",选择"高级设置";在弹出的界面中选择"自定义 xpath"和"文本内容",保存即可。

- 各类评分抓取:单击评分区域,找到相应的 div 节点。展开节点,找到包含"@data-value"的节点,右击,选择"内容映射"即可。

通过 DS 打印机抓取后会得到很多 XML 文件,通过八爪鱼的转换功能可将这些文件打包转换为 Excel 文件,如图 10.2 所示。

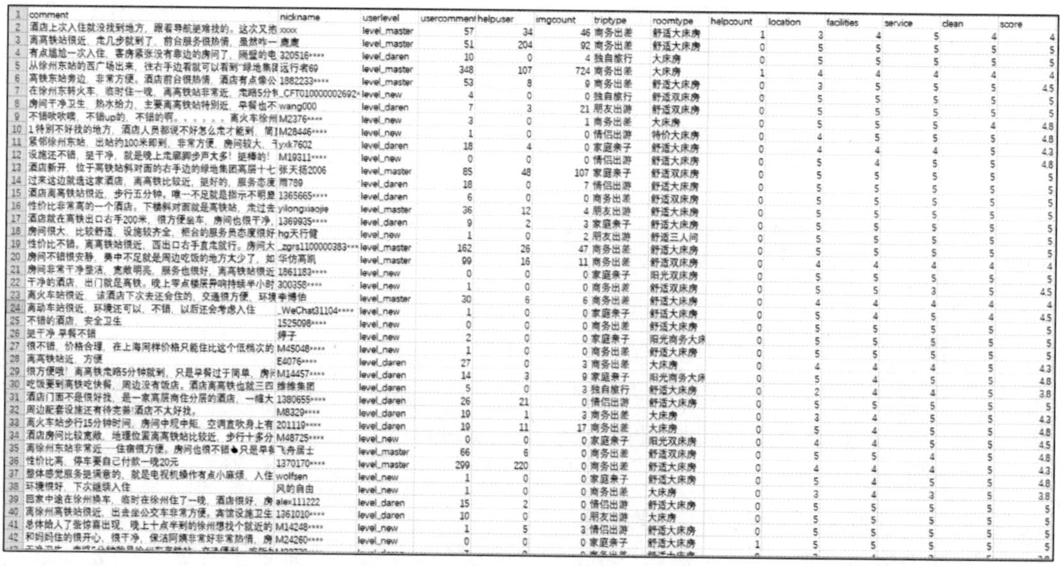

	comment	nickname	userlevel	usercomment	helpuser	imgcount	triptype	roomtype	helpcount	location	facilities	service	clean	score
2	酒店上次入住就没找到地方，跟着导航绕难找的。这次又拖	xxxx	level_master	57	34	46	商务出差	舒适大床房	1	3	4	5	4	4
3	离高铁站很近，走几步就到了，前台服务很热情，虽然咋一	鹿鹿	level_master	51	204	92	商务出差	舒适大床房	0	5	5	5	5	5
4	有点尴尬一次入住，客房紧张没有靠边的房间了，隔壁的电	320516****	level_daren	10	0	4	独自旅行	大床房	0	5	5	5	5	5
5	从徐州东站的西广场出来，往右手边看就可以看到"绿地集团	远行者69	level_master	348	107	724	商务出差	大床房	1	4	4	4	4	4
6	高铁东站旁边，非常方便。酒店前台很热情，酒店有点像公	1882233****	level_master	53	8	9	商务出差	舒适大床房	0	3	5	5	5	4.5
7	在徐州东转火车，临时住一晚，离高铁站非常近，走路5分钟	_CFT010000002692*	level_new	4	0	0	独自旅行	舒适双床房	0	5	5	5	5	5
8	房间干净卫生，热水给力，主要离高铁站特别近，早餐也不	wang000	level_daren	7	3	21	朋友出游	舒适双床房	0	5	5	5	5	5
9	不错哎哎哦，不错up的，不错的啊。。。。。。离火车徐州	M2376****	level_new	3	0	1	商务出差	大床房	0	5	5	5	4	4.8
10	1.特别不好找的地方，酒店人员都说不好怎么走才能到，简	M28446****	level_new	1	0	0	情侣出游	特价大床房	0	4	5	5	5	4.8
11	紧邻徐州东站，出站约100米即到，非常方便，房间较大，干	yxk7602	level_daren	18	4	0	家庭亲子	舒适大床房	0	4	4	4	5	4.3
12	设施还不错，挺干净，就是晚上走廊脚步声太多！挺棒的！	M19311****	level_new	0	0	0	情侣出游	舒适大床房	0	5	4	5	5	4.8
13	酒店新开，位于高铁站斜对面的右手边的绿地集团高层十七	张天扬2006	level_master	85	48	107	家庭亲子	舒适双床房	0	5	5	5	5	5
14	过来这边就选这家酒店，离高铁比较近，挺好的，服务态度	雨789	level_daren	18	0	7	情侣出游	舒适大床房	0	5	5	5	5	5
15	酒店离高铁站很近，步行五分钟。唯一不足就是指示不明显	1365665****	level_daren	6	0	0	商务出差	舒适双床房	0	5	5	5	5	5
16	性价比非常高的一个酒店。下楼斜对面就是高铁站，走过去	yilongxiaojie	level_master	36	12	4	朋友出游	舒适大床房	0	5	5	5	5	5
17	酒店就在高铁出口右手200米，很方便坐车，房间也很干净，	1369935****	level_daren	9	2	3	家庭亲子	舒适大床房	0	5	5	5	5	5
18	房间很大，比较舒适，设施较齐全，柜台的服务员态度很好	hg天行健	level_new	1	0	2	朋友出游	舒适三人间	0	5	5	5	5	5
19	性价比不错。离高铁站很近，西出口右手直走就行。房间大	_zgrs1100000383***	level_master	162	26	47	商务出差	舒适大床房	0	5	5	5	5	5
20	房间不错很安静，美中不足就是周边吃饭的地方太少了，如	华仿高凯	level_master	99	16	11	商务出差	舒适双床房	0	4	4	4	4	4
21	房间非常干净整洁，宽敞明亮，服务也很好，离高铁站很近	1861183****	level_new	0	0	0	家庭亲子	阳光双床房	0	5	5	5	5	5
22	干净的酒店，出门就是高铁。晚上零点楼层异响持续半小时	300358****	level_new	1	0	0	商务出差	舒适双床房	0	5	5	3	5	4.5
23	离火车站很近，该酒店下次去还会住的，交通很方便，环境	李博伯	level_master	30	6	6	商务出差	舒适大床房	0	4	4	4	4	4
24	离动车站很近，环境还可以，不错，以后还会考虑入住	_WeChat31104****	level_new	1	0	0	家庭亲子	舒适大床房	0	5	4	5	4	4.5
25	不错的酒店，安全卫生	1525098****	level_new	0	0	0	商务出差	舒适大床房	0	5	5	5	5	5
26	挺干净 早餐不错	婷子	level_new	2	0	0	家庭亲子	阳光商务大床	0	5	5	5	5	5
27	很不错，价格合理，在上海同样价格只能住比这个低档次的	M45048****	level_new	1	0	0	商务出差	舒适大床房	0	5	5	5	5	5
28	离高铁站近，方便	E4076****	level_daren	27	0	3	商务出差	大床房	0	4	4	4	5	4.3
29	很方便哦！离高铁走路5分钟就到，只是早餐过于简单，房	M14457****	level_daren	14	3	9	家庭亲子	阳光商务大床	0	5	4	5	5	4.8
30	吃饭要到高铁吃快餐，周边没有饭店。酒店离高铁也就三四	维维集团	level_daren	5	0	3	独自旅行	舒适大床房	0	2	4	4	5	3.8
31	酒店门面不是很好找，是一家高层商住分层的酒店，一楼大	1380655****	level_daren	26	21	0	情侣出游	舒适大床房	0	5	5	5	5	5
32	周边配套设施还有待完善!酒店不太好找。	M8329****	level_daren	19	1	3	商务出差	大床房	0	3	4	5	5	4.3
33	离火车站步行15分钟时间，房间中规中矩，空调直吹身上有	201119****	level_daren	19	11	17	商务出差	大床房	0	5	4	5	5	4.8
34	酒店房间比较宽敞，地理位置离高铁站比较近，步行十多分	M48725****	level_new	0	0	0	家庭亲子	阳光双床房	0	4	4	5	5	4.5
35	离徐州东站非常近——住宿很方便，房间也很不错👍只是早餐	飞舟居士	level_master	66	6	0	商务出差	舒适双床房	0	5	5	4	5	4.8
36	性价比高，停车要自己付款一晚20元	1370170****	level_master	299	220	0	商务出差	舒适大床房	0	4	4	4	5	4.3
37	整体感觉服务挺满意的，就是电视机操作有点小麻烦，入住	wolfsen	level_new	1	0	0	家庭亲子	舒适大床房	0	5	4	5	5	4.8
38	环境很好，下次继续入住	风的自由	level_new	1	0	0	商务出差	大床房	0	3	4	3	5	3.8
39	回家中途在徐州换车，临时在徐州住了一晚，酒店很好，房	alex111222	level_daren	15	2	0	情侣出游	舒适大床房	0	5	5	5	5	5
40	离徐州高铁站很近，出去坐公交车非常方便。宾馆设施卫生	1361010****	level_daren	10	0	0	朋友出游	大床房	0	5	5	5	5	5
41	总体给人了些惊喜出现，晚上十点半到的徐州想找个就近的	M14248****	level_new	1	5	3	情侣出游	舒适大床房	0	5	5	5	5	5
42	和妈妈住的很开心，很干净，保洁阿姨非常好非常热情，房	M24260****	level_new	0	0	0	家庭亲子	舒适大床房	1	5	5	5	5	5

图 10.2　Excel 数据抓取结果展示

10.3　数据预处理

利用八爪鱼软件爬取的用户评论中，许多评论具有较大的随意性，并且还含有许多常用停用词、对情绪分类无意义的词语、数字和符号等，会干扰数据分析和用户情感分析。其次，需要在分词后的用户评论中提取关键词，便于之后的情感分析、统计词频以及词云的制作。因此，需要对爬取的数据进行预处理，消除这些词语对结果的干扰。

10.3.1　数据初步筛选

八爪鱼软件爬取的评论具有很强的噪声，需要进行预处理，主要包括异常数据过滤和数据整理。

经过爬虫抓取的数据包括 HTML 标签，需要将其转换为纯文本形式，转换方法可用 html2text 组件：

```
import html2text
html = open(html_context).read()
clean_text = html2text.html2text(html)
```

删除随意性评论数据，例如一长串的“好”等字、随意输入的英文字母等。对用户评分空值或者明显异常的数据进行筛选去除。在获取的原始数据集中，异常值均为空值，将为空值的评价数据直接剔除。由于酒店评价是按照房间进行的，如果某客人一次订多间房，可能会重复评论相同的内容，这部分数据容易影响词频分析，故将同一人同一次入住的重复评论剔除。将某些凑字数的评论中重复输入的文字移除，只保留其中一个。经过初步筛选及过滤的结果如图 10.3 所示。

C	D	E
入住时间	评分	用户评论
于2023年4月入住	5	设施：投影仪很清晰，速度你觉得那就我就不会不上学呼吸呼吸睡吧宝贝后悔死想不到吧宿舍吧笑哈哈别动不动就不大不
于2023年3月入住	5	这次唯一美中不足的是第一天晚上热水器不能正常使用，宾馆阿姨服务很热情哦，耐心的给我们解释热水器故障原因，环境整体不错(' ∀ `*)
于2023年3月入住	5	酒店距离徐州站很近，周边有地铁，出行方便；性价比很高；房间宽敞明亮床垫被子柔软舒适，卫生情况较好；投影仪看电影超方便！有双层玻璃，比较隔音；
于2023年4月入住	1	味道有点差，厕所味道还很大，床单还破了
于2022年10月入住	4.5	徐州办事临时奔着影音房去的，前台的妹子服务挺好的，隔音不能算多好，但是房间内打扫得还是很干净的，设施也比较新，唯一不足的是单人间的投影有一个
于2022年10月入住	4	大投影是这个酒店的一大特色　住了好多次了　在安徽是连锁　在江苏很少　不过九十多元含早餐　就性价比而言在火车站附近确实算不错的　但是这早餐确实
于2023年2月入住	5	去海底世界，酒店很棒，火车站出来就到了，前台小哥哥也很帅。
于2023年1月入住	5	每次来徐州，都是选择君莱酒店，性价比高，投影真的棒！
于2022年9月入住	3.7	前台服务可以，房间设施太差，门框都掉了，投影一会就太热自动关闭，热水也不够热，门头挺好的，里面环境和细节做好点都卖点钱不好吗，已经搬到其它酒
于2022年10月入住	4	酒店位车站附近，交通便利，入住酒店快捷高效，卫生清理的一尘不染，设施齐全，卫生间没有异味，值得再来。
于2022年7月入住	1.7	首先说说房间大小，进门直接就是床，小的不能再小了，然后说说卫生间的环境，如图所示，卫生间的杯子已经发霉，并有很重的气味，还有就是浴室内没有洗
于2022年7月入住	5	酒店距离徐州火车站非常近，地理位置优越，酒店人员服务很好，办理入住很快，耐心指导客人，酒店干净卫生，空气清新没有异味，晚上睡觉很安静不吵，空
于2022年8月入住	5	高清投影 每天阿姨都打扫卫生，挺好的还有专门的洗衣房yyds 和男朋友一起住的完全可以，而且服务特别好，免费给延迟退房了下次徐州还去他家
于2023年3月入住	5	卫生：很干净　没有垃圾　很推荐环境：好推荐！交通便利服务：可以很好设施：不错　房间很干净推荐！可以看电视电影　距离徐州站很近 不错推荐嗯
于2023年4月入住	5	酒店距离火车站和地铁站都很近，附近有吃饭和买东西的，酒店环境不错，前台服务不错，有早餐种类不多，不过也挺不错的
于2022年8月入住	5	环境不错，跟图片一样，服务态度好 交通：靠地铁站火车站比较方便
于2022年9月入住	5	真是没想到，这个价格和质量都有惊到我，真的很nice
于2023年3月入住	5	宝贝说投影的，有的房间比较有味道，整体还好吧，比较方便，住了两次，有需要的话下次还会去住，就是容易缺东西，要提前备好才是
于2023年2月入住	5	订的单人影音间，效果不错，只是遥控器使用不太方便，接收器就在头顶，商家可以稍微改进一下，房间虽然不大，但干净整洁，床睡的也很舒服
于2022年9月入住	3.2	1、卫生间里的换气扇关闭后，没多久里边都是烟的味道，卫生间都没办法上 2、晚上近23:00还有些住户在楼道大喊大叫，手机音乐声音太嘈杂，建议酒店在客
于2023年1月入住	4.5	物美价廉　一个两个朋友来很合适 价格划算 设施齐全　但是在火车站旁边 旁边的好吃好喝的比较差劲 但是离夜市很近 也很方便
于2023年2月入住	4	一楼房间没有之前住的楼上的好一些，投影仪投到墙上，都是一半一半的不清楚，地板上也有脏东西，不知道是否刚装修的一楼
于2022年8月入住	5	很干净的一家店，前台和阿姨人都很好，我们早上9点多到的，以为没法提前住做好了拎包晃荡仨小时的准备，但店家帮我们查了下房间有空就帮忙提前办理乐
于2023年1月入住	4.7	不错
于2023年1月入住	5	靠着火车站，离地铁口也不远，前台三个人，有一个态度比较好，地理位置不错，离市区苏宁广场近，房间干净整洁
于2022年2月入住	5	房间挺干净的，水龙头和淋雨出水量都挺大的，热水即开即出，洗起来感觉舒适 ，小细节房间有台灯和抽纸，尤其有抽纸对我来说很贴心满意，整体入住体验
于2022年9月入住	3	位置好靠近火车站，交通方便是最大优势，其他都一般，设施一般卫生一般服务一般，总之没什么太差也没什么太好，就是一般般的快捷酒店，临时住一宿完全
于2022年1月入住	1	空调30℃一晚上不热，投影不清晰，没有停车场，停在隔壁一晚20，这都是小问题，最重要的是床边还有用过的避孕套？真的有点过分了
于2021年11月入住	2.5	我定的是单人房，订单上是2-5层，实际开了在1层的，我没说什么就进去了，到了房间发现地面上有白一块的东西，床头柜上不知道是什么东西也粘粘的，对，
于2022年7月入住	3.2	空调制冷差 卫生一般偏下 走廊和室内（本人居住的房间）味道难闻（开窗也散不去） 比较在意以上三点的人就避开吧 本人没恶意，只是实话说出自身体验
于2022年11月入住	1	蚊子很多，空调还是坏的，房间小，被子还特别薄，这全都是我住的真实所感，没有半点弄虚做假
于2022年6月入住	5	酒店前台人特别负责 我在这个酒店已经连续住了一个星期了 感觉各种设备也特别好 屏幕也非常清晰 这已经是第二次住这家酒店了 感觉非常完美
于2022年9月入住	5	前台小姐姐人很好服务很周到，孩子闹着不住，还给升级了大房间，环境卫生都很好，下次还会再来的

图 10.3　经过初步筛选及过滤的数据

10.3.2　分词

分词是中文处理中基本的问题，分词的性能对后续的用户情感分析将会产生极其重要的影响。

对用户评论数据的 TXT 文档进行分词以提取其中的关键特征。在 Anaconda Prompt 的命令窗口中输入 pip install jieba，在本地安装 jieba 库。安装完成后，由于后续需要使用 jieba 分词组件，因此引入必要的组件包：

```
import jieba
import jieba.analyse
import csv
import re
in_debug = True
```

其中，jieba 组件会在分词操作中用到，可以利用一个中文词库确定汉字之间的关联概率；csv 组件可以预先提取用户评论进行加载；re 组件是正则表达式在 Python 中的实现；in_debeg 是自定义的调试信息输出标志，将其置为 True 可输出中间结果，方便代码的调试。

引入了必要组件后，创建停用词列表。接下来通过整合现有的通用词库对停用词进行处理，包括“百度停用词库”“哈尔滨工业大学停用词库”“四川大学机器学习智能实验室停用词库”，形成了一个更加完善的停用词库。

```
def stopwords_list(): # 创建停用词列表
    stopwords = [line.strip() for line in open(r'stopwords.txt', encoding = 'UTF - 8').
readlines()]
    return stopwords
```

其中，stopwords.txt 为本书整合的停用词库，encoding 选择 UTF-8。

在用户评论数据中，可能存在用户打错或者随意输入的特殊符号，这些标点符号对后续的情感分析用处不大，可以定义一个 delete_punctuation()函数，逐行删除 TXT 文档中的用户评论数据中的特殊符号。

190

```python
def delete_punctuation(line_sentence):
    multi_version = re.compile(" - \{.*?(zh-hans|zh-cn):([^;]*?)(;.*?)?\}-")
    punctuation = re.compile("[-~!@#$%^&*()_+~=\[\]\\\{\}\"|;':,./<>?·!@#￥……&*()--+【】、;':""',·《》?「」」]")
    line = multi_version.sub(r"\2", line_sentence)
    line = punctuation.sub('', line_sentence)
    return line
```

分词处理的目的是将中文文本转换为词向量存储,去除停用词的过程中,不仅要去除常用的停用词,如""""的",还要去除对情绪分类无意义的词,如"酒店""入住""房间""月""日"以及数字信息、标点符号等。下面创建 word_seg 函数进行分词。

```python
def word_seg(sentence):              # 分词
    print("分词操作中")
    sentence_depart = jieba.cut(sentence.strip())
    stopwords = stopwords_list()      # 调用停用词列表
    result = ''
    for word in sentence_depart:
        if word not in stopwords:     # 删除停用词
            if word != '\t':
                result += word
                result += " "
    return result
```

其中,分词操作要调用停用词列表,实现删除停用词,并且结果与结果之间通过空格隔开,实现分词操作。

函数定义完成后,读入文档。inputs_txt 中存放的是八爪鱼软件爬取的用户评论数据,outputs_txt 为空文件,用于存放分词和删除停用词后的用户评论数据。

```python
file1 = r"分词前.txt"
file2 = r"分词后.txt"
inputs_txt = open(file1, 'r', encoding = 'UTF-8')
outputs_txt = open(file2, 'w', encoding = 'UTF-8')
```

其中,file1 采用读文件打开,file2 则通过写文件打开,两者的编码都为 UTF-8 格式。处理分词前后的用户评论数据:

```python
for line in inputs_txt:
    line_delete = delete_punctuation(line)       # 删除标点符号
    line_seg = word_seg(line_delete)             # 分词并删除停用词
    outputs_txt.write(line_seg + '\n')
    print(" ----------- 正在分词和去停用词 ----------- ")
outputs_txt.close()
inputs_txt.close()
print("操作成功!")
```

在代码中逐行输出原始数据集中的特殊符号和停用词,并进行分词,结果写入另一个文档中,操作完成后关闭两个文档。

对比操作前后的数据集,图 10.4 和图 10.5 分别是经过分词处理前后的数据集。可以看到经过分词后,部分词语被强制分开,如"异响"等,为了使用自定义词表,使这类词汇不作分词。

```
设施还不错，挺干净，就是晚上走廊脚步声太多！挺棒的！离高铁又近，就是早餐太晚，赶高铁都吃不到早餐了！
房间非常干净整洁，宽敞明亮，服务也很好，离高铁站很近，非常方便，赠送的早餐也很丰富，推荐入住！
"不错吹吹噢，不错up的，不错的啊。。。。。。
离火车徐州东站相当的近啊。走路十分钟啊。相当的号啊。棒"
干净的酒店，出门就是高铁。晚上零点楼层异响持续半小时，打了两次电话才解决，实在影响睡眠。除了这点都还不错。
房间不错很安静，美中不足就是周边吃饭的地方太少了，如果临时换车住一下的话，还是不错的选择，性价比超高值得推荐
离徐州东站非常近，走几分钟就到。室内打扫挺干净的，房间够大，比较宽敞，卫生间也是。洗澡很舒服。早餐还可以。
非常好的商务酒店，绿地开发的房子第一印象就不错，设施新，干净，环境好，就在高铁站旁边。绝对好评
离高铁站近，方便
吃饭要到高铁吃快餐，周边没有饭店。酒店离高铁也就三四百米远。
这是我第二次住这酒店了，高铁出口往右直行穿过高架桥下小路不到200米就到了。房间面积大，干净整洁，周边不喧闹。与
非常方便，离高铁站很近，房间宽敞整洁。标间还有1.5米的两个床，也有1.2米床的房间。来回住了两晚。下次还会再去住
酒店干净，设施齐全，房间大，更重要的是服务员热情。早餐我们过点了，还热心地帮我们热早餐。
真的不错?
挺干净，房间也不错
只有早餐，其他都完美
房间不错，高铁站边上，客服人员非常热情，微笑服务，感觉很温馨。就是夏天的被子太厚了。
周边配套设施还有待完善!酒店不太好找。
离火车站步行15分钟时间，房间中规中矩，空调直吹身上有点受不了
房间很干净，装修也不错
离高铁站很近，坐车方便。卫生环境以及设备也都挺好，服务态度也不错。洗发水洗发液都是一小瓶，有点少，还缺少个吹
三张床放着也不觉得挤，室内简洁干净，非常不错。
环境很好，下次继续入住
环境优雅，视野开阔，房间又大又干净，下次一定还要入住
酒店硬件设施很好，房间大，干净卫生，无线比较快，赶火车没有吃早餐，离徐州东站很近，步行五分钟，赶车方便。
进去一定要注意台阶！其余都OK高铁很近，价格也可以接受
环境不错。不错不错的。
房间比较大，设施较新，离高铁站很近，就是一进屋子很大味道
```

图 10.4　原始数据集

```
设施 还 不错 ， 挺 干净 ， 就是 晚上 走廊 脚步声 太 多 ！ 挺 棒 的 ！ 离 高铁又 近 ， 就是 早餐 太 晚 ， 赶
房间 非常 干净 整洁 ， 宽敞 明亮 ， 服务 也 很 好 ， 离 高铁站 很 近 ， 非常 方便 ， 赠送 的 早餐 也 很 丰富
" 不错 吹吹 噢 ， 不错 up 的 ， 不错 的 啊 。 。 。 。 。 。
离 火车 徐州 东站 相当 的 近 啊 。 走路 十 分钟 啊 。 相当 的 号 啊 。 棒 "
干净 的 酒店 ， 出门 就是 高铁 。 晚上 零点 楼层 异 响 持续 半 小时 ， 打 了 两 次 电话 才 解决 ， 实在 影响
房间 不错 很 安静 ， 美中不足 就是 周边 吃饭 的 地方 太 少 了 ， 如果 临时 换车 住 一下 的话 ， 还是 不错 的
离 徐州 东站 非常 近 ， 走 几 分钟 就 到 。 室内 打扫 挺 干净 的 ， 房间 够 大 ， 比较 宽敞 ， 卫生间 也 是
非常 好 的 商务 酒店 ， 绿地 开发 的 房子 第一 印象 就 不错 ， 设施 新 ， 干净 ， 环境 好 ， 就 在 高铁站 旁
离 高铁站 近 ， 方便
吃饭 要 到 高铁吃 快餐 ， 周边 没有 饭店 。 酒店 离 高铁 也就 三四 百米 远 。
这 是 我 第 二次 住 这 酒店 了 ， 高铁 出口 往 右 直行 穿过 高架桥 下小 路不 到 200 米 就 到 了 。 房间 面积
非常 方便 ， 离 高铁站 很 近 ， 房间 宽敞 整洁 。 标 间 还有 1. 5 米 的 两 个 床 ， 也 有 1. 2 米 床 的 房间
酒店 干净 ， 设施 齐全 ， 房间 大 ， 更 重要 的 是 服务员 热情 。 早餐 我们 过 点 了 ， 还 热心 地 帮 我们 热
真的 不错 ?
挺 干净 ， 房间 也 不错
只有 早餐 ， 其他 都 完美
房间 不错 ， 高铁站 边上 ， 客 服 人员 非常 热情 ， 微笑 服务 ， 感觉 很 温馨 。 就是 夏天 的 被子 太 厚 了
周边 配套 设施 还有 待 完善 ! 酒店 不 太 好找 。
离 火车站 步行 15 分钟时 间 ， 房间 中 规 中 矩 ， 空调 直 吹 身上 有点 受不了
房间 很 干净 ， 装修 也 不错
离 高铁站 很 近 ， 坐车 方便 。 卫生 环境 以及 设备 也 都 挺 好 ， 服务 态度 也 不错 。 洗发水 洗发 液 都 是
三 张 床 放 着 也 不觉 得 挤 ， 室内 简洁 干净 ， 非常 不错 。
环境 很 好 ， 下次 继续 入住
环境 优雅 ， 视野 开阔 ， 房间 又 大 又 干净 ， 下次 一定 还要 入住
酒店 硬件 设施 很 好 ， 房间 大 ， 干净 卫生 ， 无线 比较 快 ， 赶 火车 没有 吃 早餐 ， 离 徐州 东站 很 近 ，
进去 一定 要 注意 台阶 ！ 其余 都 OK 高铁很 近 ， 价格 也 可以 接受
环境 不错 。 不错 不错 的 。
房间 比较 大 ， 设施 较 新 ， 离 高铁站 很 近 ， 就是 一 进 屋子 很 大 味道
```

图 10.5　经过分词操作后的结果数据集

10.3.3　关键词提取

在经过数据初步筛选和分词操作后，可以对分词后的用户评论进行关键词提取，关键词提取也是数据预处理中非常关键的一步。

用户评论中的许多词语都鲜明地表达了用户对酒店的满意程度，为了提取用户的情感，需要从评论中提取关键词。提取关键词的方法主要有 3 种：TextRank、文档主题生成模型(LDA)和词频-逆文件频率(TF-IDF)。这 3 种方法各有优缺点，接下来分别尝试这些方法提取用户评论数据的关键词。

1. TextRank 方法提取关键词

TextRank 算法是由网页重要性排序算法 PageRank 算法迁移而来的。PageRank 算法可以计算网页的重要性,其核心思想是整个 www 可以看成一幅有向图,网页看成节点,如果网页 *A* 存在到网页 *B* 的链接,那么会有一条有向边从节点 *A* 指向节点 *B*。

TextRank 算法是由 PageRank 算法改进而成的,采用 jieba.analyse.textrank 方法提取用户评论中的关键词。

```python
import jieba.analyse as analyse
def textrank_keywords(text, keyword_num = 15): # textrank 提取关键词
    keywords = analyse.textrank(text, keyword_num)
    print(','.join(keywords))
```

其中,引入 jieba.analyse 组件包,再定义 textrank_keywords 函数,提取评论数据集中的 15 个关键词。

```python
if __name__ == '__main__':
    f = open('分词后.txt', encoding = 'utf - 8')
    txt = []
    for line in f:
        txt.append(line.strip())
    print('TextRank 模型结果: ')
    textrank_keywords(str(txt))
```

2. LDA 方法提取关键词

尝试使用 LDA 方法,使用 Gensim 自带的 LDAmodel。LDA 算法的原理是将候选关键词与抽取的主题计算相似度并排序,得到最终的关键词。

使用 pip install gensim 安装自然语言处理工具包 gensim,然后从 gensim.models 模块中引用 LdaModel,从 gensum.corpra 中引用 Dictionary。

```python
from gensim.models import LdaModel
from gensim.corpora import Dictionary
from gensim import corpora, models
```

接着遍历每一条用户评论。

```python
if __name__ == '__main__':
    f = open('分词前.txt', encoding = 'utf - 8')
    for line in f:
        line_delete = delete_punctuation(line)
        line_words_list = word_seg(line_delete)
        cutwords = jieba.lcut(line_words_list)
        stopwords = stopwordslist()
        txt = []
        for word in cutwords:
            if word not in stopwords:
                if word != '':
                    txt.append(word)
        dictionary = corpora.Dictionary([txt])
        corpus = [dictionary.doc2bow(l) for l in [txt] ]
        lda = LdaModel(corpus = corpus, id2word = dictionary, num_topics = 2)
        print(lda.print_topics(num_topics = 2, num_words = 2))
```

对原始数据集的每一条用户评论进行处理,调用之前定义过的 delete_punctuation 和

word_seg 函数,分别对每一条用户评论进行去停用词和分词操作,并保存在 line_words_list 中。然后将分词结果作为词的数组传入 Dictionary 构造函数中,建立词典,通过 dictionary. doc2bow 方法将此词典建立语料素材 corpus,将语料素材和词典作为 LdaModel 的参数传入,并设置关键词数量为 2 个,构造一个 LDA 关键词模型,通过 lda. print_topics 方法将每条评论的 2 个关键词(每条评论中限制主题词的数量为2)进行输出,前 10 条评论的关键词如图 10.6 所示。

```
分词操作中
[(0, '0.075*"早餐" + 0.070*"脚步声"'), (1, '0.105*"高铁" + 0.103*"早餐"')]
分词操作中
[(0, '0.089*"干净" + 0.088*"宽敞明亮"'), (1, '0.090*"推荐" + 0.086*"近"')]
分词操作中
[(0, '0.407*"不错" + 0.336*"吹"'), (1, '0.462*"不错" + 0.332*"吹"')]
分词操作中
[(0, '0.132*"棒" + 0.131*"十分钟"'), (1, '0.131*"徐州" + 0.127*"近"')]
分词操作中
[(0, '0.068*"不错" + 0.066*"楼层"'), (1, '0.067*"干净" + 0.065*"晚上"')]
分词操作中
[(0, '0.085*"不错" + 0.063*"地方"'), (1, '0.086*"不错" + 0.063*"性价比"')]
分词操作中
[(0, '0.068*"卫生间" + 0.068*"几分钟"'), (1, '0.069*"室内" + 0.068*"房间"')]
分词操作中
[(0, '0.078*"新" + 0.078*"高铁"'), (1, '0.082*"好评" + 0.079*"干净"')]
分词操作中
[(0, '0.365*"高铁" + 0.318*"近"'), (1, '0.353*"站" + 0.353*"近"')]
分词操作中
[(0, '0.190*"高铁" + 0.123*"饭店"'), (1, '0.162*"高铁" + 0.124*"吃快餐"')]
```

图 10.6　LDA 方法提取的关键词

3. TF-IDF 算法提取关键词

尝试使用 TF-IDF 算法提取用户评论中的关键词。TF-IDF(Term Frequency-Inverse Document Frequency,词频-逆向文件频率)是信息检索与文本挖掘的常用加权技术。TF-IDF 是一种统计方法,用以评估一个字词对于一个文件集或一个语料库中的其中一份文件的重要程度。

```python
if __name__ == '__main__':
    f = open('分词前.txt', encoding = 'utf - 8')
    for contents in f:
        content1 = contents.replace(' ','')
        pattern = re.compile("[^\u4e00 - \u9fa5]")
        content2 = re.sub(pattern,'',content1)
        cutwords = jieba.lcut(content2)
        stopwords = stopwordslist()
        words = ''
        for word in cutwords:
            if word not in stopwords:
                if word != '\t':
                    words += word
                    words += "/"
        keywords = jieba.analyse.extract_tags(words,topK = 10, withWeight = True)
        print('【TF - IDF 提取的关键词列表:】')
        print(keywords)
```

其中,pattern=re. compile("[^\u4e00-\u9fa5]")表示去除非中文内容;jieba. lcut 用于精确分词;使用 jieba 默认的 IDF 文件 analyse. extract_tags 进行关键词提取;topK=5 表示展示权重前 5 的关键词;withWeight=true 表示返回关键词权重值;allowPOS 表示关键词词性,默认空表示不限定关键词的词性。图 10.7 为前 10 条评论的关键词提取结果。

```
【TF-IDF提取的关键词列表：】
[('高铁', 1.482768888450769 3), ('早餐', 1.322672729833846), ('挺棒', 1.069282896307692 4), ('太晚', 0.7165930902546154), ('走廊', 0.609955062
4761538)]
【TF-IDF提取的关键词列表：】
[('宽敞明亮', 1.12616203224), ('高铁', 0.963799777492999 9), ('整洁', 0.9048647388059999), ('入住', 0.904086524761), ('赠送', 0.8607372827249
999)]
【TF-IDF提取的关键词列表：】
[('不错', 6.1882338177)]
【TF-IDF提取的关键词列表：】
[('东站', 2.171231042859997 7), ('十分钟', 1.9062459599019999), ('徐州', 1.556957105298), ('火车', 1.51135944357), ('走路', 1.50787503488)]
【TF-IDF提取的关键词列表：】
[('异响', 0.703221617817647), ('楼层', 0.5912076500176471), ('高铁', 0.5669410455841176), ('零点', 0.5498118094341177), ('半小时', 0.4931308
6797117645)]
【TF-IDF提取的关键词列表：】
[('不错', 0.82509784236), ('换车', 0.7069893857333334), ('美中不足', 0.68420609948), ('超高', 0.6454113297866667), ('性价比', 0.615189921167
3334)]
【TF-IDF提取的关键词列表：】
[('东站', 0.9046796011916666), ('卫生间', 0.7629787936341667), ('宽敞', 0.7181228269366667), ('早餐', 0.71644772866), ('打扫', 0.71319528333
41666)]
【TF-IDF提取的关键词列表：】
[('商务酒店', 1.0242699782916667), ('第一印象', 0.9130198894), ('高铁', 0.8031664812441667), ('绿地', 0.7540539490049999), ('好评', 0.724722
5804083333)]
【TF-IDF提取的关键词列表：】
[('高铁', 9.63799777493)]
【TF-IDF提取的关键词列表：】
[('高铁', 2.4094994437325), ('吃快餐', 1.650941308925), ('三四百米', 1.5642979113625), ('饭店', 0.9767378656325), ('周边', 0.9003011997325)]
```

图 10.7　TF-IDF 算法提取的关键词

对分词后的用户评论数据进行情感分析，并且根据关键词提取结果设计积极评论、中性评论和消极评论的词云图。

10.4　数据分析

本节首先对重点分析的 A 酒店的用户评论数据进行关键词提取，然后进行用户情感分析，得到顾客对酒店各方面的态度和情感倾向，获得客户更加关注酒店的哪些属性，从而建立用户体验模型，形成用户对酒店服务各方面的关注权重。这也便于对酒店比较欠缺的方面提出针对性的改进建议。

爬取酒店 A、B、C、D 的用户评论和评分数据，对比各酒店的评分，并制作成柱状图使评分数据可视化。评分包括酒店的总评分、酒店位置评分、设施评分、服务评分和卫生评分，然后根据各个酒店的评分数据进行分析。对比 A 酒店、B 酒店和 C 酒店的用户评论数据，选择的用户为同时住过两个酒店的用户，将他们的评分制作成双柱状图，直接比较 A 酒店、B 酒店和 C 酒店的优劣，设计热词标签云并进行情感分析。

10.4.1　客户情感分析

对于酒店用户评论的情感分类问题，可以使用的方法主要有 SnowNLP 算法、朴素贝叶斯算法和 K 最近邻算法。这里主要使用 SnowNLP 算法计算出酒店每条用户评论的情感值，根据情感值大小将用户评论数据分为积极评论、中性评论和消极评论，朴素贝叶斯算法和 KNN 算法作为此处情感分类的候选方案。

1. SnowNLP 算法

使用基于贝叶斯网络的 SnowNLP 算法对用户评论进行情感分析。SnowNLP 是一个自然语言处理的套件，该算法不仅可以用于文本分类的情感分析，还具有分词、文本摘要、词性标记、文字转拼音、繁体转简体、主题词提取以及句子相似度计算等功能。使用 pip install snownlp 安装组件，引入情感分析所需要的组件包。

```
import pandas as pd
from snownlp import SnowNLP
from snownlp import sentiment
```

SnowNLP 中情感分析类的核心代码如下：

```python
class Sentiment(object):
    def __init__(self):
        self.classifier = Bayes()
    def save(self, fname, iszip = True):
        self.classifier.save(fname, iszip)
    def load(self, fname = data_path, iszip = True):
        self.classifier.load(fname, iszip)
    def handle(self, doc):
        words = seg.seg(doc)
        words = normal.filter_stop(words)
        return words
    def train(self, neg_docs, pos_docs):
        data = []
        for sent in neg_docs:
            data.append([ self.handle(sent), 'neg'])        # 消极情绪的用户评论
        for sent in pos_docs:
            data.append([ self.handle(sent), 'pos'])        # 积极情绪的用户评论
        self.classifier.train(data)
```

以上代码用于训练情感分类模型，训练时需要提前准备两份语料：第一份为消极情绪的用户评论 neg_docs，第二份为积极情绪的用户评论 pos_docs。每一行就是一条评论，评论内容不需要分词，在 SnowNLP 中会通过 handle 方法调用 seg.seg 进行分词，且去除停用词（filter_stop），最后通过 Bayer 类的 train 方法完成训练。

对分词后的用户评论数据进行情感分类。这里将用户评论数据分为 3 类：积极情绪、中性情绪和消极情绪。文档中每一行代表一位用户的评论数据，使用 SnowNLP 中的 sentiments 进行情感评分，评分的数据在 0～1 中。这里将情感值低于 0.6 的评价视为负面评价，将情感值介于 0.6～0.85 的评价视为中性评价，将情感值高于 0.85 的评价视为正面评价。

```python
if __name__ == "__main__":
    reviews_file = open('分词后.txt', encoding = 'utf-8')
    file1 = r"负面评论.txt"
    file2 = r"中性评论.txt"
    file3 = r"正面评论.txt"
    neg_rev = open(file1, 'w', encoding = 'UTF-8')
    neu_rev = open(file2, 'w', encoding = 'UTF-8')
    pos_rev = open(file3, 'w', encoding = 'UTF-8')
    print('用户评论的情感为：')
    for re_line in reviews_file:
        s = SnowNLP(re_line)
        if s.sentiments <= 0.6:
            neg_rev.write(re_line + '\n')
            print('此条为负面评论.')
        if s.sentiments >= 0.85:
            pos_rev.write(re_line + '\n')
            print('此条为正面评论.')
        else:
            neu_rev.write(re_line + '\n')
            print('此条为中性评论.')
        print(s.sentiments)
```

将分词后的用户评论数据作为输入，然后准备 3 个 TXT 文件，分别用于存放积极情

绪、中性情绪和消极情绪的用户评论数据。然后对于 TXT 文件中的情感值进行计算,评分低于 0.6 的评论存入 file1 中,评分介于 0.6～0.85 的评论存入 file2 中,评分高于 0.85 的评论存入 file3 中。最后将每条评论的情感值打印出来。

2. 朴素贝叶斯算法

使用朴素贝叶斯算法训练分类器,从而对 A 酒店的用户评论数据进行情感分类,首先引入模型训练需要用到的库:

```
import numpy as np
import pandas as pd
import jieba
from sklearn.model_selection import train_test_split
from sklearn.feature_extraction.text import CountVectorizer
from sklearn.naive_bayes import MultinomialNB
```

其中,train_test_spilt 库用于分割训练集和测试集,这里训练集与测试集的比例为 8∶2; CountVectorizer 库用于文本特征提取; 而 MultinomialNB 库用于模型的训练。

接着读入用于模型训练的数据集,数据集使用的是人工标注的酒店评论,共 7766 条,sentiment 标为 1 表示正面情绪,标为 0 表示负面情绪,并且将用于训练的用户评论数据打乱顺序。

```
data = pd.read_excel('./酒店评价数据集.xlsx')
data['cut_comment'] = data['comment']
for i in range(0, len(data['cut_comment'])):
    row = data['cut_comment'][i]
    row_delete = delete_punctuation(str(row))
    row_seg = word_seg(row_delete)
    data['cut_comment'][i] = row_seg
data.head()
```

其中,对用户评论列的每一行数据进行操作,然后调用前述预处理的 delete_punctuation()和 word_seg()函数进行去停用词、特殊符号和分词操作,分词操作的结果存入新创建的 cut_comment 中,表格前 5 行如图 10.8 所示。

Out[34]:

	sentiment	comment	cut_comment
0	1	一般。距离五星级的标准还有差距。当然价格也便宜些。位置不太好。床不舒服。有点硬。	距离 五星级 标准 差距 价格 便宜 位置 不太好 床 舒服 硬
1	1	环境优美,很特别的地方,各项都还不错,而且提前了一天去接站,原来司机听错了时间,唯一感到很不...	环境优美 特别 地方 各项 不错 提前 接站 司机 听错 时间 唯一 感到 不安 酒店 只管...
2	1	住好几个沈阳的酒店了,网络都不好,这个也一样,尤其是晚上11:30以后,好像就断了,再也连不...	住 好几个 沈阳 酒店 网络 不好 晚上 11 30 好像 就断 再也 连不上 郁闷死 酒店...
3	1	性价比比较高,在临海属于比较好的酒店了,老酒店翻新	性价比 高 临海 酒店 酒店 翻新
4	0	服务很差,前台小姐根本没经过培训,我说延长一点时间退房—中午1点或2点都可以,居然跟我说...	服务 很差 前台 小姐 经过培训 说 延长 一点 时间 退房 — 中午 点 点 说 超过...

图 10.8　分词操作后的前 5 行酒店用户评论数据

使用 CountVectorizer 提取文本特征,把文本中的词语转换为词频矩阵,并且通过 fit_transform 函数计算词语的出现次数:

```
vect = CountVectorizer(max_df = 0.8, min_df = 3, token_pattern=u'(?u)\\b[^\\d\\W]\\w+\\b')
```

其中,max_df 表示一个阈值,如果此值为 float,表示当某个词语出现的次数除以文档数量大于该值时,该词语不显示; 如果值为 int,表示文档中词语最多出现的次数。min_df 也表示一个阈值,但含义相反。如果此值为 float,表示当某个词语出现的次数除以文档数量小于该值时,该词语不显示;如果值为 int,表示文档中词语最少出现的次数,小于该值则不显示。划分训练集和测试集,比例确定为 8∶2。

```
X = data['cut_comment']
y = data.sentiment
X_train, X_test, y_train, y_test = train_test_split(X, y, test_size = 0.2, random_state = 22)
test = pd.DataFrame(vect.fit_transform(X_train).toarray(), columns = vect.get_feature_names_out())
test.head()
```

前 5 行用户评论的词频矩阵如图 10.9 所示。

Out[45]:		a12	allrightsreserved	a座	bbc	btw	bus	b座	cbd	check	checkin	...	黑黑的	鼓励	鼓楼	鼓浪屿	鼻子	齐全	齐备	龙头	龙门石窟	龙阳路
0		0		0	0	0	0	0	0	0	0	...	0	0	0	0	0	0	0	0	0	0
1		0		0	0	0	0	0	0	0	0	...	0	0	0	0	0	0	0	0	0	0
2		0		0	0	0	0	0	0	0	0	...	0	0	0	0	0	0	0	0	0	0
3		0		0	0	0	0	0	0	0	0	...	0	0	0	0	0	0	0	0	0	0
4		0		0	0	0	0	0	0	0	0	...	0	0	0	0	0	0	0	0	0	0

5 rows × 6491 columns

图 10.9 前 5 行用户评论的词频矩阵

使用朴素贝叶斯算法训练模型。

```
nb = MultinomialNB()
X_train_vect = vect.fit_transform(X_train)
nb.fit(X_train_vect, y_train)
train_score = nb.score(X_train_vect, y_train)
print(train_score)
```

训练完成后,训练集的准确度达到了 0.8955,读入测试集进行测试。

```
X_test_vect = vect.transform(X_test)
print(nb.score(X_test_vect, y_test))
```

测试集的准确度为 0.8520,表明该模型对于酒店用户评论的情感分类的准确率较高,可以用于 A 酒店的情感分类。最后对 A 酒店的用户评论数据使用朴素贝叶斯算法进行情感分类。

```
data1 = pd.read_excel('./酒店 A.xlsx')
data1['cut_comment'] = data1['用户评论']
for i in range(0, len(data1['cut_comment'])):
    row = data1['cut_comment'][i]
    row_delete = delete_punctuation(str(row))
    row_seg = word_seg(row_delete)
    data1['cut_comment'][i] = row_seg
X = data1['cut_comment']
X_vec = vect.transform(X)
nb_sentiment = nb.predict(X_vec)
data1['nb_sentiment'] = nb_sentiment
data1.head()
```

前 5 行用户评论的情感分类结果(朴素贝叶斯算法)如图 10.10 所示。

3. KNN 算法

使用 KNN 算法实现用户评论数据的情感分类,数据预处理、提取文本特征以及划分数

商务酒店竞争分析

	用户名	房型	入住时间	评分	用户评论	字段7	字段8	字段9	字段10	字段11	字段12	cut_comment	nb_sentiment
0	匿名用户	影音大床房	于2023年4月入住	5.0	设施：投影仪很清晰，速度我觉得那就我就不会不上学呼吸呼吸睡吧宝后每死想不到吧宿舍吧笑哈哈别…	有用	2023年5月4日发布于安徽	NaN	NaN	NaN	NaN	设施 投影仪 清晰 速度 上学 呼吸 呼吸睡 宝贝 后每 死 想不到 宿舍 笑 哈哈	0
1	M481225****	影音大床房	于2023年3月入住	5.0	这次唯一美中不足的是第一天晚上热水器没能正常使用，宾馆阿姨服务很热情啊，耐心的给我们解释热水…	有用	2023年3月19日发布于上海	NaN	NaN	NaN	NaN	唯一 美中不足 第一天 晚上 热水器 宾馆 阿姨 服务 热情 耐心 解释 热水 器 故障 原因…	1
2	M399901****	影音大床房	于2023年3月入住	5.0	酒店距离徐州站很近，周边有地铁，出行方便；性价比很高；房间宽敞明亮床垫被子柔软舒适，卫生情况…	有用	2023年3月5日发布于江苏	NaN	NaN	NaN	NaN	酒店 距离 徐州 站 近 周边 地铁 出行 性价比 高 房间 宽敞明亮 床垫 被子 柔软 舒…	1
3	匿名用户	影音大床房	于2023年4月入住	1.0	味道有点差，厕所味道还很大，床单还破了…	有用	2023年4月30日发布于安徽	NaN	NaN	NaN	NaN	味道 差 厕所 味道 很大 床单 破	0
4	闲逛小王子	影音单人房	于2022年10月入住	4.5	徐州办事临时奔着影音房去的，前台的妹子服务挺好的，隔音不能explained多好，但是房间内打扫得还是很干净…	有用	2022年11月2日发布于江苏	NaN	NaN	NaN	NaN	徐州 办事 临 奔 影音 房 去 前台 妹子 服务 延 隔音 算多 房间内 打扫 干净 设施…	1

图 10.10　前 5 行用户评论的情感分类结果（朴素贝叶斯算法）

据集的代码与前面的朴素贝叶斯算法类似，同样先引入所需要的库。

```
import numpy as np
import pandas as pd
import jieba
from sklearn.feature_extraction.text import CountVectorizer
from sklearn.model_selection import train_test_split
from sklearn.neighbors import KNeighborsClassifier
```

与前面的不用之处在于，KNN 算法需要引入 KNeighborsClassifier 库进行情感分类器训练。对每行的用户评论数据进行分词、去停用词、提取文本特征等预处理操作。

```
data = pd.read_excel('./酒店评价数据集.xlsx')
data['cut_comment'] = data['comment']
for i in range(0, len(data['cut_comment'])):
    row = data['cut_comment'][i]
    row_delete = delete_punctuation(str(row))
    row_seg = word_seg(row_delete)
    data['cut_comment'][i] = row_seg
vect = CountVectorizer(max_df = 0.8,
                       min_df = 3,
                       token_pattern = u'(?u)\\b[^\\d\\W]\\w + \\b')
X = data['cut_comment']
y = data.sentiment
X_train, X_test, y_train, y_test = train_test_split(X, y, test_size = 0.2, random_state = 22)
test = pd.DataFrame(vect.fit_transform(X_train).toarray(), columns = vect.get_feature_names_out())
test.head()
```

训练模型如下：

```
knn = KNeighborsClassifier(n_neighbors = 3)
X_train_vect = vect.fit_transform(X_train)
knn.fit(X_train_vect, y_train)
train_score = knn.score(X_train_vect, y_train)
print(train_score)
```

其中，KNN 算法的 K 值选择为 3，并且训练集和测试集的比例为 8∶2，训练完成后，训练集的准确度为 0.8572，可以看到模型准确度较高。再运行测试集的数据：

```
X_test_vect = vect.transform(X_test)
print(knn.score(X_test_vect, y_test))
```

测试集的准确度为 0.7142,将模型保存后,开始对 A 酒店的用户评论数据进行情感分类。

```python
data2 = pd.read_excel('./酒店 A.xlsx')
data2['cut_comment'] = data2['用户评论']
for i in range(0, len(data2['cut_comment'])):
    row = data2['cut_comment'][i]
    row_delete = delete_punctuation(str(row))
    row_seg = word_seg(row_delete)
    data2['cut_comment'][i] = row_seg
X = data2['cut_comment']
X_vec = vect.transform(X)
knn_sentiment = knn.predict(X_vec)
data2['knn_sentiment'] = knn_sentiment
data2.head()
```

前 5 行用户评论的情感分类结果(KNN 算法)如图 10.11 所示。

	用户名	房型	入住时间	评分	用户评论	字段7	字段8	字段9	字段10	字段11	字段12	cut_comment	knn_sentiment
0	匿名用户	影音大床房	于2023年4月入住	5.0	设施:投影仪很清晰,速度你觉得那我就不会上学呼吸睡宝贝后悔死想不到宿舍吧笑哈哈别…	有用	2023年5月4日发布于安徽	NaN	NaN	NaN	NaN	设施投影仪 清晰 速度 上学 呼吸 睡 宝贝 后悔 死 想不到 宿舍 笑哈哈	1
1	M481225****	影音大床房	于2023年3月入住	5.0	这次唯一美中不足的是第一天晚上热水器不能正常使用,宾馆阿姨服务热情,耐心的给我们解释热水…	有用	2023年3月19日发布于上海	NaN	NaN	NaN	NaN	唯一 美中不足 第一天 晚上 热水器 宾馆 阿姨 服务 热情 耐心 解释 热水器 故障 原因	1
2	M399901****	影音大床房	于2023年3月入住	5.0	酒店距离徐州站很近,周边有地铁,出行方便;性价比很高;房间宽敞明亮床垫被子柔软舒适,卫生情况…	有用	2023年3月5日发布于江苏	NaN	NaN	NaN	NaN	酒店 距离 徐州 站 近 周边 地铁 出行 性价比 高 房间 宽敞明亮 床 垫 被子 柔软 舒…	1
3	匿名用户	影音大床房	于2023年4月入住	1.0	味道有点差,厕所味道还很大,床单还破了…	有用	2023年4月30日发布于安徽	NaN	NaN	NaN	NaN	味道 差 厕所 味道 很大 床单 破	1
4	闲逛小王子	影音单人房	于2022年10月入住	4.5	徐州办事临时奔着影音房去的,前台的妹子服务挺好的,隔音不能算多好,但是房间内打扫得还是很干…	有用	2022年11月2日发布于江苏	NaN	NaN	NaN	NaN	徐州 办事 临时 奔 影音 房 去 前台 妹子 服务 挺 隔音 算多 房间内 打扫 干净 设施…	1

图 10.11 前 5 行用户评论的情感分类结果(KNN 算法)

10.4.2 结果分析

基于前面的分析,发现用户的情感倾向如表 10.1 所示。

表 10.1 用户评论情感分析占比

情绪倾向	情绪得分	评论条数	百分比
积极情绪	一般(0~10)	314	46.87%
	中度(10~20)	173	25.82%
	高度(20 以上)	56	8.36%
中性情绪	——	102	15.22%
消极情绪	一般(−10~0)	21	3.13%
	中度(−20~10)	3	0.45%
	高度(−20 以下)	1	0.15%

由表 10.1 的数据分析可知,用户对于 A 酒店持积极态度的比例占 81.05%,持中性态度的比例占 15.22%,持消极态度的比例占 3.73%。其中持积极态度和中性态度的用户为 96.27%,和携程 A 酒店页面上的 97%用户推荐基本吻合。

商务酒店竞争分析

　　在了解了用户对酒店的情感占比后,进一步得到每类用户所关注的因素,如酒店房间、地理位置、卫生、服务、餐饮等方面。对于持积极情绪的用户提及的因素,酒店应及时发现并扩大这些优势,并形成自己的招牌;对于持中立情绪的用户提及的因素,酒店应加强这些方面的服务;而消极情绪用户提及的因素,酒店应即刻整改,防止客户流失。

　　取出正面情感用户的评论数据进一步分析,通过分词和词频统计进行可视化。

```python
fre_inputs = r"正面评论.txt"
txt_file = open(fre_inputs, "r", encoding = 'utf - 8').read()
txt_words = jieba.cut(txt_file)
counts = {}
for word in txt_words:
    if len(word) == 1:
        continue
    else:
        counts[word] = counts.get(word, 0) + 1
items = list(counts.items())
items.sort(key = lambda x: x[1], reverse = True)
for i in range(30):
    word, count = items[i]
    print("{0:<10}{1:<5}".format(word, count))
```

　　jieba 分词有三种模式:精确模式、全模式和搜索引擎模式。jieba.cut()为精确模式,实现将文本精确切割,不存在冗余单词。记录字长大于 1 的关键词,并将关键词出现的频率加 1,词频统计通过 count 数组实现。词频统计完成后,对词频进行降序排列,并输出词频为前 30 的关键词及其出现次数。

　　为了更加直观地展示关键词的频率,将关键词的词频制作成标签云,标签云图如图 10.12 所示。

```python
from wordcloud import WordCloud
import matplotlib.pyplot as plt
draw_file = r"正面评论.txt"
txt = open(draw_file, encoding = 'utf - 8').read()
wordslist = jieba.cut(txt)
wl = " ".join(wordslist)
wc = WordCloud(font_path = 'C:/Windows/Fonts/simkai.ttf',
               background_color = "white",
               min_font_size = 1,
               colormap = "Blues",
               max_words = 150,
               max_font_size = 150,
               random_state = 60,
               width = 700, height = 700,
               ).generate(txt) plt.imshow(wc)
plt.axis("off")
plt.show()
wc.to_file('pos_wordcloud.jpg')
```

其中,max_words 表示词云显示的最大词数,max_font_size 表示词云的字体最大值,random_state 为配色方案的数量,width 和 height 分别表示图片的宽度和高度,background_color 用于设置背景的颜色,colormap 用于设置字体的颜色,generate(txt)开始显示词云。最后,生成的词云图片保存至 pos_wordcloud.jpg 中。

从图 10.12 可以看到,持积极情绪的用户看重干净、方便、设施、环境、早餐、性价比、卫生情况、位置等因素。这些是吸引消费者的因素,建议 A 酒店在后续的发展中不断加强这些因素的竞争力,形成自己的特色,为更多的消费者提供更方便、更好的服务。类似地,统计中立情绪和负面情绪的用户评论数据中的词频并且制作相应的标签云,标签云图如图 10.13 所示。

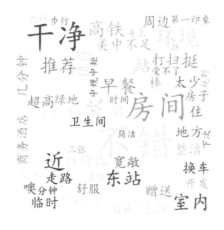 

图 10.12　正面情感分词后的可视化结果　　　图 10.13　中立情感分词后的可视化结果

图 10.13 是持中立情绪的用户关注的因素,包括方便性、附近的交通情况、周围环境、早餐质量、房间装修情况、吃饭味道等。由此可见,该酒店后续有待进一步提升的服务包括早餐的口味、房间的装修情况,特别是有的用户在评论中指出该酒店的早餐有点不合口味,另外房间装修存在甲醛味道,这都是该酒店在后续的经营过程中需要改进的地方。类似地,再统计消极评论的词频并制作相应的标签云,标签云图如图 10.14 所示。

图 10.14　负面情感分词后的可视化结果

图 10.14 是持消极情绪的用户不满意的因素,主要有酒店的房间、早餐情况、服务、酒店难找、装修的味道等。其中指出的房间装修存在甲醛味道问题,酒店应该给予充分的重视,不然会对客源造成极大的冲击。因此,酒店应该及时检测空气质量,才能保证客源不会受到影响。

10.5 不同酒店的竞争分析

虽然 A 酒店附近存在数十所同样价位的商务酒店,由于差异化不明显,竞争者都采用相同的经营管理模式,随着酒店数量越来越多,店均客源逐渐减少,对 A 酒店的经营产生较大影响,A 酒店要想在竞争中立于不败之地,不仅需要了解自己存在的问题,更要对比分析其竞争优势和客源吸引能力,使酒店在经营过程中知彼知己,最终在竞争中逐渐胜出。

选取 A 酒店周边的商务宾馆和星级酒店作为竞争对手进行竞争力分析,它们分别是B、C 和 D 酒店,其中 B 酒店的定位是星级酒店,定位略有不同,其余两家为经济型商务酒店,为直接竞争对手,从点评网站上抓取了上述各家酒店的评论数据进行对比分析。

10.5.1 酒店评分比较

4 家酒店分别利用八爪鱼爬取数据后,对 4 家酒店的综合点评平均得分进行了对比,利用 Python 语言制作箱线图和柱状图便于后续分析。

引入画箱线图和柱状图所需的组件包:

```python
import numpy as np
import matplotlib.pyplot as plt
import pandas as pd
```

首先,将 A、B 和 C 酒店的评论数据中的综合评分以箱线图的格式显示,代码如下:

```python
df_A = pd.read_excel('./酒店 A.xlsx')
A = df_A['评分'].tolist()
df_B = pd.read_excel('./酒店 B.xlsx')
B = df_B['评分'].tolist()
df_C = pd.read_excel('./酒店 C.xlsx')
C = df_C['评分'].tolist()
plt.grid(True)
labels = '酒店 A', '酒店 B', '酒店 C'
plt.boxplot([A, B, C],
            medianprops = {'color': 'red', 'linewidth': '1.5'},
            showmeans = False,
            flierprops = {"marker": "o", "markerfacecolor": "red", "markersize": 1},
            labels = labels)
plt.yticks(np.arange(1, 5.1, 1))
plt.show()
```

各酒店的综合评分箱线图如图 10.15 所示。

可以看到,评分主要分布在 4.0~5.0 分,说明 B 酒店的分值最集中,几乎接近 5 分,A 和 C 酒店的评分分布较差,分值在 4.0~5.0。

可以将各个酒店按照不同的房型分开,记录不同房型的评分分布,并制作可视化的箱线图。将 A、B 和 C 酒店的房型分为两大类:单人间和双人间。经过分析得知,使用单人间的用户往往是出差个体,而双人间往往是夫妻、情侣、朋友旅行的用户,将单人间和双人间分开分析,寻找 A 酒店、B 酒店和 C 酒店相比的优势与不足。

将 3 家酒店根据房型分类,提取出每家酒店单人间的用户评分数据。

```
listA1 = []
listA2 = []
hA = df_A['房型'].tolist()
for i,j in zip(A,hA):
    if j == '影音单人房':
        listA1.append(i)
    elif j == '影音双床房' or j == '影音大床房':
        listA2.append(i)
listB1 = []
listB2 = []
hB = df_B['房型'].tolist()
for i,j in zip(B,hB):
    if j == '几木套房':
        listB1.append(i)
    elif j == '高级双床房' or j == '高级大床房':
        listB2.append(i)
listC1 = []
listC2 = []
hC = df_C['房型'].tolist()
for i,j in zip(C,hC):
    if j == '豪华标准间':
        listC1.append(i)
    elif j == '豪华大床房':
        listC2.append(i)
plt.grid(True)
labels = '酒店 A', '酒店 B', '酒店 C'
plt.title('A、B、C 酒店单人房评分箱线图')
plt.boxplot([listA1, listB1, listC1],
            medianprops = {'color': 'red', 'linewidth': '1.5'},
            showmeans = False,
            flierprops = {"marker": "o", "markerfacecolor": "red", "markersize": 1},
            labels = labels)
plt.yticks(np.arange(1, 5.1, 1))
plt.show()
```

其中,listA1 和 listA2 分别记录 A 酒店单人房和双人房的用户评分数据,medianprops 用于绘制中位数线,showmeans=False 表示不用显示均值。

各酒店的单人房评分箱线图如图 10.16 所示。

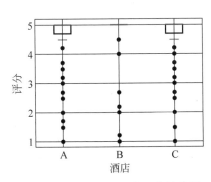

图 10.15　各酒店的综合评分箱线图

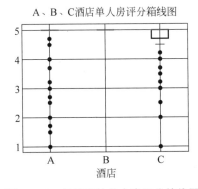

A、B、C酒店单人房评分箱线图

图 10.16　各酒店的单人房评分箱线图

由图 10.16 可知,在单人房方面,A 酒店和 B 酒店的评分集中在 5.0 分,表现非常出色,这就说明 A 酒店和 B 酒店极好地满足了单人出差工作的用户。相比之下,C 酒店在单人房

商务酒店竞争分析

的房型上的评分不及其他两家酒店。

绘制双人房的箱线图，代码如下：

```
plt.grid(True)
labels = '酒店 A', '酒店 B', '酒店 C'
plt.title('A、B、C 酒店双人房评分箱线图')
plt.boxplot([listA2, listB2, listC2],medianprops = {'color': 'red', 'linewidth': '1.5'},
showmeans = False,flierprops = {"marker": "o", "markerfacecolor": "red", "markersize": 1},
labels = labels)
plt.yticks(np.arange(1, 5.1, 1))
plt.show()
```

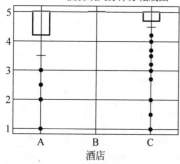

图 10.17　各酒店的双人房评
分箱线图

各酒店的双人房评分箱线图如图 10.17 所示。

由图 10.17 可知，在双人房的房型中，B 酒店的评分依旧集中在 5.0 分，其次是 C 酒店，评分分布在 4.5～5.0 分。A 酒店的双人房评分分数最差，评分大体上分布在 4.2～5.0 分。

通过不同酒店单人房、双人房房型的比较，可以得知 A 酒店的单人房房型做得比较好，而单人房的受众主要为商务出差人士，A 酒店的服务很好地满足了商务出差人士的出行居住需求。然而在双人房房型上，A 酒店的评分是 3 家酒店中最差的，双人房的受众主要为旅行的夫妻、情侣和朋友，这就说明 A 酒店对于旅行的客户服务还不到位。

分析 4 家酒店不同时间的评分均值，可以选择最近的 12 个月入住用户的评分作为样本，比较不同酒店在不同的月份下的用户评分数据。分别计算各家酒店不同月份的用户评分数据，以 A 酒店为例。

```
import numpy as np
import matplotlib.pyplot as plt
import pandas as pd
plt.rcParams["font.sans-serif"] = ["SimHei"]
plt.rcParams["axes.unicode_minus"] = False
df_A = pd.read_excel('./A 酒店.xlsx')
A = df_A['评分'].tolist()
dataA = df_A['入住时间'].tolist()
listA1 = []
listA2 = []
listA3 = []
listA4 = []
listA5 = []
listA6 = []
listA7 = []
listA8 = []
listA9 = []
listA10 = []
listA11 = []
listA12 = []  # 选取前 12 个月的数据制作折线图
```

```
for m,i in zip(dataA,A):
    if int(m[6]) == 5:
        listA1.append(i)
    elif int(m[6]) == 6:
        listA2.append(i)
    elif int(m[6]) == 7:
        listA3.append(i)
    elif int(m[6]) == 8:
        listA4.append(i)
    elif int(m[6]) == 9:
        listA5.append(i)
    elif str(m[7]) != '月' and int(m[6]) == 1 and int(m[7]) == 0:
        listA6.append(i)
    elif str(m[7]) != '月' and int(m[6]) == 1 and int(m[7]) == 1:
        listA7.append(i)
    elif str(m[7]) != '月' and int(m[6]) == 1 and int(m[7]) == 2:
        listA8.append(i)
    elif int(m[6]) == 1:
        listA9.append(i)
    elif int(m[6]) == 2:
        listA10.append(i)
    elif int(m[6]) == 3:
        listA11.append(i)
    elif int(m[6]) == 4:
        listA12.append(i)
```

制作 4 家酒店在 2022 年 5 月到 2023 年 6 月入住的用户评分数据的折线图,如图 10.18 所示。

```
import matplotlib.pyplot as plt
x = ['2022-5','2022-6','2022-7','2022-8','2022-9','2022-10','2022-11','2022-12','2023
-1','2023-2','2023-3','2023-4']
y1 = [ sum(listA1)/len(listA1), sum(listA2)/len(listA2), sum(listA3)/len(listA3), sum
(listA4)/len(listA4), sum(listA5)/len(listA5), sum(listA6)/len(listA6), sum(listA7)/len
(listA7), sum(listA8)/len(listA8), sum(listA9)/len(listA9), sum(listA10)/len(listA10), sum
(listA11)/len(listA11), sum(listA12)/len(listA12)]
y2 = [ sum(listB1)/len(listB1), sum(listB2)/len(listB2), sum(listB3)/len(listB3), sum
(listB4)/len(listB4), sum(listB5)/len(listB5), sum(listB6)/len(listB6), sum(listB7)/len
(listB7), sum(listB8)/len(listB8), sum(listB9)/len(listB9), sum(listB10)/len(listB10), sum
(listB11)/len(listB11), sum(listB12)/len(listB12)]
y3 = [ sum(listC1)/len(listC1), sum(listC2)/len(listC2), sum(listC3)/len(listC3), sum
(listC4)/len(listC4), sum(listC5)/len(listC5), sum(listC6)/len(listC6), sum(listC7)/len
(listC7), sum(listC8)/len(listC8), sum(listC9)/len(listC9), sum(listC10)/len(listC10), sum
(listC11)/len(listC11), sum(listC12)/len(listC12)]
y4 = [ sum(listD1)/len(listD1), sum(listD2)/len(listD2), sum(listD3)/len(listD3), sum
(listD4)/len(listD4), sum(listD5)/len(listD5), sum(listD6)/len(listD6), sum(listD7)/len
(listD7), sum(listD8)/len(listD8), sum(listD9)/len(listD9), sum(listD10)/len(listD10), sum
(listD11)/len(listD11), sum(listD12)/len(listD12)]
plt.figure(figsize = (8,4))
plt.title('各酒店评分随时间变化图')
plt.rcParams['font.sans-serif'] = ['SimHei']
plt.xlabel('时间')
plt.ylabel('评分均值')
plt.plot(x, y1, marker = 'o', markersize = 4)
```

```
plt.plot(x, y2, marker = 'o', markersize = 4)
plt.plot(x, y3, marker = 'o', markersize = 4)
plt.plot(x, y4, marker = 'o', markersize = 4)
plt.legend(['A 酒店', 'B 酒店', 'C 酒店', 'D 酒店'])
plt.xticks(fontsize = 10)
plt.ylim(3.5,5.1,0.1)
plt.show()
```

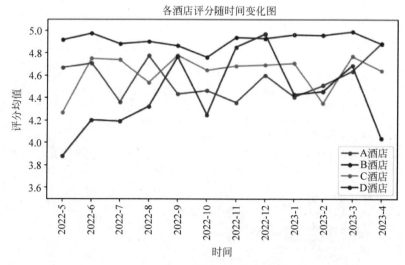

图 10.18　2022—2023 年各酒店评分随时间变化图

由图 10.18 的折线图可以看到，B 酒店在不同月份下的用户评分非常平稳，说明 B 酒店在各个月份的服务都做得很好。A 酒店和 C 酒店的用户评分数据波动较大，而 D 酒店的评分波动是 4 家酒店中最高的。通过比较可知，A 酒店在 2022 年 7 月和 11 月的评分非常低，说明这两个月的酒店服务产生了问题，但是经过酒店决策的调整后，A 酒店的用户评分在第 2 个月都有所回升。

制作 4 个酒店的评分柱状图，如图 10.19 所示。其中 plt.rcParams["font.sans-serif"] = ["SimHei"]和 plt.rcParams["axes.unicode_minus"] = False 用于正确显示图表中的中文和负号。代码如下：

```
x_data = ['A 酒店','D 酒店','B 酒店','C 酒店']
sumA = sumB = sumC = sumD = 0
x_data = ['A 酒店','D 酒店','B 酒店','C 酒店']
df_A = pd.read_excel('./A 酒店.xlsx')
A = df_A['评分'].tolist()
for i in A:
    sumA += i
df_B = pd.read_excel('./B 酒店.xlsx')
B = df_B['评分'].tolist()
for j in B:
    sumB += j
df_C = pd.read_excel('./C 酒店.xlsx')
C = df_C['评分'].tolist()
for k in C:
    sumC += k
df_D = pd.read_excel('./D 酒店.xlsx')
```

```
D = df_D['评分'].tolist()
for m in D:
    sumD += m
y_data = [sumA/len(A), sumD/len(D), sumB/len(B), sumC/len(C)]
plt.figure(figsize = (8,4))
plt.rcParams["font.sans - serif"] = ["SimHei"]
plt.rcParams["axes.unicode_minus"] = False
plt.style.use('ggplot')
for i in range(len(x_data)):
    plt.bar(x_data[i], y_data[i])
for a,b in zip(x_data,y_data):
    plt.text(a,b,'%.2f'% b,ha = 'center',va = 'bottom',fontsize = 10);
plt.title("酒店综合点评平均得分")
plt.ylim(0,5.1,1)
plt.xlabel("平均点评评分")
plt.show()
```

其中,sumA、sumB、sumC、sumD 分别记录 4 家酒店的总评分,将它们除以各酒店的用户数量,得到酒店的总评分。

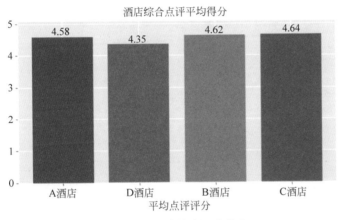

图 10.19　酒店综合评分分布

如图 10.19 所示,在平均得分上,排名第 1 的是 C 酒店,其次是 B 酒店,第 3 名是 A 酒店,最后是 D 酒店。

对 4 项基本点评得分进行讨论分析,给出地理位置这一项的平均得分,如图 10.20 所示。

```
x_data = ['A 酒店','D 酒店','B 酒店','C 酒店']
y_data = [4.45,4.01,4.72,4.28]
plt.figure(figsize = (8,4))
plt.rcParams["font.sans - serif"] = ["SimHei"]
plt.rcParams["axes.unicode_minus"] = False
plt.style.use('ggplot')
for i in range(len(x_data)):
    plt.bar(x_data[i], y_data[i])
for a,b in zip(x_data,y_data):
    plt.text(a,b,'%.2f'% b,ha = 'center',va = 'bottom',fontsize = 10);
plt.title("位置点评平均得分")
plt.ylim(0,5.1,1)
plt.xlabel("位置点评平均评分")
plt.show()
```

商务酒店竞争分析

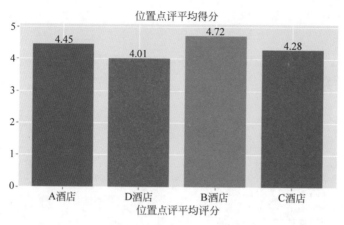

图 10.20　酒店地理位置评分分布

可以看到,在结果上与整体综合点评分布排序一致,A 酒店相对于其余两家商务酒店的优势显得比较大。也就是说,对于地理位置而言,A 酒店的优势也比较明显,仅次于 B 酒店这家星级酒店。

对设施进行评分分析,如图 10.21 所示。

```
x_data = ['A酒店','D酒店','B酒店','C酒店']
y_data = [4.51,3.87,4.88,4.41]
plt.figure(figsize = (8,4))
plt.rcParams["font.sans - serif"] = ["SimHei"]
plt.rcParams["axes.unicode_minus"] = False
plt.style.use('ggplot')
for i in range(len(x_data)):
    plt.bar(x_data[i], y_data[i])
for a,b in zip(x_data,y_data):
    plt.text(a,b,'%.2f'%b,ha = 'center',va = 'bottom',fontsize = 10);
plt.title("设施点评平均得分")
plt.ylim(0,5.1,1)
plt.xlabel("设施点评平均评分")
plt.show()
```

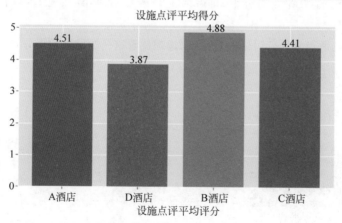

图 10.21　酒店设施评分分布

B 酒店作为星级酒店,其在设施上优于其余三家商务酒店。A 酒店依然是三家商务酒店中得分最高的一家。不过相对于上述评分,其与 C 商务酒店的分差不大,说明虽然 A 酒店处于领先地位,不过优势不大,应该注意及时更新维护设备,从而获得更好的竞争优势,平均服务得分如图 10.22 所示。

```python
x_data = ['A酒店','D酒店','B酒店','C酒店']
y_data = [4.5,3.85,4.91,4.36]
plt.figure(figsize=(8,4))
plt.rcParams["font.sans-serif"] = ["SimHei"]
plt.rcParams["axes.unicode_minus"] = False
plt.style.use('ggplot')
for i in range(len(x_data)):
    plt.bar(x_data[i], y_data[i])
for a,b in zip(x_data,y_data):
    plt.text(a,b,'%.2f'%b,ha='center',va='bottom',fontsize=10);
plt.title("服务点评平均得分")
plt.ylim(0,5.1,1)
plt.xlabel("服务点评平均评分")
plt.show()
```

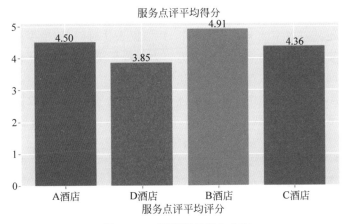

图 10.22　酒店服务评分分布

结果排序也与前面两项相同。A 酒店同样比其余两家商务酒店具备竞争优势,不过与 C 酒店相差不大,应该注意及时提升服务质量,从而获得更好的竞争优势。卫生点评平均得分如图 10.23 所示。

```python
x_data = ['A酒店','D酒店','B酒店','C酒店']
y_data = [4.69,4.16,4.93,4.63]
plt.rcParams["font.sans-serif"] = ["SimHei"]
plt.rcParams["axes.unicode_minus"] = False
plt.figure(figsize=(8,4))
plt.style.use('ggplot')
for i in range(len(x_data)):
    plt.bar(x_data[i], y_data[i])
for a,b in zip(x_data,y_data):
    plt.text(a,b,'%.2f'%b,ha='center',va='bottom',fontsize=10);
plt.title("卫生点评平均得分")
plt.ylim(0,5.1,1)
plt.xlabel("卫生点评平均评分")
plt.show()
```

商务酒店竞争分析

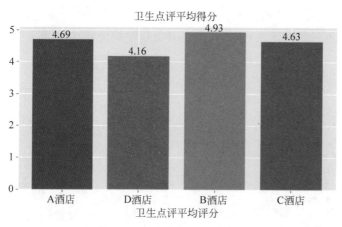

图 10.23　酒店卫生评分分布

10.5.2　客户吸引力对比

在本案例中,某一客人可能在不同的时间入住过不同的酒店,将这部分客人的评论数据提取出来,用于对比其对各家商务酒店的评分,并依据入住时间(评论提交时间)对用户的行为进行跟踪,可用于对比酒店对客户的吸引力。为了得到更多的客人比较样本,接下来使用抓取的评论数据,即不对评论数据进行随机化删除。

对比在 A 酒店和 B 酒店都住过并给出评论的用户数据,提出的数据包括客户昵称、A 酒店评分时间、A 酒店评分、B 酒店评分时间、B 酒店评分,如表 10.2 所示。

表 10.2　相同用户对 A 酒店和 B 酒店的评分

客 户 昵 称	A 酒店评分时间	A 酒店评分	B 酒店评分时间	B 酒店评分
_CFT010000001287 ****	2016-08-04	4.8	2016-09-06	5
pcly80 ****	2016-11-16	4	2016-12-10	5
203798 ****	2016-03-27	3.5	2016-10-26	4.8
203798 ****	2016-03-27	3.5	2016-12-07	5
320027 ****	2016-09-29	5	2016-11-19	5
205268 ****	2015-11-21	5	2016-07-10	5
205268 ****	2015-11-17	5	2016-07-10	5
118843 ****	2016-10-07	4.3	2016-10-27	5
118843 ****	2016-10-03	4	2016-10-27	5
231218 ****	2016-02-16	5	2016-08-17	5
203798 ****	2016-03-27	3.5	2016-10-26	4.8
203798 ****	2016-03-27	3.5	2016-09-23	5
203798 ****	2016-03-27	3.5	2016-12-07	5
203798 ****	2016-03-27	3.5	2016-12-07	5
203798 ****	2016-03-27	3.5	2016-09-23	5

将表 10.2 的数据制作成可视化的柱状图,如图 10.24 所示。

```
import matplotlib.pyplot as plt
plt.rcParams["font.sans - serif"] = [u"SimHei"]
plt.rcParams["axes.unicode_minus"] = False
df = pd.read_excel('./酒店 A 和酒店 B 比较.xlsx')
```

```
column_dataA = df['A 酒店评分'].tolist()
column_dataB = df['B 酒店评分'].tolist()
column_title = df['客户昵称'].tolist()
totalWidth = 0.8
labelNums = 2
barWidth = totalWidth/labelNums
seriesNums = 15
plt.bar([x for x in range(seriesNums)], height = column_dataA, label = "A 酒店评分", width =
barWidth)
plt.bar([x + barWidth for x in range(seriesNums)], height = column_dataB, label = "B 酒店评
分", width = barWidth)
plt.xticks([x + barWidth/2 * (labelNums - 1) for x in range(seriesNums)], column_title)
plt.xlabel("客户昵称")
plt.ylabel("评分")
plt.title("相同客户 A 和 B 酒店评分对比")
plt.legend()
plt.xticks(rotation = 60, fontsize = 7)
plt.show()
```

其中,plt.rcParams["font. sans-serif"]=[u"SimHei"]和 plt. rcParams["axes. unicode_minus"] =
False 用来正常显示中文和负号,totalWiden 表示单个柱体的宽度,labelNums=2 表示本图表
为双柱体,seriesNums 表示酒店评论用户的数量。

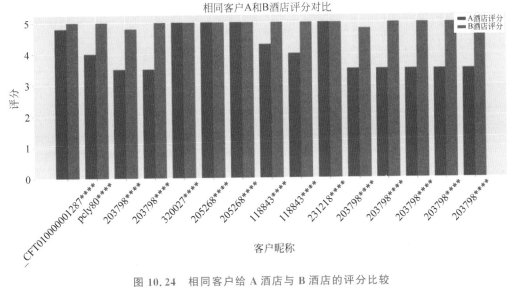

图 10.24　相同客户给 A 酒店与 B 酒店的评分比较

　　可以看到 A 酒店的客户大部分都是入住之后评分不高,然后流失到 B 酒店的,说明在
与 B 酒店的竞争中 A 酒店竞争力较差,并且查看评分的时间先后顺序,都是先住了 A 酒店,
发现服务各方面不满意之后才选择的 B 酒店,虽然两者的客户群体定位不同,但是因为酒
店中房型有交叉,即客户群体大致相同,综合说明在与 B 酒店的竞争中处于明显劣势,并存
在较高的客户流失风险。

　　除少数客户的评分同为 5 分外,其他客户的评分中全部选择 B 酒店为高评分,并且分
差较大。从目前抓取的评论数据来看,此类客户较少,只占总评论数的 2.2%,但在这部分客
户中,除 4 人给出相同的 5 分外,其他人 100%选择了 B 酒店,可能是双方客户存在差异化,或
者目前并未进入直接竞争阶段,虽然如此,A 酒店仍需要提前规划,提前进行风险防范。

接着比较 A 酒店和 C 酒店。前面比较的 B 酒店与 A 酒店的定位不同,因为 B 酒店并不是商务酒店。而 C 酒店在三家商务经济型酒店中的评价相对较高,并且从表 10.3 可以看出,客户同时在两家酒店都有消费,时间点也较多,说明两家酒店的客户重叠率较高,是直接竞争的关系。

表 10.3　A 酒店与 C 酒店评分对比

昵　　称	A 酒店评分时间	A 酒店评分	C 酒店评分时间	C 酒店评分
coolszy	2016-10-27	3.5	2016-09-25	5
WZHuangHe	2016-05-08	3.5	2016-11-10	4.3
M13388 ****	2016-08-18	5	2016-01-05	5
fengji ****	2016-10-12	4	2016-07-14	4.8
118002 ****	2016-12-03	4.3	2016-06-17	4.5
品味人生	2016-11-13	5	2016-07-31	5
品味人生	2016-10-26	5	2016-07-31	5
品味人生	2016-09-19	5	2016-07-31	5
品味人生	2016-10-24	5	2016-07-31	5
jiao_qiao	2016-04-01	5	2016-08-24	5
y6080	2016-07-12	4	2016-02-01	5
6851 ****	2016-09-28	5	2016-09-26	5
M26855 ****	2016-10-30	2.8	2016-10-30	3
118002 ****	2016-12-03	4.3	2016-06-01	4
300489 ****	2016-10-23	4	2015-05-09	4
300489 ****	2016-10-23	5	2015-05-09	4
300251 ****	2016-10-23	5	2016-10-17	5
300251 ****	2016-10-21	5	2016-10-17	5
300251 ****	2016-10-17	5	2016-10-17	5
300251 ****	2016-10-18	5	2016-10-17	5
jiao_qiao	2016-04-01	5	2016-07-08	4
_M1381895 ****	2016-11-28	5	2015-05-13	4
_M1381895 ****	2016-06-23	4	2015-05-13	4
折腾 000	2016-08-24	5	2015-03-14	4
M10537 ****	2016-07-02	5	2015-11-12	3.5
yuxun5200	2016-06-16	5	2015-05-28	5
yuxun5200	2016-06-16	5	2015-05-28	5
1590520 ****	2016-05-19	4	2015-12-22	3.5
zhangji ****	2016-01-02	2	2015-11-28	3.3
zhangji ****	2015-11-28	5	2015-11-28	3.3
6851 ****	2016-09-28	5	2015-10-21	5
6851 ****	2016-09-28	5	2015-04-05	5
300251 ****	2016-10-23	5	2015-08-14	3.8
300251 ****	2016-10-21	5	2015-08-14	3.8
300251 ****	2016-10-17	5	2015-08-14	3.8
300251 ****	2016-10-18	5	2015-08-14	3.8
WZHuangHe	2016-05-08	3.5	2014-11-21	3.8
zhangji ****	2016-01-02	2	2015-11-14	4
zhangji ****	2015-11-28	5	2015-11-14	4
zhangji ****	2016-01-02	2	2015-10-21	4
zhangji ****	2015-11-28	5	2015-10-21	4

```
import matplotlib.pyplot as plt
plt.rcParams["font.sans - serif"] = [u"SimHei"]
plt.rcParams["axes.unicode_minus"] = False
df = pd.read_excel('./A 酒店和 C 酒店比较.xlsx')
column_dataA = df['A 酒店评分'].tolist()
column_dataB = df['C 酒店评分'].tolist()
column_title = df['客户昵称'].tolist()
totalWidth = 0.8
labelNums = 2
barWidth = totalWidth/labelNums
seriesNums = 41
plt.bar([x for x in range(seriesNums)], height = column_dataA, label = "A 酒店评分", width =
barWidth)
plt.bar([x + barWidth for x in range(seriesNums)], height = column_dataB, label = "C 酒店评分",
width = barWidth)
plt.xticks([x + barWidth/2 * (labelNums - 1) for x in range(seriesNums)], column_title)
plt.xlabel("客户昵称")
plt.ylabel("评分")
plt.title("相同客户 A 和 C 酒店评分对比")
plt.legend()
plt.xticks(rotation = 60, fontsize = 7)
plt.show()
```

图 10.25 是其比较结果的直观显示,横坐标为客户昵称,先后顺序代表了时间前后顺序,从中对比发现在前期 A 酒店的评分较低,随着时间推移,有更多的客户从 C 酒店转向 A 酒店,说明其在与 C 酒店的竞争中客户吸引力有逐步增强的趋势。

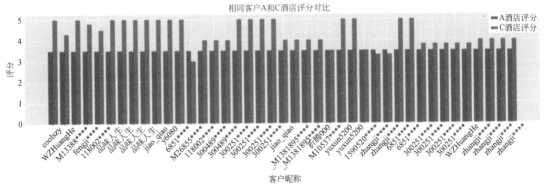

图 10.25　相同客户给 A 酒店与 C 酒店的评分比较

相同客户对 A 酒店的打分超过 C 酒店的有 14 条记录,低于其分值的记录数为 10 条,具有 71.4% 的竞争优势,优势未超过 80%,并不明显。从客户吸引力的角度来看,A 酒店在同类商务酒店中具有微弱领先的客户吸引力,但在与星级酒店的竞争中明显处于劣势,由于星级酒店 B 与 A 酒店的平均价格差低于 100 元,一旦对方进行促销或推出特惠等降价,将与 A 酒店形成直接竞争,严重影响 A 酒店的经营。

10.5.3　不同酒店客户情感对比

将 4 家酒店的客户评论数据从 Excel 的一列中去除,存放到 TXT 文档中,以 A 酒店为例,其余酒店的代码类似。

```
fa = pd.read_excel('./酒店 A.xlsx')
list_A = fa['用户评论'].tolist()
f1 = open(r'酒店 A.txt', 'w', encoding = 'utf - 8')
for i in list_A:
    f1.write(str(i) + '\n')
f1.close()
```

然后对 4 家酒店的客户评论数据进行分词和去停用词操作,其中用到前面定义的 3 个函数,分别是 stopwords_list()、delete_punctuation()以及 word_seg()。

分词操作完成后,读入 4 个酒店的客户评论数据,使用 6.3.1 节中的 SnowNLP 模型对各条评论进行情感分析并分为积极情绪、中性情绪和消极情绪三类。在情感分类时,对三类评价的个数进行统计。

```
if __name__ == "__main__":
    reviews_file1 = open('A 酒店分词后.txt', encoding = 'utf - 8')
    reviews_file2 = open('B 酒店分词后.txt', encoding = 'utf - 8')
    reviews_file3 = open('C 酒店分词后.txt', encoding = 'utf - 8')
    reviews_file4 = open('D 酒店分词后.txt', encoding = 'utf - 8')
    pos_a = neu_a = neg_a = count_a = 0
    pos_b = neu_b = neg_b = count_b = 0
    pos_c = neu_c = neg_c = count_c = 0
    pos_d = neu_d = neg_d = count_d = 0
    for line1 in reviews_file1:
        s1 = SnowNLP(line1)
        if s1.sentiments <= 0.6:
            neg_a += 1
        elif s1.sentiments >= 0.85:
            pos_a += 1
        else:
            neu_a += 1
        count_a += 1
    for line2 in reviews_file2:
        s2 = SnowNLP(line2)
        if s2.sentiments <= 0.6:
            neg_b += 1
        elif s2.sentiments >= 0.85:
            pos_b += 1
        else:
            neu_b += 1
        count_b += 1
    for line3 in reviews_file3:
        s3 = SnowNLP(line3)
        if s3.sentiments <= 0.6:
            neg_c += 1
        elif s3.sentiments >= 0.85:
            pos_c += 1
        else:
            neu_c += 1
        count_c += 1
    for line4 in reviews_file4:
        s4 = SnowNLP(line4)
        if s4.sentiments <= 0.6:
            neg_d += 1
        elif s4.sentiments >= 0.85:
            pos_d += 1
```

```
        else:
            neu_d += 1
    count_d += 1
```

其中,pos_a、neu_a、neg_a、count_a 分别记录 A 酒店的积极情绪、中性情绪和消极情绪以及总的用户评论的数量,B、C、D 酒店以此类推。

制作不同酒店评论中各情绪分布柱状图,如图 10.26 所示。

```
import matplotlib.pyplot as plt
plt.rcParams["font.sans - serif"] = [u"SimHei"]
plt.rcParams["axes.unicode_minus"] = False
column1 = [pos_a/count_a, pos_b/count_b, pos_c/count_c, pos_d/count_d]
column2 = [neu_a/count_a, neu_b/count_b, neu_c/count_c, neu_d/count_d]
column3 = [neg_a/count_a, neg_b/count_b, neg_c/count_c, neg_d/count_d]
column_title = ['A 酒店','B 酒店','C 酒店','D 酒店']
totalWidth = 0.8
labelNums = 3
barWidth = totalWidth/labelNums
seriesNums = 4
plt.figure(figsize = (10,4))
plt.bar([x for x in range(seriesNums)], height = column1, label = "积极情绪", width = barWidth)
plt.bar([x + barWidth for x in range(seriesNums)], height = column2, label = "中性情绪", width =
barWidth)
plt.bar([x + 2 * barWidth for x in range(seriesNums)], height = column3, label = "消极情绪",
width = barWidth)
plt.xticks([x + barWidth/2 * (labelNums - 1) for x in range(seriesNums)], column_title)
plt.ylim(0,1,)
plt.ylabel("百分比/%")
plt.title("不同酒店评论中各情绪分布柱状图")
plt.legend()
plt.xticks(fontsize = 14)
plt.show()
```

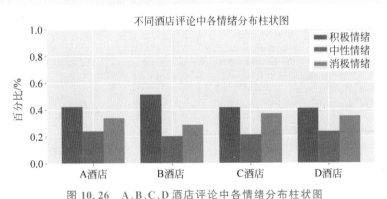

图 10.26   A、B、C、D 酒店评论中各情绪分布柱状图

从图 10.26 中可以看出,在评论积极情绪方面,好评率最高的是 B 酒店,其次是 A 酒店,然后是 C 酒店和 D 酒店。从中可以看出,对于 A 酒店而言,在业界好评最高的是 B 酒店,也是 A 酒店强有力的竞争对手。

将 A 酒店、C 酒店、B 酒店的情感分词的标签云进行对比分析。

```
import jieba
from wordcloud import WordCloud
import matplotlib.pyplot as plt
```

商务酒店竞争分析

```
draw_file1 = r"酒店 A 分词后.txt"
draw_file2 = r"酒店 B 分词后.txt"
draw_file3 = r"酒店 C 分词后.txt"
txt1 = open(draw_file1, encoding = 'utf - 8').read()
txt2 = open(draw_file2, encoding = 'utf - 8').read()
txt3 = open(draw_file3, encoding = 'utf - 8').read()
wordslist1 = jieba.cut(txt1)
wordslist2 = jieba.cut(txt2)
wordslist3 = jieba.cut(txt3)
wl1 = " ".join(wordslist1)
wl2 = " ".join(wordslist2)
wl3 = " ".join(wordslist3)
wc1 = WordCloud(font_path = 'C:/Windows/Fonts/simkai.ttf',
                background_color = "white",
                min_font_size = 1,
                colormap = "Blues",
                max_words = 150,
                max_font_size = 150,
                random_state = 60,
                width = 700, height = 700,
                ).generate(txt1)
wc2 = WordCloud(font_path = 'C:/Windows/Fonts/simkai.ttf',
                background_color = "white",
                min_font_size = 1,
                colormap = "Blues",
                max_words = 150,
                max_font_size = 150,
                random_state = 60,
                width = 700, height = 700,
                ).generate(txt2)
wc3 = WordCloud(font_path = 'C:/Windows/Fonts/simkai.ttf',
                background_color = "white",
                min_font_size = 1,
                colormap = "Blues",
                max_words = 150,
                max_font_size = 150,
                random_state = 60,
                width = 700, height = 700,
                ).generate(txt3)
plt.imshow(wc1)
plt.axis("off")
plt.show()
wc1.to_file('wordcloud_酒店 A.jpg')
plt.imshow(wc2)
plt.axis("off")
plt.show()
wc2.to_file('wordcloud_酒店 B.jpg')
plt.imshow(wc3)
plt.axis("off")
plt.show()
wc3.to_file('wordcloud_酒店 C.jpg')
```

其中,max_words 表示词云显示的最大词数,max_font_size 表示词云的字体最大值,random_state 表示配色方案的数量,background_color 用于设置背景的颜色,colormap 用于设置字体的颜色,width 和 height 分别表示图片的宽度和高度,generate(txt)开始显示词云。最后,生成的词云图片保存至 wordcloud_酒店 A.jpg 中。A、B、C 酒店的词云如图 10.27 所示。

图 10.27　从左至右依次为 A、B、C 酒店的全部评价主题

从评论分布中可以清晰地看出,B 酒店的服务更为突出,可以看出在服务方面很热情,其中前台的作用非常重要。这与 B 酒店的自身定位密切相关,其作为一家连锁星级酒店,在好评的积极情绪上比 A 酒店更佳。

从图 10.27 中可以看出,A 酒店和 C 酒店的最高词频都是舒适、干净、卫生、环境等。观察词频可以继续发现,B 酒店的服务非常突出,前台被提及的次数比较多,这是其主要优点之一,说明从事服务行业,前台的服务非常重要。

对于定位相同的商务酒店,可以看到从好评率上 A 酒店具有一定的领先优势,对比三者的评论分布图后发现,A 酒店在地理位置上具有最大优势。不过同样也可以看出,在服务和设施方面还有待加强。如果能在服务上对酒店质量进行提升,可以使得 A 酒店远超对手,获得最大竞争优势。

通过分析,对 A 酒店提出如下建议:A 酒店要形成更强的竞争优势,核心在于提高服务水平,包括对员工进行标准化培训,必要时进行商务礼仪培训,提高商务出差客户的服务能力。此外,早餐也是商务酒店重要的竞争因素,可以增加可选种类以提供多样化选择,适应大多数客户的需求,重点提高餐食的口味品质和服务人员的服务意识。最后,建议尽可能在主要道路建立指引标识以解决酒店难找的问题,并及时更新设施或优化,防止出现维修不及时的问题,给客户带来不便。

思　考　题

1. 如何清洗网络爬虫获得的电商相关数据?
2. 比较各种常用的文本主题提取方法。
3. 简要分析贝叶斯分类器对于电商客户情感分类的过程。
4. 为什么在分析酒店存在的问题时要引入其竞争对手的分析?
5. 在分析酒店运营存在的问题时,讨论对客户分类的必要性。

商务酒店竞争分析

第 11 章   常见机器学习算法加速

本案例的数据集来源于美国 1970—2010 年的人口普查数据,通过对各属性之间关系的学习,预测美国人口收入和受教育程度之间的关系,旨在对比使用 Intel 加速方案和不使用加速方案的情况下,相同硬件下模型运算的效率差异。首先读取所需的数据,然后分别使用加速方案和不使用加速方案,比较预测算法的训练速度。

```
♯ 使用 modin(使用 pip install modin 安装 modin 库)
import modin.pandas as pd
import modin.config as cfg
cfg.StorageFormat.put('hdk')
df = pd.read_csv('ipums_education2income_1970 - 2021.csv.gz')
print(df.shape)
print(df.dtypes)
```

首先安装 Modin 库,通过 Modin 库中的 Pandas 读取数据,了解数据集的总体概况。将所读取的数据结果输出显示,可以看到数据集共包含 45 种属性,21721922 条数据。

11.1   使用 Intel OneAPI 加速

Modin 库是一个用于加速 Pandas 数据分析工具的库,它采用了一种并行计算的方法来优化数据处理性能。在使用 Modin 库时,可以选择使用不同的后端计算引擎,其中 HDK(Heterogeneous Data Kernels)是其中一种。

HDK 可以利用计算机上所有可用的 CPU 和内存资源,并通过分配任务给多个核心来并行执行操作,从而提高数据处理性能。这种并行计算方法可以显著减少处理大型数据集时的运行时间和内存占用。

与传统的 Pandas 库不同,Modin 库可以通过在多个核心上并行执行任务来加速数据处理,从而提高处理大型数据集的效率。此外,Modin 库还使用了更高效的数据存储格式,例如二进制格式,以减少内存占用和提高 I/O 性能。

将数据通过 Pandas 库读入 DataFrame 中。导入 Modin 库,设置 HDK 作为后端计算引擎,该引擎基于 OmniSciDB 来获得针对特定 DataFrame 操作集的高单节点可扩展性。

```
♯ 使用 modin
import modin.pandas as pd
import modin.config as cfg
cfg.StorageFormat.put('hdk')
```

通过 Python 的 time 库来统计数据加载获取时间,结果为 16.48 秒。

```
import time
dt_start = time.time()
# 训练该数据集需要大约 30GB 内存,如果内存足够,使用该行代码读取所有数据
df = pd.read_csv('ipums_education2income_1970 - 2010.csv.gz')
# 如果内存有限,可以只读取部分数据集,如
# df = pd.read_csv('ipums_education2income_1970 - 2010.csv.gz', nrows = 5000000)
print("read_csv time: ", time.time() - dt_start)
```

结果如下：

read_csv time: 16.48158311843872

11.1.1　数据预处理

对数据进行预处理,保留算法所需要的字段,清洗无效数据,根据通货膨胀调整收入,设置目标字段为 EDUC。该操作也使用了 Modin 库的 Pandas,总耗时为 0.17 秒。

```
dt_start = time.time()
# 选取算法所需要的 features
keep_cols = ['YEAR', 'DATANUM', 'SERIAL', 'CBSERIAL', 'HHWT','CPI99', 'GQ', 'PERNUM', 'SEX', 'AGE',
    'INCTOT', 'EDUC', 'EDUCD', 'EDUC_HEAD', 'EDUC_POP',
    'EDUC_MOM', 'EDUCD_MOM2', 'EDUCD_POP2', 'INCTOT_MOM',
    'INCTOT_POP',
    'INCTOT_MOM2', 'INCTOT_POP2', 'INCTOT_HEAD', 'SEX_HEAD',
]
df = df[keep_cols]
# 清洗无效数据
df = df[df['INCTOT']!= 9999999]
df = df[df['EDUC']!= -1]
df = df[df['EDUCD']!= -1]
# 根据通货膨胀调整收入
df['INCTOT'] = df['INCTOT'] * df['CPI99']
for column in keep_cols:
    df[column] = df[column].fillna(-1)
    df[column] = df[column].astype('float64')
# 设置目标列为 EDUC,并从 features 中移除 EDUC 和 CPI99
y = df['EDUC']
X = df.drop(columns = ['EDUC', 'CPI99'])
print('ETL time: ', time.time() - dt_start)
```

结果如下：

ETL time: 0.17369747161865234

11.1.2　数据集划分与建模预测

导入 Intel® Extension for Scikit-Learn 库,调用 patch_sklearn()函数,用底层的 Intel® oneAPI Data Analytics Library 对机器学习算法进行加速(需要事先使用 pip 命令安装 sklearnex 库: pip install scikit-learn-intelex)。

```
# 以下两行导入 Intel Extension for Scikit - Learn 库
# 调用 patch 函数加速.如果使用原生的 Scikit - Learn 库,注释这两行即可
```

常见机器学习算法加速

```
from sklearnex import patch_sklearn
patch_sklearn()
from sklearn import config_context
from sklearn.metrics import mean_squared_error, r2_score
from sklearn.model_selection import train_test_split
import sklearn.linear_model as lm
```

将数据集分为训练集和测试集,划分比例为 9∶1,训练模型并进行测试。每次划分数据集使用不同的 random_state 来确保每次训练和测试的数据集不重合,执行 10 次以减少过拟合。这里使用岭回归 ridge regression 算法来预测收入和受教育程度之间的关系。

```
# 创建 ridge regression 对象
clf = lm.Ridge()
mse_values, cod_values = [], []
N_RUNS = 10
TRAIN_SIZE = 0.9
random_state = 777
X = np.ascontiguousarray(X, dtype = np.float64)
y = np.ascontiguousarray(y, dtype = np.float64)
# 交叉验证
for i in range(N_RUNS):
    # 第一次需要 warm-up,不计时
    if i == 2:
        dt_start = time.time()
    # 将数据集分为训练集和测试集
    X_train, X_test, y_train, y_test = \
        train_test_split(X, y, train_size = TRAIN_SIZE,
        random_state = random_state)
    random_state += 777
    # 训练模型
    with config_context(assume_finite = True):
        model = clf.fit(X_train, y_train)
    # 模型预测
    y_pred = model.predict(X_test)
    # 计算均方误差 (Mean Squared Error) 和 R² 分数 (R-Square Score)
    mse_values.append(mean_squared_error(y_test, y_pred))
    cod_values.append(r2_score(y_test, y_pred))
print("ridge regression training & inference time: ", time.time() - dt_start)
```

结果如下:

ridge regression traning & inference time: 9.546683311462402

11.1.3　模型评估

MSE 和 R^2 是评估回归模型性能的常用指标。通常来说,当 MSE 值较小时,R^2 值较大,表示模型预测结果较为准确,拟合程度较好。在模型训练和预测过程中,已经使用 sklearn 的 MSE 和 R^2 将每次预测的结果做了记录。

```
mean_mse = sum(mse_values) / len(mse_values)
mean_cod = sum(cod_values) / len(cod_values)
```

```
mse_dev = pow(sum([(mse_values - mean_mse) ** 2 for mse_value in mse_values]) / (len(mse_
values) - 1), 0.5)
cod_dev = pow(sum([(cod_values - mean_cod) ** 2 for cod_value in cod_values]) / (len(cod_
values) - 1), 0.5)
print("mean MSE ± deviation: {:.9f} ± {:.9f}".format(mean_mse, mse_dev))
print("mean COD ± deviation: {:.9f} ± {:.9f}".format(mean_cod, cod_dev))
```

结果如下：

mean MSE ± deviation: 0.032551700 ± 0.000045536
mean CDD ± deviation: 0.995368464 ± 0.00006378

可以看到，均方误差约为 0.033，R^2 约为 0.99，表明当前的回归预测较为准确。

11.2 不使用 Intel OneAPI 的方案

在代码头部导入原生的 Pandas 库。

```
# 使用原生 pandas
import pandas as pd
```

通过 Python 的 time 库来统计数据加载获取时间，结果为 56.29 秒。

```
import time
dt_start = time.time()
# 训练该数据集需要大约 30GB 内存，如果内存足够，使用该行代码读取所有数据
df = pd.read_csv('ipums_education2income_1970 - 2010.csv.gz')
# 如果内存有限，可以只读取部分数据集，如
df = pd.read_csv('ipums_education2income_1970 - 2010.csv.gz', nrows = 5000000)
print('read_csv time: ', time.time() - dt_start)
```

结果如下：

read_CSV time : 56.293952226638794

```
dt_start = time.time()
# 选取算法所需要的 features
keep_cols = [
    'YEAR', 'DATANUM', 'SERIAL', 'CBSERIAL', 'HHWT',
    'CPI99', 'GQ', 'PERNUM', 'SEX', 'AGE',
    'INCTOT', 'EDUC', 'EDUCD', 'EDUC_HEAD', 'EDUC_POP',
    'EDUC_MOM', 'EDUCD_MOM2', 'EDUCD_POP2', 'INCTOT_MOM', 'INCTOT_POP',
    'INCTOT_MOM2', 'INCTOT_POP2', 'INCTOT_HEAD', 'SEX_HEAD',
]
df = df[keep_cols]
# 清洗无效数据
df = df[df['INCTOT'] != 9999999]
df = df[df['EDUC'] != -1]
df = df[df['EDUCD'] != -1]
# 根据通货膨胀调整收入
df['INCTOT'] = df['INCTOT'] * df['CPI99']
for column in keep_cols:
    df[column] = df[column].fillna(-1)
```

常见机器学习算法加速

```
        df[column] = df[column].astype('float64')
    # 设置目标列为 EDUC,并从 features 中移除 EDUC 和 CPI99
    y = df['EDUC']
    X = df.drop(columns = ['EDUC', 'CPI99'])
    print('ETL time: ', time.time() – dt_start)
```

对数据进行预处理,该操作使用原生 Pandas,总耗时为 16.81 秒。

结果如下:

```
ETL time: 16.81525731086731
```

11.2.1 数据集划分与建模预测

```
    # 使用原生的 scikit – learn
    from sklearn import config_context
    from sklearn.metrics import mean_squared_error, r2_score
    from sklearn.model_selection import train_test_split
    import sklearn.linear_model as lm
```

使用原生的 sklearn 库,不调用 OneAPI 加速,主要对比它们所用的时间。可以看到,在没有 Intel 加速的情况下,8 次训练和预测共耗时 43.50 秒。

```
    # 创建 ridge regression 对象
    clf = lm.Ridge()
    mse_values, cod_values = [], []
    N_RUNS = 10
    TRAIN_SIZE = 0.9
    random_state = 777
    X = np.ascontiguousarray(X, dtype = np.float64)
    y = np.ascontiguousarray(y, dtype = np.float64)
    # 交叉验证
    for i in range(N_RUNS):
        # 第一次需要 warm – up,不计时
        if i == 2:
            dt_start = time.time()
        # 将数据集分为训练集和测试集
        X_trainX_test, y_train, y_test = train_test_split(X, y, train_size = TRAIN_SIZE, random_
    state = random_state)
        random_state += 777
        # 训练模型
        with config_context(assume_finite = True):
            model = clf.fit(X_train, y_train)
        # 模型预测
        y_pred = model.predict(X_test)
        # 计算均方误差 (Mean Squared Error) 和 R² 分数 R – Square Score)
        mse_values.append(mean_squared_error(y_test, y_pred))
        cod_values.append(r2_score(y_test, y_pred))
    print("Ridge Regression training & inference time: ", time.time() – dt_start)
```

结果如下:

```
Ridge Regression traning & inference time: 43.50283980369568
```

11.2.2 模型评估

在不使用 Modin 库和加速的模型训练和测试过程中,已经使用 sklearn 的 MSE 和 R^2 评估方法对每次预测的结果做了记录。

```
mean_mse = sum(mse_values) / len(mse_values)
mean_cod = sum(cod_values) / len(cod_values)
mse_dev = pow(sum([(mse_values - mean_mse) ** 2 for mse_value in mse_values]) / (len(mse_
values) - 1), 0.5)
cod_dev = pow(sum([(cod_values - mean_cod) ** 2 for cod_value in cod_values]) / (len(cod_
values) - 1), 0.5)
print("mean MSE ± deviation: {:.9f} ± {:.9f}".format(mean_mse, mse_dev))
print("mean COD ± deviation: {:.9f} ± {:.9f}".format(mean_cod, cod_dev))
```

结果如下:

mean MSE ± deviation: 0.032551700 ± 0.000045536
mean CDD ± deviation: 0.995368464 ± 0.00006378

可以看到,均方误差约为 0.032,R^2 约为 0.99,表明当前的回归预测同样较为准确,与不加速时无明显差异。

11.3 加速与否的对比分析

通过对比可以发现,使用 Modin 库的 Pandas 和 Intel 拓展的 Sklearn 加速后,在数据处理和训练过程中,极大地提高了数据处理效率,并且对模型的准确度无影响,如表 11.1 所示。

表 11.1 使用 Modin 库的 Pandas 和 Intel 拓展的 Sklearn 效果

不同情况效果比较	读取 CSV	数据预处理	模型训练和预测	模型预测性能(mse/cod)
使用 Modin 库和 intel_sklearn	16.48	0.17	9.5	0.32/0.99
不使用 Modin 库和 intel_sklearn	56.29	16.81	43.50	0.32/0.99

通过优化硬件调用,可以较大地提高机器学习效率。OneAPI 加速 Python 的 Scikit-Learn 库主要依赖于以下几方面。

(1) 使用优化的 CPU 指令:OneAPI 针对 Intel CPU 优化了很多常见的计算操作,包括矩阵乘法、向量加法等。通过使用这些优化后的指令可以提高计算速度。

(2) 并行化处理:OneAPI 中提供了多线程和向量化的优化方法,可以使计算任务并行化处理,提高计算速度。

(3) 使用高效的数据结构和算法:OneAPI 中提供了针对数据科学计算的高效数据结构和算法,可以减少计算的时间复杂度,从而提高计算速度。

(4) 使用硬件加速器:OneAPI 中还支持对 GPU 等硬件加速器的使用,通过使用 GPU 等硬件加速器,可以在计算密集型任务时取得更好的性能。

总的来说,OneAPI 是通过优化 CPU 指令、并行化处理、使用高效的数据结构和算法、使用硬件加速器等多种方式来加速 Python 的 Scikit-Learn 库的。这些优化措施可以在不修改现有 Python 代码的情况下,提高科学计算任务的运行效率。

常见机器学习算法加速

思 考 题

1. 为什么要对数据挖掘（机器学习）算法进行加速？

2. 哪些机器学习算法可以使用 OneAPI 加速？

3. 讨论如何对常用的机器学习算法进行加速。

4. 讨论采用 OneAPI 不用过多修改数据挖掘过程代码的价值。

5. 讨论使用 Modin 库和 Scikit-Learn 库加速的原理。

6. 实验题：使用 OneAPI 加速库对第 5 章预测淡水质量的案例进行优化。

第 12 章　综合实训：银行信用卡欺诈与拖欠行为分析

信用卡作为一种全新的支付手段和信用工具，是中国个人金融服务市场中成长最快的产品线之一。信用卡能够给银行带来很高的利润，目前我国信用卡透支贷款的年利率为18%左右，同时还会带来相当可观的分期付款手续费收入和商户回佣等中间业务收入。

我国的信用卡业务较国外起步较晚，与国外成熟的信用卡市场相比规模还很小，相关的制度还不够完善。作为纯信用模式下的金融信贷产品，信用卡风险主要包括三方面：信用风险、欺诈风险和操作风险。近年来，随着互联网金融的快速发展以及支付模式日益多元化，信用卡违约现象逐渐增多，不良贷款快速增长，信用卡欺诈、违法套现等违法犯罪活动不断出现，并呈现出新趋势、新特点。信用卡欺诈不仅给银行造成经济损失，还会带来巨大的声誉风险，降低客户对于银行的信任度。对此，各银行加强信用卡管理，提升风险防控能力已经刻不容缓。

本案例获取某银行的客户信用卡记录，挖掘数据的潜在价值，为该银行的信用卡业务决策提供参考。该银行面临的信用卡欺诈和拖欠现象比较严重，发生比例高于我国银行行业的平均值。本案例结合用户的人口属性对欺诈行为和拖欠行为的影响，对影响用户信用等级的主要因素进行分析。

通过对银行的客户信用记录、申请客户信息、拖欠历史记录、消费历史记录等数据进行分析，对不同信用程度的客户进行归类，研究信用卡贷款拖欠、信用卡欺诈等问题与客户的个人信息、信用卡使用信息的关系，为银行提前识别、防控信用卡业务风险提供参考，从而减少银行在信用卡业务方面的损失。

本案例可以作为综合实训，在前面章节的基础上，对本案例使用 Python 语言进行重新实现。

12.1　用户信用等级影响因素

个人信用卡的信用风险是指借款人不能在规定期限内按照约定的合约及时、足额偿还银行本金和利息的可能性。随着信用卡使用的日益广泛，申请信用卡的客户增多，也给银行带来了更大潜在的信用风险，银行需要采取相应措施，规避或减轻个人信用卡的信用风险。

对申请新信用卡的个人用户进行信用分析和等级评定，是银行控制个人信用卡信用风险的一项必要措施。在客户向银行申请信用卡时，银行会根据用户提供的个人信息进行评分，综合考虑客户的各项指标，对每一项指标都按照一定的标准评分，然后累计得到客户的信用总评分,为每位客户制定信用等级,给予相应的信用卡额度。潜在价值高且信用风险低的客户,给予大的信用额度。而潜在价值低或信用风险高的用户,给予小的信用额度。

12.1.1　客户信用卡申请数据预处理

在客户申请信用卡时,主要考虑因素如表12.1所示。

表12.1　用户信用等级评价指标

一级指标	个人自然情况	个人职业情况	个人收入及财产	个人银行记录
二级指标	年龄	职业类别	年收入	信贷情况
	性别	工作年限	居住类型	
	户籍		车辆情况	
	婚姻状态		保险缴纳	
	教育程度			

从银行获取的个人信用卡客户相关数据中,选取"申请客户信息"和"客户信用记录"两个表格,在 SPSS Modeler 18.0 中按照关键词"用户号"进行合并,删除重复字段。由于"申请客户信息"中未申请成功的用户在"客户信用记录"中没有相应的信用等级相关记录,因此信用总评分、信用等级、额度、审批结果显示为 null,如图12.1所示。

客户号	信用总评分	信用等级	额度	审批结果	...	年龄	性别	婚姻状态	教育程度	职业类别
000099994...	$null$	$null$	$null$	$null$	...	45...	女	未婚	本科	私营企业
000099994...	$null$	$null$	$null$	$null$	...	21...	男	未婚	大专	外资企业
000099994...	$null$	$null$	$null$	$null$	...	22...	女	未婚	大专	私营企业
000099996...	86.000	B-良好客户	50000.0...	0-通过	...	25...	男	未婚	本科	个体户
000099997...	90.000	A-优质客户	100000...	0-通过	...	25...	男	未婚	本科	私营企业
000099998...	86.000	B-良好客户	50000.0...	0-通过	...	25...	女	未婚	本科	私营企业
000099998...	84.000	B-良好客户	50000.0...	0-通过	...	32...	男	未婚	本科	私营企业
000099998...	87.000	B-良好客户	50000.0...	0-通过	...	52...	男	未婚	本科	私营企业
000099998...	$null$	$null$	$null$	$null$	...	32...	男	未婚	大专	私营企业
000099998...	$null$	$null$	$null$	$null$	...	41...	女	已婚	本科	个体户

图12.1　合并完成后的用户信息记录

对没有值的字段进行填充,将合并完成后的表格完善,便于后面对影响用户信用等级的因素进行分析。通过使用"填充"节点,具体处理方法如图12.2所示,统一将没有通过审批的用户信用总评分设置为0,信用等级为"F-未通过客户",额度为0,审批结果为"1-未通过"。

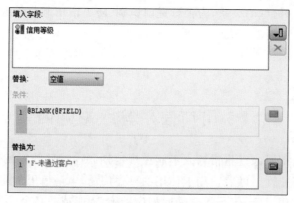

图12.2　对 null 值字段的填充方法

在数据分析过程中并不需要客户的个人标识信息,使用"过滤器"节点对"客户号""客户姓名""证件号码"等标识用户个人的变量进行过滤,由于"额度"、"信用总评分"变量和"信用等级"变量的作用重复，并且对应关系明确，因此将其删除，如图 12.3 所示。

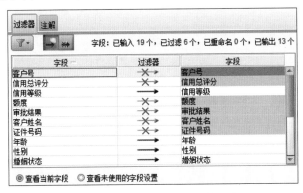

图 12.3 "过滤器"节点属性设置

使用"类型"节点将"信用等级"字段设置为目标，其他与客户有关的个人信息字段设置为输入，使用 C5.0 决策树算法分析用户的人口属性对银行评价用户信用等级的影响，设置如图 12.4 所示。

图 12.4 "类型"节点属性设置

对于所有审批通过的用户，信用评分为 60～69 分的客户对应的信用等级为"D-风险客户"，相应的信用卡为"普卡"，额度为 10 000；信用评分为 70～79 分的客户对应的信用等级为"C-普通客户"，相应的信用卡为"银卡"，额度为 20 000；信用评分为 80～89 分的客户对应的信用等级为"B-良好客户"，相应的信用卡为"金卡"，额度为 50 000；信用评分为 90～100 分的客户对应的信用等级为"A-优质客户"，相应的信用卡为"白金卡"，额度为 100 000。

12.1.2 信用卡申请成功影响因素

在信用卡申请的审批过程中，需要对某些潜在价值低且信用风险高的客户进行区分，对于某些指标达不到要求的申请将拒绝，为了方便信用卡中心对申请记录进行量化审批，对所有申请记录和最终获批的客户列表进行关联分析，得到信用卡能否申请成功的主要影响因素，供信用卡中心参考。

图 12.5 是申请信用卡能否成功的影响因素分析流程，分别使用线性 SVM 和 SVM 模型进行分析，并使用逻辑回归计算各变量的相关系数。使用分区节点将所有数据按照训练集占 70% 和测试集占 30% 的比例分别记录。

由于数据预处理之后以信用等级中"F-未通过客户"表示未通过的用户，将其设置为失败，将所有 A～D 信用等级的用户统一置为成功，如图 12.6 所示。

综合实训：银行信用卡欺诈与拖欠行为分析

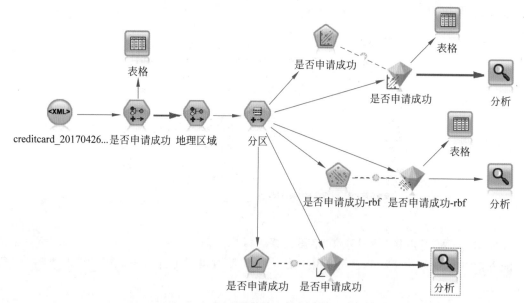

图 12.5　申请信用卡成功与否影响因素分析

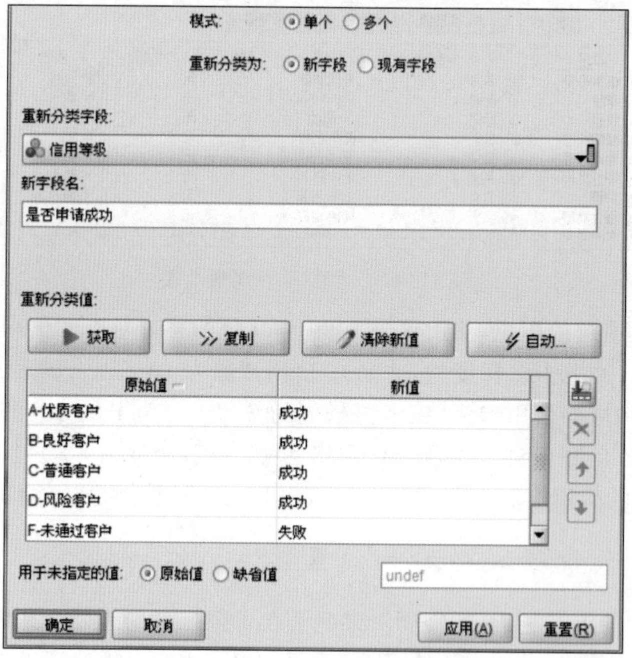

图 12.6　申请结果重新分类

　　应用线性 SVM 模型对年收入、信贷情况、保险缴纳、车辆情况、教育程度等进行分析，并计算各变量的预测变量重要性,在线性 SVM 模型的结果后放置表格节点,显示模型的结果值,如图 12.7 所示,可以看到 $LC-是否申请成功这一列中显示预测成功的概率。

　　模型评价分析结果如图 12.8 所示,训练过程中,准确率为 88.58%,应用测试集进行验证,线性 SVM 模型达到了 89.68% 的分类准确性。在申请成功的记录中,分类正确的记录数达到 3723 条,占总数的 89%,失败的条数为 475 条,占总数的 11%。

	年龄	性别	婚姻	教育程度	职业	户籍	居住类型	年辆情况	保险缴纳	工作年限	年收入	信贷情况	信用等级	是否申请成功	分区	$L-是否申请成功	$LC-是否申请成功
1	60	女	已婚	本科	私营企业	北京	自有房	有	有	37	22297	现在没有贷款	D-风险客户	成功	1_培训	成功	0.608
2	32	男	已婚	硕士及以上	私营企业	湖南	自有房	有	有	7	19360	正常还款	D-风险客户	成功	1_培训	成功	0.671
3	45	女	已婚	本科	私营企业	上海	自有房	有	有	22	22599	正在偿还	D-风险客户	成功	2_测试	成功	0.594
4	29	男	未婚	硕士及以上	私营企业	天津	自有房	有	有	4	22975	现在没有贷款	D-风险客户	成功	2_测试	成功	0.632
5	29	女	未婚	硕士及以上	私营企业	宁夏	自有房	有	有	4	22975	现在没有贷款	D-风险客户	成功	1_培训	成功	0.619
6	46	女	已婚	本科	私营企业	重庆	自有房	有	有	23	23000	现在没有贷款	D-风险客户	成功	1_培训	成功	0.571
7	46	女	未婚	本科	私营企业	四川	自有房	有	有	23	19360	正在偿还	D-风险客户	成功	1_培训	成功	0.620
8	59	男	已婚	本科	私营企业	天津	自有房	有	有	36	23000	正在偿还	D-风险客户	成功	1_培训	成功	0.646
9	51	女	已婚	硕士及以上	私营企业	宁夏	自有房	有	有	28	20322	现在没有贷款	D-风险客户	成功	1_培训	成功	0.598
10	31	女	已婚	硕士及以上	私营企业	湖北	自有房	有	有	6	23420	没有贷款记录	D-风险客户	成功	1_培训	成功	0.566
11	68	男	已婚	本科	私营企业	广西	自有房	有	有	45	23460	现在没有贷款	D-风险客户	成功	2_测试	成功	0.661
12	48	男	未婚	大专	私营企业	陕西	自有房	有	有	28	23476	现在没有贷款	D-风险客户	成功	2_测试	成功	0.683
13	45	女	已婚	本科	私营企业	天津	自有房	有	有	22	21590	正在偿还	D-风险客户	成功	2_测试	成功	0.578
14	45	男	已婚	本科	个体户	湖北	自有房	有	有	31	21681	正在偿还	D-风险客户	成功	2_测试	成功	0.615
15	46	男	已婚	大专	外资企业	四川	自有房	有	有	26	21825	现在没有贷款	D-风险客户	成功	2_测试	成功	0.681
16	47	女	未婚	大专	外资企业	广西	自有房	有	有	27	22058	正在偿还	D-风险客户	成功	2_测试	成功	0.670
17	64	女	未婚	大专	外资企业	天津	自有房	有	有	44	23765	正常还款	D-风险客户	成功	1_培训	成功	0.724
18	31	女	未婚	硕士及以上	私营企业	甘肃	自有房	有	有	6	23916	现在没有贷款	D-风险客户	成功	1_培训	成功	0.604
19	45	男	离异	本科	私营企业	浙江	自有房	有	有	22	23980	现在没有贷款	D-风险客户	成功	2_测试	成功	0.600
20	51	女	已婚	本科	外资企业	重庆	自有房	有	有	28	24108	正在偿还	D-风险客户	成功	1_培训	成功	0.593
21	56	女	离异	本科	个体户	福建	自有房	有	有	33	24113	现在没有贷款	D-风险客户	成功	2_测试	成功	0.617
22	47	女	已婚	本科	私营企业	四川	自有房	有	有	36	24190	现在没有贷款	D-风险客户	成功	2_测试	成功	0.694
23	66	男	未婚	本科	国有企业	湖南	自有房	有	有	43	25500	正在偿还	D-风险客户	成功	1_培训	成功	0.689
24	48	男	未婚	本科	北京	自有房	有	有	25	10634	现在没有贷款	D-风险客户	成功	1_培训	成功	0.577
25	29	男	未婚	硕士及以上	外资企业	青海	自有房	有	有	4	25575	现在没有贷款	D-风险客户	成功	1_培训	成功	0.611
26	42	男	未婚	大专	国有企业	黑...	自有房	有	有	22	10810	现在没有贷款	D-风险客户	成功	2_测试	成功	0.625
27	59	男	已婚	大专	私营企业	山东	自有房	有	有	39	10860	正在偿还	D-风险客户	成功	2_测试	成功	0.691
28	52	男	已婚	大专	私营企业	广东	自有房	有	有	32	11230	现在没有贷款	D-风险客户	成功	2_测试	成功	0.692
29	47	女	已婚	本科	私营企业	贵州	自有房	有	有	24	11320	现在没有贷款	D-风险客户	成功	1_培训	成功	0.558

图 12.7　线性 SVM 模型分析结果

模型信息

目标字段	是否申请成功
模型构建方法	线性 SVM
输入的预测变量数	12
最终模型中的预测变量数	11
规则化类型	L2
惩罚参数 (Lambda)	0.100
分类准确性	88.6%

混淆矩阵

实测	预测		
	成功	失败	比例正确
成功	3,723	475	0.89
失败	327	2,499	0.88
比例正确	0.92	0.84	0.89

□ 输出字段 是否申请成功 的结果
　□ 比较 $L-是否申请成功 与 是否申请成功

"分区"	1_培训		2_测试	
正确	6,222	88.58%	2,669	89.68%
错误	802	11.42%	307	10.32%
总计	7,024		2,976	

图 12.8　线性 SVM 模型综合结果

　　线性 SVM 模型中各变量的重要性如图 12.9 所示,其中年收入的重要性最高,重要性超过了 0.7,其次是信贷情况、保险缴纳、车辆情况,教育程度、户籍、工作年限、职业、年龄等变量较不重要。

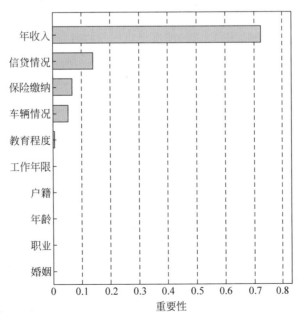

图 12.9　线性 SVM 模型变量重要性

综合实训:银行信用卡欺诈与拖欠行为分析

　　为了对比,使用 SVM 模型进行分析,模型使用专家模式,应用 RBF 内核类型计算 SVM 预测变量的重要性,如图 12.10 所示。

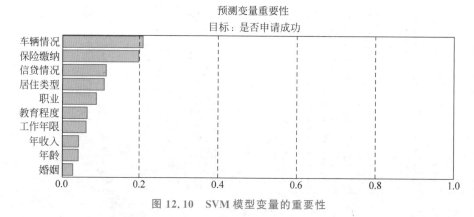

图 12.10　SVM 模型变量的重要性

　　结果与线性 SVM 模型具有较多差异,特别是年收入这一项,在线性 SVM 模型中排名最靠前,但在 SVM 模型中排名靠后,应用分析节点对 SVM 模型的结果进行分析,如图 12.11 所示,其测试集的准确率只有 65.89%,低于线性 SVM 模型的 89.68%。

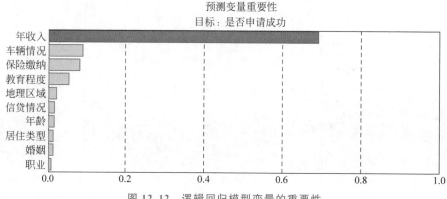

图 12.11　SVM 模型结果分析

　　综上所述,在实际应用中,建议使用线性 SVM 模型进行用户信用的影响因素分析,在用户申请信用卡的过程中,依次使用年收入、信贷情况、保险缴纳、车辆情况、教育程度、户籍、工作年限、职业、年龄、性别等进行评价。

　　为了对各项变量指标进行定量分析,使用逻辑回归对各影响因素进行分析,并对户籍进行上钻,按照地理区域进行划分,例如"华东"包括山东、江苏、上海、浙江、安徽、江西 6 个省市,运行模型后得到的结果如图 12.12 所示,重要性指标与线性 SVM 模型大致相同。

预测变量重要性
目标:是否申请成功

图 12.12　逻辑回归模型变量的重要性

　　表 12.2 是各项影响因素变量的分布情况,包括各个分类输入变量的数量及所占总记录数的比例。

表 12.2 各影响因素变量的分布情况

因　素		数　量	百　分　比
是否申请成功	成功	4198	59.8%
	失败	2826	40.2%
婚姻	离异	324	4.6%
	丧偶	12	0.2%
	未婚	4573	65.1%
	已婚	2115	30.1%
教育程度	本科	3403	48.4%
	初中及以下	709	10.1%
	大专	1608	22.9%
	高中	693	9.9%
	硕士及以上	611	8.7%
居住类型	其他	92	1.3%
	自购房	1492	21.2%
	租房	5440	77.4%
车辆情况	无	5296	75.4%
	有	1728	24.6%
保险缴纳	无	3197	45.5%
	有	3827	54.5%
信贷情况	还在拖欠	186	2.6%
	没有贷款记录	145	2.1%
	现在没有贷款	3741	53.3%
	逾期还款	30	0.4%
	正常还款	794	11.3%
	正在偿还	2128	30.3%
职业	个体户	920	13.1%
	国有企业	479	12.8%
	其他企业	477	12.8%
	私营企业	4192	59.7%
	外资企业	956	13.6%
性别	男	4926	70.1%
	女	2098	29.9%
地理区域	东北	690	9.8%
	华北	1335	19.0%
	华东	1826	26.0%
	华南	800	11.4%
	华中	653	9.3%
	西北	971	13.8%
	西南	749	10.7%
Valid		7024	100.0%
Missing		0	
Total		7024	
Subpopulation		7011[a]	

综合实训：银行信用卡欺诈与拖欠行为分析

模型结果的拟合情况如图 12.13 所示,其 Sig 指标为 0 说明模型具有较高的显著性。

Model Fitting Information

Model	Model Fitting Criteria			Likelihood Ratio Tests		
	AIC	BIC	-2 Log Likelihood	Chi-Square	df	Sig.
Intercept Only	9469.608	9476.465	9467.608			
Final	1874.781	2087.351	1812.781	7654.827	30	.000

图 12.13　逻辑回归模型拟合情况

模型的因变量虚拟回归系数如图 12.14 所示,其中 Cox and Snell 指标为 0.664,Nagelkerke 参数值为 0.897,McFadden 参数为 0.809,说明逻辑回归模型的质量较好。

Pseudo R-Square

Cox and Snell	.664
Nagelkerke	.897
McFadden	.809

图 12.14　逻辑回归模型变异情况

使用分析节点对结果进行分析,如图 12.15 所示。其中训练集的准确率达到 94.01%,测试集的准确率为 95.16%,说明逻辑回归具有较高的应用价值。

将逻辑回归结果以回归方程的形式进行量化,结果如图 12.16 所示,用户在申请信用卡时可以将其提交的资料应用于回归方程中,可得到审批结果。

图 12.15　逻辑回归模型结果对比分析

图 12.16　逻辑回归方程结果

12.1.3　信用卡用户信用等级影响因素

在 SPSS Modeler 18.0 中的处理,具体流程图如图 12.17 所示。

C5.0 决策树算法是应用于较大数据集上的分类算法,在执行效率和内存使用方面进行了改进;相比于其他类型的模型,更容易理解,模型推出的规则有非常直观的解释。采用 C5.0 决策树算法对决定用户信用等级的因素进行分析,挖掘银行对个人用户信用等级进行评价时的影响因素及相应的重要性。

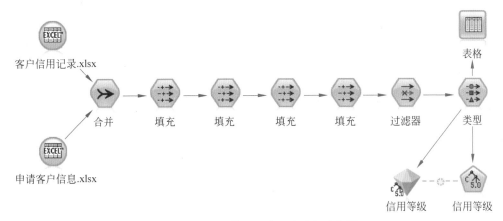

图 12.17　信用等级影响因素分析流程图

在 SPSS Modeler 18.0 中以信用等级为目标,其他所有变量为输入,运行 C5.0 决策树算法,得到模型的变量重要性分布情况如图 12.18 所示。在预测变量重要性的分布图中,可以看到银行在评判个人用户的信用等级时,最重要的评价因素是用户的年收入,重要性远超过其他变量,次重要的因素是用户的居住类型,其次是教育程度、车辆情况、年龄、保险缴纳、单笔消费金额,日均消费次数、工作年限等因素重要性较低,与年收入和居住类型相比,其他变量之间的重要性差异较小。

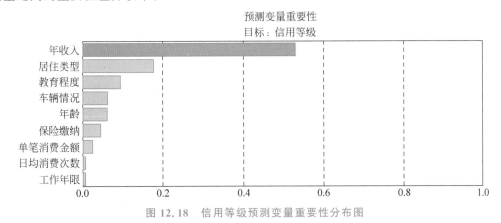

图 12.18　信用等级预测变量重要性分布图

为了进一步分析银行在评判个人用户信用等级时的关注因素,选择合适的决策树层数进行分析,由于得到的决策树共有 9 层,如果全部展开,则得到的决策树不够直观;如果展开得层数太少,则不能完整地分析变量的重要性,因此需要选择一个合适的决策树层数进行展开分析。这里对得到的信用等级影响因素 C5.0 决策树展开 4 层分析,如图 12.19 所示。

可以看到,年收入越高的用户,评价得到的信用等级整体来说就越高,年收入大于 80 000 和年收入小于 80 000 之间的差别最为显著;控制年收入不变的情况下,用户的居住类型为自购房,或有车辆,缴纳了保险,信用等级就越高。年龄在一定情况下,也会影响个人用户的信用等级。

控制其他变量不变,分析每个变量对用户信用等级影响的原因。
- 用户的年收入越高,用户的消费能力就越强,银行能够从这些用户身上获取的收益

综合实训:银行信用卡欺诈与拖欠行为分析

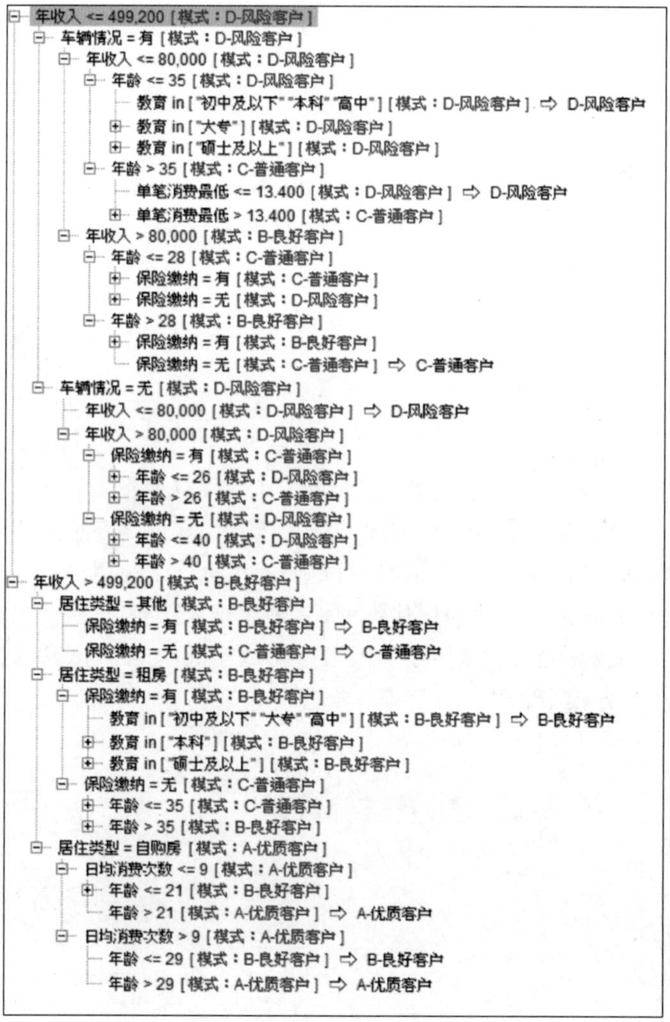

图 12.19　用户信用等级影响因素决策树

就越高。银行信用卡业务的目的就是为银行创造利润,在图 12.19 中可以看到,用户的年收入在 50 万左右时,为优质客户或良好客户。

- 房产情况也体现用户的个人经济实力,居住类型为仅次于年收入的重要因素。一般情况下,当用户的居住类型为自购房时,说明经济实力较强。而当用户为租房或其他居住类型时,说明用户的经济实力较弱或生活不稳定,其信用风险要高于自购房用户,信用等级就低。

通过以上分析,说明个人收入在用户进行信用等级评定时是最重要的。银行信用卡业务的主要目的是盈利,而个人收入较高的用户,能给银行带来的收入就越多。因此,银行在信用卡评级时,主要考虑的因素是用户的个人收入。另一个重要因素是居住类型,反映的是用户的经济实力,在一定程度上也是个人收入的体现。

银行在对用户进行信用等级评定时,应当将个人收入的比重放在第一位,居住类型放在其次位置,着重考虑这两个因素对用户的影响,其他因素作为参考,从而得出银行在对用户信用评分时的模型。

12.2 基于消费的信用等级影响因素

信用卡用户的信用等级将随着消费行为的变化而不断调整,调整的依据是消费的行为特征,提供的数据中主要为消费历史的统计结果值,例如日均消费金额、日均消费次数、单笔消费最小金额、单笔消费最大金额和个人收入。对信用卡用户的消费行为进行统计分析,探寻消费行为与信用等级之间的关系。使用箱线图进行分析,日均消费金额的统计结果如图 12.20 所示。

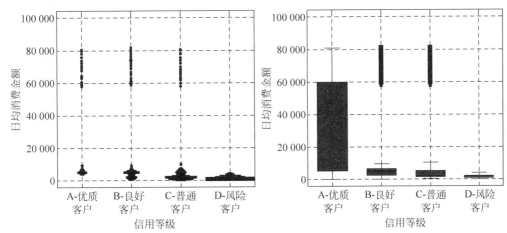

图 12.20　基于日均消费金额的信用等级分析

可以看到,优质客户的日均消费金额比较高,而风险客户普遍较低。用户消费能力越强,其信用卡的等级就越高。单笔消费最大金额的箱线图如图 12.21 所示,随着客户信用等级的降低,单笔消费的最大金额也逐渐减少,特别是在二维点图中,风险客户的最高消费金额基本上集中于 4000 元以下,特征比较明显。

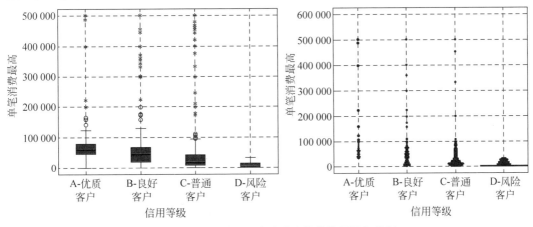

图 12.21　基于单笔最高消费金额的信用等级分析

为了量化分析信用等级与消费行为之间的关系,采用 C5.0 算法分析消费行为与信用等级之间的关系,可以发现单笔消费最高具有较高的重要性。如图 12.22 所示,若单笔消费最高低于 33 409 元且其日均消费金额低于 1215 元,则为风险客户;日均消费金额高于

综合实训:银行信用卡欺诈与拖欠行为分析

1215 元,但单笔消费最高金额超过了 12 847 元,也为风险客户。

应用分析节点对分类结果进行评估,在测试集中的准确率只有 53.36%,不具有实际的应用价值,如图 12.23 所示。

图 12.22　信用等级与消费行为之间的关系　　　图 12.23　基于消费信用等级的分析结果

测试结果较低的原因可能是给定的信用评分为申请信用卡时的评分,并非随着消费行为的变化而改变的动态信用评分,虽然整体分类结果准确率不高,但单笔消费最高金额、日均消费金额较高的用户其消费能力也较强(年收入较高),其相应的信用等级也较高,这与前面客户收入与信用等级呈正相关的结论一致。

12.3　信用卡欺诈判断模型

信用卡欺诈风险是借款人利用信息不对称,骗取信用卡进行恶意透支,严重阻碍了信用卡行业的长期发展。

随着数据量的快速增长和数据类型日益复杂,信用卡欺诈手段也更加多样化,境外犯罪现象增多,违法分子对商业银行风险核查手段的应变能力增强,信用卡欺诈现象屡禁不止。2015 年,信用卡欺诈案件数量占经济案件的 1/4,给银行造成的经济损失达数百亿元,也给银行带来了不可挽回的信誉损失。

12.3.1　基于 Apriori 算法的欺诈模型

通过"消费历史记录"表中的数据,分析用户欺诈行为发生和消费行为之间的关系。自变量为额度、日均消费金额、日均次数、单笔最大消费金额、个人收入,因变量为是否存在欺诈,如表 12.3 所示。

表 12.3　数据来源与说明

变量类型	变 量 名	详 细 说 明	取值范围	备 注
因变量	是否存在欺诈	定性变量(2 水平)	1 代表存在欺诈,0 代表不存在欺诈	欺诈占比 4.50%
自变量	额度	定性变量(4 水平)	10 000/20 000/50 000/100 000	10 000 占比 39.69%
	日均消费金额	单位:元	30~81 797	只取整数
	日均次数	单位:次	1~28	只取整数
	单笔最大消费金额	单位:元	30.3~500 000	保留一位小数
	个人收入	单位:元	17 000~25 000 000	只取整数

由于日均消费金额、日均次数、单笔最大消费金额、个人收入都是连续变量,不适合使用

决策树进行分析,因此衍生两个新的变量"单笔是否透支"和"日均消费是否超过收入"。
"单笔是否透支"根据单笔最大消费金额和信用卡额度得到,若透支,则设为"超过",否则设
为"未超过"。若一个用户单笔消费最大金额－额度＞0,则说明该用户的单笔消费存在透支
现象,"单笔是否透支"设为"超过",如图 12.24 所示。"日均消费是否超过收入"根据用户的
年度收入和日均消费金额得到。若一个用户(日均消费金额－个人收入_连续/360)＞0,则
该用户的日均消费金额超过了收入。若日均消费金额超过了收入,则设为"超过",否则设为
"未超过",如图 12.25 所示。

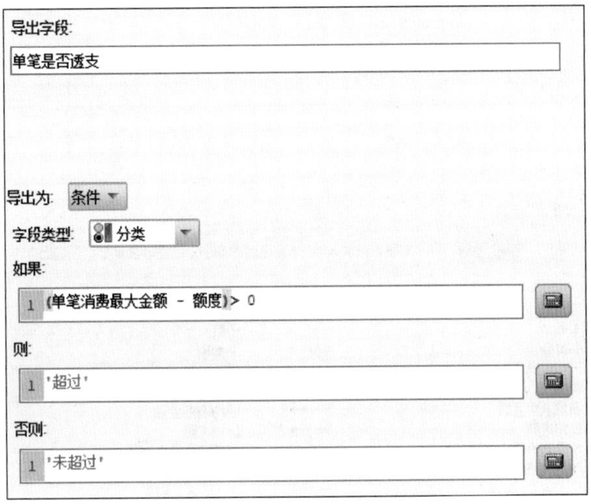

图 12.24 "单笔是否透支"变量定义

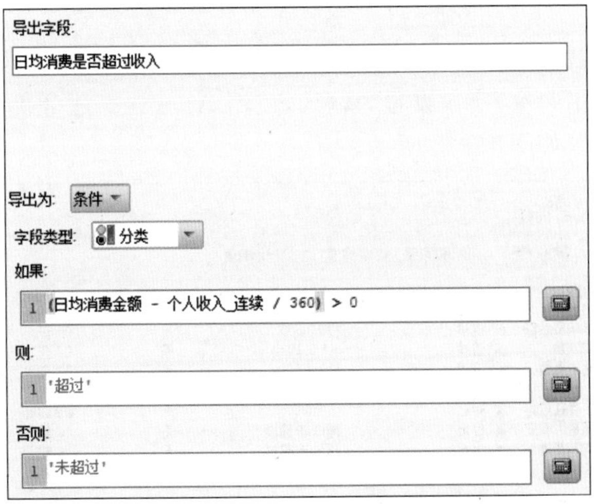

图 12.25 "日均消费是否超过收入"变量定义

将刷卡日均次数离散化处理为新的变量"刷卡频率":1~5 次为不频繁,6~10 次为频
繁,11 次及以上为非常频繁,如图 12.26 所示。

使用"过滤器"节点将"客户号""卡号"等标识用户个人的变量过滤,由于"卡类别"与"额
度"的作用重复,并且对应关系明确,因此将"卡类别"删除。删除本次分析的无效变量"币种
代码""单笔消费最小金额",如图 12.27 所示。

综合实训:银行信用卡欺诈与拖欠行为分析

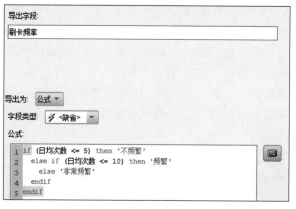

图 12.26 "刷卡频率"变量离散化

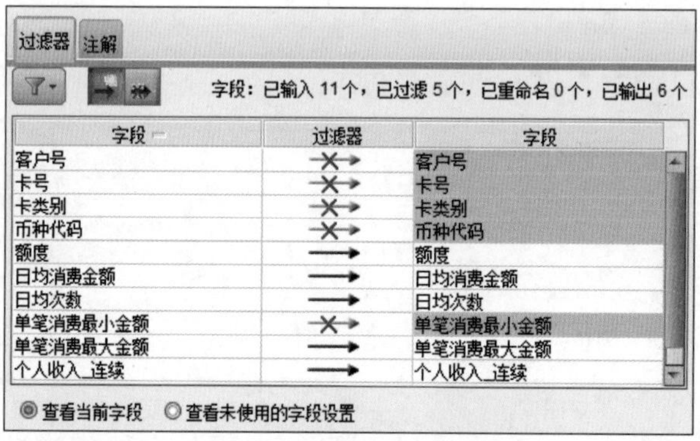

图 12.27 "过滤器"节点属性设置

使用"类型"节点,将"是否存在欺诈"字段设置为目标,上述得到的"单笔是否透支""日均消费是否超额""刷卡频率"字段设置为输入,使用 Apriori 算法分析用户欺诈行为和消费行为的关系。具体设置如图 12.28 所示。

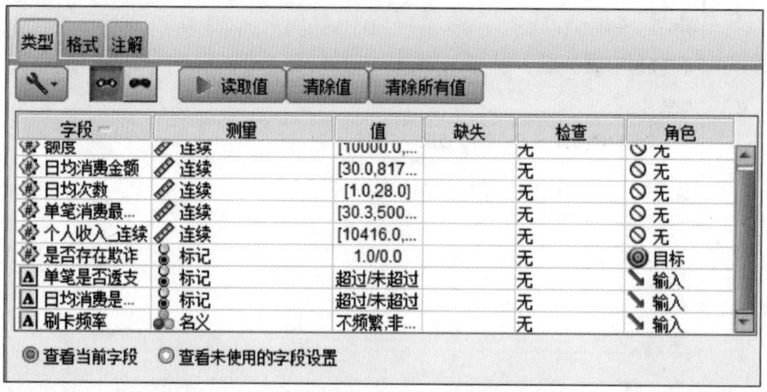

图 12.28 "类型"节点属性设置

在 SPSS Modeler 18.0 中的流程如图 12.29 所示。

运行 Apriori 算法,由于欺诈发生的比例很低,在所有的用户消费记录数据中只占 4.5%,因此最低支持度设置为 0,最低置信度设置为 60%,结果如图 12.30 所示。

可以看出,当用户的刷卡频率为"非常频繁",即日均次数大于 10 次时,发生欺诈的比例非常高。对于刷卡频率为"非常频繁"和"频繁"的用户,即日均次数大于 5 次时,如果用户同

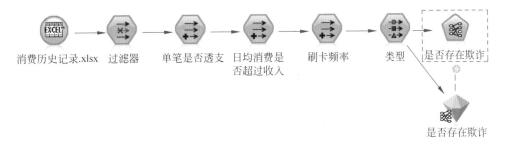

图 12.29　欺诈判断模型处理流程

后项	前项	支持度百分比	置信度百分比
是否存在欺诈	刷卡频率 = 非常频繁 日均消费是否超过收入	0.286	100.0
是否存在欺诈	刷卡频率 = 非常频繁 单笔是否透支 日均消费是否超过收入	0.151	100.0
是否存在欺诈	刷卡频率 = 频繁 单笔是否透支 日均消费是否超过收入	2.754	100.0
是否存在欺诈	刷卡频率 = 频繁 单笔是否透支	3.829	73.246
是否存在欺诈	刷卡频率 = 非常频繁	0.621	70.27
是否存在欺诈	刷卡频率 = 非常频繁 单笔是否透支	0.453	62.963

图 12.30　欺诈行为与消费记录关系

时存在单笔消费透支和日均消费超过收入的情况,则该用户基本存在欺诈行为。但是由于上述频繁项的支持度百分比数值较低,因此其结果的准确性并不高,为了进一步提升准确率,可以对原样本进行处理,调整欺诈行为的百分比占比,从而提高频繁项集的支持度百分比比例。

12.3.2　基于判别的欺诈模型

应用判别分析(Discriminant Analysis)模型进行分析,得出判别函数规则,当有新的记录产生时,可以应用规则判别是否存在欺诈行为。图 12.31 是应用判别模型的流程。

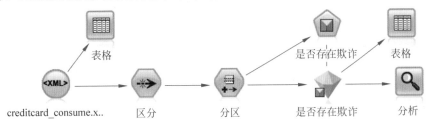

图 12.31　欺诈识别流程

选择信用记录和消费历史记录,建立训练集 70% 和测试集 30% 的分区,判别模型的目标字段选为是否存在欺诈,输入为日均次数、日均消费金额、单笔消费最高、单笔消费最低,并应用分区,如图 12.32 所示。

在模型界面中保持默认配置,在专家界面,选择"专家"模式,单击"输出"选项,选择 Box'M、组内相关,函数系数选择 Fisher's。

运行模型后,获得判别模型的结果,其中日均消费次数的权重最高,已远超过 0.8,而日均消费金额、单笔消费最低、单笔消费最高的重要性权重明显偏低。如图 12.33 所示,特征

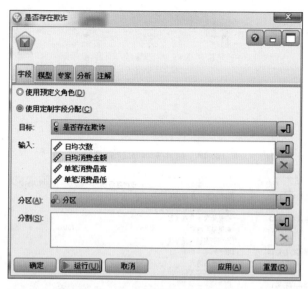

图 12.32　判别模型字段配置

值(Eigenvalues)结果中,Canonical Correlation 表示典型相关系数,可以决定变量的相关程度,其中 Wilks'Lambda 的值是由 Eigenvalues 计算得出的,即 $1/(1+0.167)$,卡方值为 645.865,自由度是 2,所以区别函数具有统计上的显著性。

　　判别函数的标准化系数表示各自变量与判别函数之间的部分相关系数,即在其他变量不变的情况下,其与目标变量的相关程度,表示自变量的重要程度,从图 12.34 可以看出,日均次数远超过其他变量。

Eigenvalues

Function	Eigenvalue	% of Variance	Cumulative %	Canonical Correlation
1	.167[a]	100.0	100.0	.378

a. First 1 canonical discriminant functions were used in the analysis.

Wilks' Lambda

Test of Function(s)	Wilks' Lambda	Chi-square	df	Sig.
1	.857	645.865	2	.000

图 12.33　判别函数显著性检测结果

Standardized Canonical Discriminant Function Coefficients

	Function
	1
日均次数	1.009
单笔消费最高	-.175

Structure Matrix

	Function
	1
日均次数	.985
日均消费金额[a]	-.075
单笔消费最低[a]	-.070
单笔消费最高	-.037

图 12.34　判别函数的标准化系数及结构化矩阵系数

　　结构化矩阵系数表示各自变量与判别函数之间的简单相关程度,与标准化系数相比,结果更加稳定,从图 12.35 可以看出,其结果与标准化系数相同,日均消费次数重要,其他自变量与目标变量相关性极小。

Classification Function Coefficients

	是否存在欺诈	
	1	0
日均次数	1.703	.696
单笔消费最高	2.556E-8	5.592E-6
(Constant)	-6.387	-1.771

Fisher's linear discriminant functions

Classification Results

		是否存在欺诈	Predicted Group Membership		Total
			1	0	
Original	Count	1	143	44	187
		0	624	3380	4004
	%	1	76.5	23.5	100.0
		0	15.6	84.4	100.0

图 12.35　分类函数系数及其结果

分类函数系数是基于费雪(R. A. Fisher)的分类函数计算得到的变量系数,通过区分系数的系数值得到分类的结果,日均消费次数中存在欺诈的系数为1.703,而无欺诈的系数为0.696,其他变量的系数差别不大。可以看到,存在欺诈预测的准确率为76.5%,预测无欺诈行为的准确率为84.4%,与欺诈识别流程分析节点的结果一致。如图12.36所示,训练集的准确率为84.06%,而测试集的准确率为83.61%。

输出字段 是否存在欺诈 的结果				
比较 $D-是否存在欺诈 与 是否存在欺诈				
"分区"	1_培训		2_测试	
正确	3,523	84.06%	1,428	83.61%
错误	668	15.94%	280	16.39%
总计	4,191		1,708	

图 12.36　基于判别的预测准确率

12.3.3　基于分类算法的欺诈模型

本小节应用SVM和C&RT树等分类算法对欺诈模型进行分析和构建,如图12.37所示,其中输入变量为日均消费次数、日均消费金额、单笔最高消费金额、单笔最低消费金额,目标变量为是否存在欺诈,由于目标变量中的类型分布极不平衡,因此直接应用样本将无法获得应用性较高的模型,需要对样本记录进行平衡,使用"平衡"节点,降低未欺诈记录数为原来的20%,在分类算法中使用线性SVM算法和C&RT树模型进行对比分析。

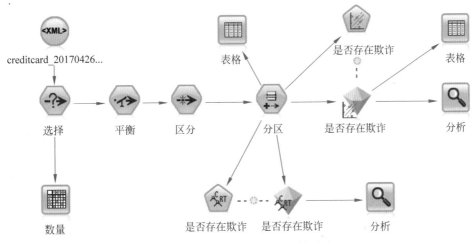

图 12.37　基于分类算法的欺诈模型流程

1. 基于线性SVM模型的欺诈模型

分区采用训练集70%和测试集30%的比例进行划分,使用"分区"节点将单笔消费最高、单笔消费最低、日均消费金额、日均次数4个字段相同的记录滤除重复,经过LSVM模型之后,构建了$L-是否存在欺诈、$LC-是否存在欺诈两列,如图12.38所示,其中$LC-是否存在欺诈表示预测正确的可能性。

模型的信息和混淆矩阵的信息如图12.39所示,分类的准确性为89.2%,其中1表示客户欺诈,0表示没有欺诈行为,预测存在欺诈且成功预测的概率为58%,预测未欺诈且成功的概率为96%。

分析发现,日均消费次数变量的重要性权重最高,超过0.75,单笔消费最高金额、单笔消费最低金额次之,日均消费金额最不重要。

使用箱线图分析是否有欺诈行为的日均消费次数,其中0表示没有欺诈行为,1表示有欺诈行为,可以看到有欺诈行为的用户日均消费次数明显偏多,如图12.40所示。

综合实训:银行信用卡欺诈与拖欠行为分析

	均次数	日均消费金额	卡类别	是否存在欺诈	单笔消费最高	单笔消费最低	分区	$L-是否存在欺诈	$LC-是否存在欺诈
1	1	30	白金卡	0	30.300	1.500	2_测试	0	0.762
2	3	30	金卡	0	30.300	1.500	2_测试	0	0.719
3	2	31	金卡	0	31.000	1.500	2_测试	0	0.741
4	5	31	金卡	0	30.400	1.500	2_测试	0	0.670
5	7	31	金卡	0	30.600	1.500	1_培训	0	0.618
6	2	39	普卡	0	36.000	3.000	2_测试	0	0.741
7	2	42	普卡	0	40.000	3.000	1_培训	0	0.741
8	2	46	普卡	0	43.000	3.000	2_测试	0	0.741
9	7	48	普卡	0	45.500	3.300	1_培训	0	0.618
10	2	53	普卡	0	50.200	3.900	1_培训	0	0.741
11	6	55	普卡	0	52.000	4.000	2_测试	0	0.645
12	5	57	普卡	0	55.300	4.400	1_培训	0	0.670

图 12.38　基于线性 SVM 算法的模型结果列表

模型信息

目标字段	是否存在欺诈
模型构建方法	线性 SVM
输入的预测变量数	4
最终模型中的预测变量数	4
规则化类型	L2
惩罚参数 (Lambda)	0.100
分类准确性	89.2%

混淆矩阵

实测	预测		比例正确
	1	0	
1	107	79	0.58
0	29	789	0.96
比例正确	0.79	0.91	0.89

图 12.39　基于线性 SVM 算法的模型信息

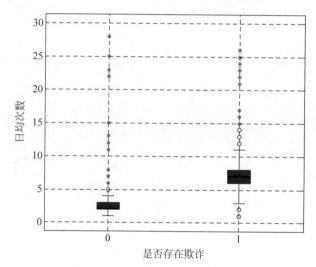

图 12.40　信用卡欺诈与日均消费次数的关系

应用分析节点查看模型中训练集和测试集的准确率,可以看到在测试集中达到了 88.06% 的准确率,预测错误的记录只有 45 条,占总数的 11.94%,说明模型具有一定的应用价值,如图 12.41 所示。

虽然模型的整体指标准确率较高,但是从真阳率的指标来看,其预测为欺诈的准确率仅为 58%,在实际应用中效果可能并不理想。

2. 基于 C&RT 模型的欺诈模型

使用 C&RT 树进行对比分析,结果如图 12.42 所示。

分析发现,其中日均消费次数比重较高,单笔消费金额最低、单笔消费金额最高次之,最不重要的是日均消费金额。

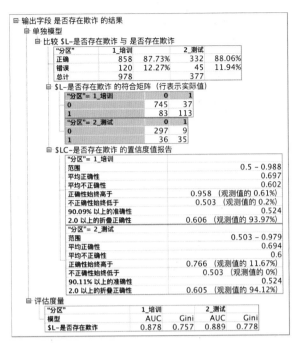

图 12.41　基于线性 SVM 算法的模型结果分析

	信用等级	总评分	额度	日均次数	日均消费金额	卡类别	是否存在欺诈	单笔消费最高	单笔消费最低	分区	$R-是否存在欺诈	$RC-是否存在欺诈
1	D-风险客户	60	10000	4	106	普卡	0	129.900	6.600	1_培训	0	0.989
2	D-风险客户	60	10000	3	101	普卡	0	102.000	5.000	1_培训	0	0.989
3	D-风险客户	60	10000	4	106	普卡	0	130.200	6.700	2_测试	0	0.989
4	D-风险客户	60	10000	2	107	普卡	0	131.500	6.900	2_测试	0	0.989
5	D-风险客户	60	10000	2	107	普卡	0	131.800	6.900	1_培训	0	0.989
6	D-风险客户	60	10000	5	107	普卡	0	134.100	7.000	1_培训	0	0.989
7	D-风险客户	60	10000	1	101	普卡	0	102.100	5.000	1_培训	0	0.989
8	D-风险客户	60	10000	7	107	普卡	0	134.100	7.000	1_培训	0	0.974
9	D-风险客户	60	10000	1	101	普卡	0	104.800	5.000	1_培训	0	0.989
10	D-风险客户	60	10000	4	108	普卡	0	140.000	7.300	1_培训	0	0.989
11	D-风险客户	60	10000	2	109	普卡	0	141.200	7.500	2_测试	0	0.989
12	D-风险客户	60	10000	2	109	普卡	0	141.600	7.500	1_培训	0	0.989
13	D-风险客户	60	10000	2	102	普卡	0	108.800	5.000	2_测试	0	0.989
14	D-风险客户	60	10000	2	102	普卡	0	109.400	5.000	1_培训	0	0.989
15	D-风险客户	60	10000	5	103	普卡	0	114.700	5.500	2_测试	0	0.989
16	D-风险客户	60	10000	2	104	普卡	0	120.900	5.900	2_测试	0	0.989
17	D-风险客户	60	10000	5	111	普卡	0	149.000	7.800	1_培训	0	0.989
18	D-风险客户	60	10000	2	113	普卡	0	151.300	7.800	1_培训	0	0.989
19	D-风险客户	60	10000	1	114	普卡	0	153.900	7.900	2_测试	0	0.989
20	D-风险客户	60	10000	2	116	普卡	0	156.600	8.100	1_培训	0	0.989
21	D-风险客户	60	10000	2	117	普卡	0	159.600	8.100	1_培训	0	0.989
22	D-风险客户	60	10000	4	119	普卡	0	160.200	8.200	2_测试	0	0.989

图 12.42　C&RT 算法分析结果

C&RT 算法得到的决策树如图 12.43 所示，其中日均消费次数超过 5.5 次，单笔消费金额大于 9558.2 元，可标记为具有欺诈行为。

使用分析节点查看 C&RT 树的模型分析结果，如图 12.44 所示。可以看到，这个模型在训练集和测试集中均有较好的表现，达到 95.66% 的准确率，从混淆矩阵中可以计算得到其真阳率达到 80.25%，具有一定的应用价值。

```
┈ 日均次数 <= 5.500 [模式: 0] ⇨ 0
⊟ 日均次数 > 5.500 [模式: 1]
   ┈ 单笔消费最高 <= 9558.200 [模式: 0] ⇨ 0
   ┈ 单笔消费最高 > 9558.200 [模式: 1] ⇨ 1
```

图 12.43　C&RT 决策树模型

因此，银行在判断用户是否存在欺诈行为时，可以从用户的消费记录着手，关注用户的刷卡频率，并且对用户单笔消费是否透支以及日均消费是否超过收入进行记录，从而及早发

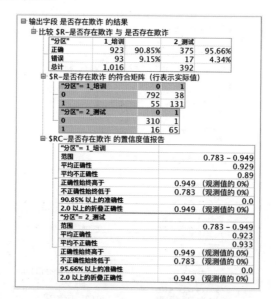

图 12.44 C&RT 决策树模型结果

现可能发生的欺诈行为,对于很有可能产生欺诈行为的用户,及时采取预警,避免用户继续进行欺诈行为,从而减少欺诈行为给银行带来的经济损失。

12.4 欺诈人口属性分析

在分析欺诈模型的基础上,为了进一步分析哪种用户容易发生欺诈行为,对用户的人口属性变量进行统计分析,选择与用户人口属性有关的字段,统称为客户因素。数据来源与说明如表 12.4 所示。

表 12.4 数据来源与说明

变量类型	变量名	详细说明	取值范围	备注
因变量	是否存在欺诈	定性变量(2 水平)	1 代表存在欺诈,0 代表不存在欺诈	欺诈占比 4.50%
自变量——客户因素	性别	定性变量(2 水平)	男、女	男性占比 71.01%
	年龄	单位:岁	18～80	只取整数
	婚姻状况	定性变量(4 水平)	离异/丧偶/未婚/已婚	未婚占比 65.12%
	户籍	定性变量(30 水平)	全国各省	
	教育程度	定性变量(5 水平)	初中及以下/高中/大专/本科/硕士及以上	本科占比 49.36%
	居住类型	定性变量(3 水平)	租房/自购房/其他	租房占比 68.74%
	职业类型	定性变量(5 水平)	个体户/国有企业/私营企业/外资企业/其他企业	私营企业占比 59.71%
	工作年限	单位:年	0～50	只取整数
	个人收入	单位:元	10 416～99 000 000 000	只取整数
	保险缴纳	定性变量(2 水平)	有/无	有占比 612.75%
	车辆情况	定性变量(2 水平)	有/无	无占比 65.85%

12.4.1 欺诈人口属性统计分析

在 Excel 中,将"消费历史记录"和"客户信用记录"两个表按照关键词"客户号"进行合并,删除"日均消费金额""日均消费次数""最小单笔消费金额""最大单笔消费金额"等不需要的字段,得到一个新表。对用户的人口属性字段进行简单的描述分析,如图 12.45 所示。

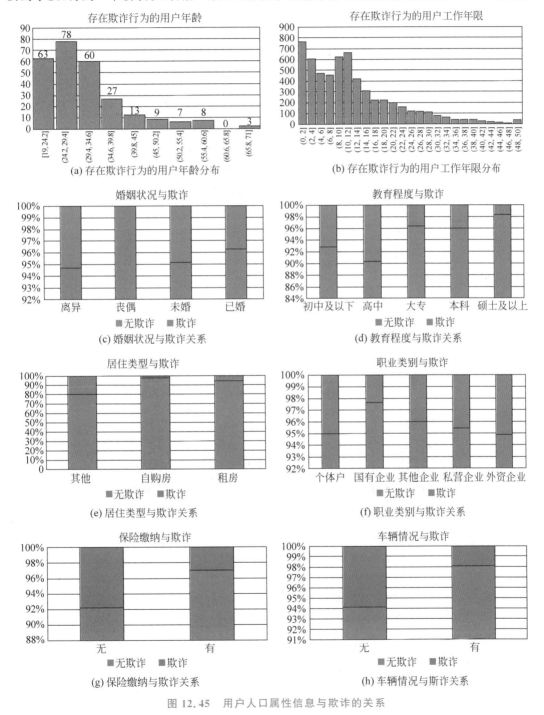

图 12.45　用户人口属性信息与欺诈的关系

综合实训:银行信用卡欺诈与拖欠行为分析

整体来看，用户的工作、生活越稳定，受教育水平和收入水平越高，发生欺诈的比例就越低。

12.4.2 基于逻辑回归的欺诈人口属性分析

为了更加深入地了解用户信用卡欺诈行为发生的原因及其相对重要性，对用户记录进行回归分析。在 SPSS Modeler 18.0 中，合并"客户信用记录"和"消费历史记录"两个表。

使用"过滤器"节点，将"客户号""客户姓名"等标识用户个人的变量过滤。删除无效变量"币种代码""日均消费金额""日均次数""单笔最小消费金额""单笔最大消费金额"等字段，只剩下与用户人口属性有关的字段，如图 12.46 所示。

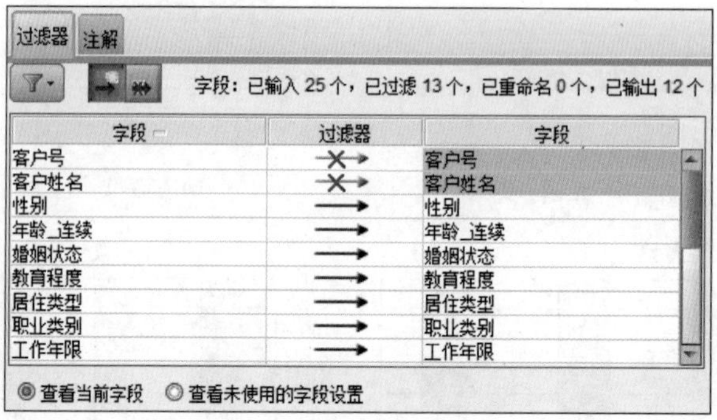

图 12.46 "过滤器"节点属性设置

使用"类型"节点，将"是否存在欺诈"字段设置为目标，"教育程度""居住类型""职业类别"等人口属性字段设置为输入，使用 Logistic 回归算法分析用户欺诈行为和消费行为的关系，如图 12.47 所示。

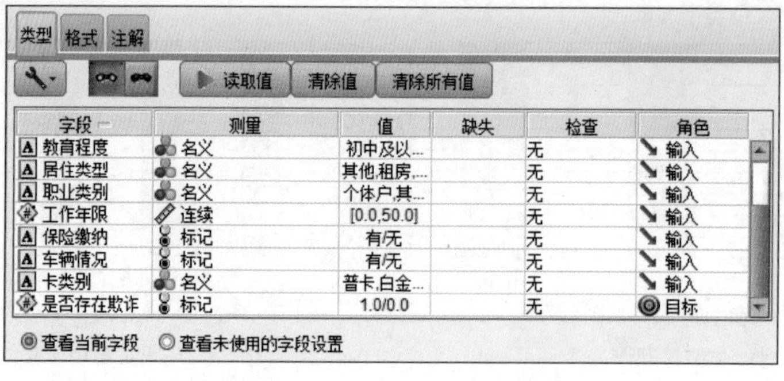

图 12.47 "类型"节点属性设置

Logistic 回归主要在流行病学中应用较多，比较常用的情形是探索某疾病的危险因素，根据危险因素预测某疾病发生的概率。而信用卡欺诈行为也可以看成是一种类似疾病的不良结果，欺诈行为的发生类似于疾病的发生，而用户的个人信息、用户的消费行为作为诱发这种不良结果的危险因素，因此采用 Logistic 回归，寻找导致信用卡欺诈行为发生的危险因素，并且通过得到的模型，预测在不同危险因素变量值的情况下，用户发生信用卡欺诈行为的可能性，如图 12.48 所示。

Logistic 模型的检验结果如图 12.49 所示，显示了模型的拟合效果。图 12.50 显示了 Logistic 分析的具体结果。

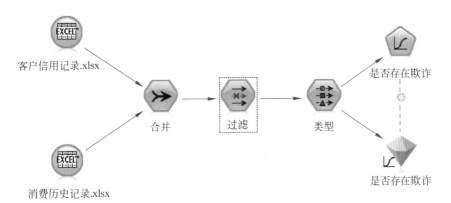

图 12.48　欺诈人口属性分析流程

Model Fitting Information

Model	Model Fitting Criteria			Likelihood Ratio Tests		
	AIC	BIC	-2 Log Likelihood	Chi-Square	df	Sig.
Intercept Only	2187.797	2194.489	2185.797			
Final	2047.309	2375.208	1949.309	236.489	48	.000

图 12.49　Logistic 模型拟合效果

可以看到,与欺诈相关的主要因素包括年收入、年龄、居住类型(其他)、车辆情况(无)、保险缴纳(无)、教育(本科、高中)。

因此,如果一个用户为高中学历的未婚人士,没有固定的住所,在其他类别的企业工作,没有私人车辆和保险缴纳,那么这个用户发生信用卡欺诈的概率就要远远高于其他用户,银行可以降低其信用额度,提早做好风险防控。

欺诈 Logistic 回归分析结果如图 12.50 所示。

对于欺诈行为地域性差异明显的结果,银行可以调整旗下各地支行的营销策略,对于欺诈行为容易发生的地方,提高申请信用卡的门槛,提高管理费用和服务费用。对于欺诈风险低的地方,降低管理费用,适当降低申请信用卡的要求,让欺诈风险低的地方更多用户能够享受到信用卡服务。在营销宣传时,可以采取地区差异性宣传的方式,针对各地用户不同的整体信用水平,调整银行在各地的业务类别和业务内容。

12.4.3　逾期还款的客户特征

信用卡拖欠与欺诈同为银行信用卡业务非人为操作风险的两大风险之一,也会给银行带来巨大的经济损失。信用风险是指借款人不能在规定期限内按照约定的合约及时、足额偿还银行本金和利息的可能性。银行需要及早根据用户的个人信息,评估用户发生拖欠行为的可能性,通过减少用户借贷额度等行为尽早做好风险防控工作。

下面通过银行的客户信用记录和拖欠历史记录对客户的个人信息进行分析,从而对产生拖欠行为的用户进行画像,得到容易发生拖欠行为的用户模型,为银行的风险管控工作提供参考,从而降低银行的损失。

使用 C5.0 算法分析客户信用记录和拖欠历史记录两张表,找出逾期客户的画像,如图 12.51 所示。

Parameter Estimates

是否存在欺诈[a]		B	Std. Error	Wald	df	Sig.	Exp(B)	95% Confidence Interval for Exp(B)	
								Lower Bound	Upper Bound
0	Intercept	5.157	.865	35.573	1	.000			
	工作年限	-.013	.013	1.001	1	.317	.987	.963	1.012
	年收入	.000	.000	12.199	1	.000	1.000	1.000	1.000
	年龄	.031	.013	5.392	1	.020	1.031	1.005	1.058
	[户籍=安徽]	-1.192	.539	4.879	1	.027	.304	.105	.874
	[户籍=北京]	-.250	.585	.182	1	.670	.779	.247	2.453
	[户籍=福建]	-.475	.608	.610	1	.435	.622	.189	2.048
	[户籍=甘肃]	-.669	.603	1.229	1	.268	.512	.157	1.671
	[户籍=广东]	-.951	.506	3.537	1	.060	.386	.143	1.041
	[户籍=广西]	.164	.691	.057	1	.812	1.179	.304	4.569
	[户籍=贵州]	-.488	.626	.608	1	.435	.614	.180	2.093
	[户籍=海南]	-.486	.604	.647	1	.421	.615	.188	2.009
	[户籍=河北]	-1.595	.512	9.694	1	.002	.203	.074	.554
	[户籍=河南]	-.493	.603	.669	1	.413	.611	.187	1.991
	[户籍=黑龙江]	-.646	.588	1.204	1	.273	.524	.166	1.662
	[户籍=湖北]	-1.216	.540	5.076	1	.024	.296	.103	.854
	[户籍=湖南]	-1.237	.540	5.246	1	.022	.290	.101	.837
	[户籍=吉林]	.107	.686	.024	1	.876	1.113	.290	4.270
	[户籍=江苏]	-.831	.588	1.999	1	.157	.436	.138	1.379
	[户籍=江西]	.189	.685	.076	1	.783	1.208	.315	4.623
	[户籍=辽宁]	.473	.745	.403	1	.526	1.604	.373	6.908
	[户籍=内蒙古]	.229	.689	.110	1	.740	1.257	.326	4.851
	[户籍=宁夏]	-1.262	.546	5.350	1	.021	.283	.097	.825
	[户籍=青海]	-.940	.558	2.845	1	.092	.390	.131	1.165
	[户籍=山东]	-.912	.561	2.641	1	.104	.402	.134	1.207
	[户籍=山西]	-.107	.648	.027	1	.868	.898	.252	3.199
	[户籍=陕西]	-.801	.576	1.932	1	.165	.449	.145	1.389
	[户籍=上海]	-.638	.520	1.509	1	.219	.528	.191	1.463
	[户籍=四川]	-.701	.575	1.488	1	.223	.496	.161	1.530
	[户籍=天津]	-.709	.575	1.519	1	.218	.492	.159	1.520
	[户籍=西藏]	-.842	.869	.939	1	.332	.431	.078	2.365
	[户籍=新疆]	-.185	1.119	.027	1	.869	.831	.093	7.451
	[户籍=浙江]	-.617	.587	1.105	1	.293	.540	.171	1.705
	[户籍=重庆]	0[b]	.	.	0	.	.	.	.
	[居住类型=其他]	-1.567	.349	20.192	1	.000	.209	.105	.413
	[居住类型=自购房]	-.405	.549	.545	1	.460	.667	.227	1.955
	[居住类型=租房]	0[b]	.	.	0	.	.	.	.
	[车辆情况=无]	-1.035	.517	4.009	1	.045	.355	.129	.978
	[车辆情况=有]	0[b]	.	.	0	.	.	.	.
	[保险缴纳=无]	-.936	.205	20.807	1	.000	.392	.262	.586
	[保险缴纳=有]	0[b]	.	.	0	.	.	.	.
	[性别=男]	-.004	.145	.001	1	.980	.996	.750	1.323
	[性别=女]	0[b]	.	.	0	.	.	.	.
	[婚姻=离异]	-.352	.303	1.350	1	.245	.703	.388	1.274
	[婚姻=丧偶]	17.262	.000		1	.	31391466.64	31391466.64	31391466.64
	[婚姻=未婚]	-.201	.152	1.750	1	.186	.818	.607	1.102
	[婚姻=已婚]	0[b]	.	.	0	.	.	.	.
	[教育=本科]	-1.140	.347	10.823	1	.001	.320	.162	.631
	[教育=初中及以下]	-.787	.447	3.100	1	.078	.455	.189	1.093
	[教育=大专]	-.334	.379	.778	1	.378	.716	.341	1.504
	[教育=高中]	-1.386	.390	12.657	1	.000	.250	.117	.537
	[教育=硕士及以上]	0[b]	.	.	0	.	.	.	.
	[职业=个体户]	-.011	.249	.002	1	.966	.989	.608	1.611
	[职业=国有企业]	.566	.386	2.152	1	.142	1.762	.827	3.754
	[职业=其他企业]	-.250	.320	.612	1	.434	.779	.416	1.457
	[职业=私营企业]	.012	.192	.004	1	.952	1.012	.695	1.473
	[职业=外资企业]	0[b]	.	.	0	.	.	.	.

a. The reference category is: 1.

b. This parameter is set to zero because it is redundant.

图 12.50 欺诈 Logistic 回归分析结果

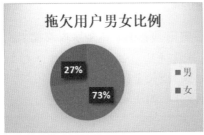

(a) 拖欠用户男女比例

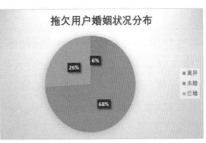

(b) 拖欠用户婚姻状况分布

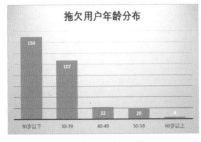

(c) 拖欠用户年龄分布

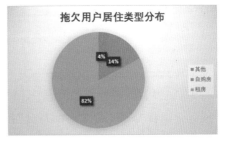

(d) 拖欠用户居住类型分布

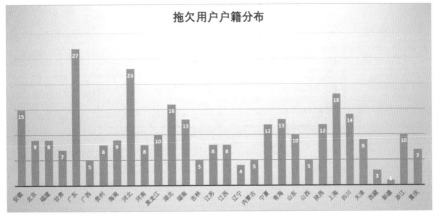

(e) 拖欠用户户籍分布

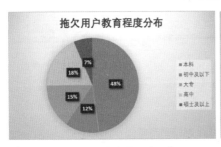

(f) 拖欠用户教育程度分布

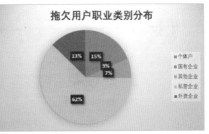

(g) 拖欠用户职业类别分布

图 12.51　拖欠用户按人口属性分布

可以看出,拖欠用户具有以下特征:男性、未婚用户、40 岁以下、租房、本科、私营企业工作,拖欠用户在广东省、河北省、上海市、安徽省、湖北省、四川省人数较多。

综合实训:银行信用卡欺诈与拖欠行为分析

12.4.4 基于决策树分析逾期客户特征

首先,对客户的拖欠程度进行评估,在拖欠历史记录表中有两个字段与拖欠程度评估相关,一个为"拖欠总金额",另一个为"逾期天数",可以将其结合用一系列步骤得到拖欠程度的计量化评估。对"拖欠总金额"进行打分评估得到"拖欠金额得分",如图 12.52 所示。

对"逾期天数"进行打分评估得到"拖欠时间得分",如图 12.53 所示。

<table>
<tr><td>
公式:
<pre>
1 if (拖欠总金额 <= 2500) then 20
2   else if(拖欠总金额 <= 5000) then 60
3   else if(拖欠总金额 <= 22000) then 75
4   else 100
5   endif
6   endif
7 endif
</pre>
</td>
<td>
公式:
<pre>
1 if (逾期天数 <= 30) then 20
2   else if (逾期天数 <= 60) then 60
3   else if (逾期天数 <= 90) then 75
4   else 100
5   endif
6   endif
7 endif
</pre>
</td></tr>
<tr><td align="center">图 12.52　拖欠金额得分</td><td align="center">图 12.53　拖欠时间得分</td></tr>
</table>

根据"拖欠金额得分"和"拖欠时间得分"按照一定的比例得到"拖欠总得分"为拖欠金额得分 * 0.6＋拖欠时间得分 * 0.4。根据"拖欠总得分"得到拖欠程度划分的公式如图 12.54 所示。

公式:
```
1  if (拖欠总得分 <= 60) then '轻度拖欠'
2    else if (拖欠总得分 <= 75) then '中度拖欠'
3      else '重度拖欠'
4    endif
5 endif
```

图 12.54　拖欠总得分离散划分

将上述过程结合可以得到对拖欠历史表的处理,获取拖欠程度的数据挖掘流,如图 12.55 所示。

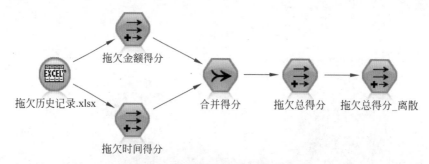

图 12.55　获取拖欠程度的数据挖掘流

然后对客户信用记录表进行初步处理,将"居住类型"中的"自购房"等同于"有房","租房"和"其他"等同于"无房"。对两个数据集进行初步处理后,以"拖欠总得分_离散"为目标,性别、年龄、婚姻状态、户籍、教育程度、职业类别、工作年限、个人收入、保险缴纳、车辆情况、房产为输入,在 SPSS Modeler 工具中建立相应的类型节点。整个分析的数据挖掘流如图 12.56 所示。

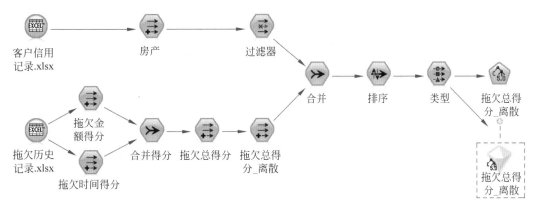

图 12.56　分析拖欠程度的数据挖掘流

通过属性重要性分析发现,户籍和个人收入对拖欠程度影响最大,车辆情况影响较大,性别、年龄和保险缴纳影响较小,其他因素几乎没有影响,其中个人收入、车辆情况都可以反映一个人的经济实力,因此拖欠程度和客户的经济实力最相关,其次是户籍、年龄、性别和保险缴纳。

因为"拖欠总金额"是与客户的总收入有关的,客户的总收入越高越能申请到高额度的信用卡,继而容易产生大金额的拖欠,而低收入的客户因为额度的关系,可能很难发生相应金额的拖欠,所以前面在分析拖欠程度时,很显然与客户收入大大相关,但"逾期天数"和客户总收入并不十分相关,因此可以单独考虑。

在拖欠历史记录数据表中对客户的"逾期天数"进行离散化评估得到"逾期天数_离散",如图 12.57 所示。

```
公式:
1  if (逾期天数 <= 30) then '轻度逾期'
2    else if (逾期天数 <= 90) then '中度逾期'
3      else if (逾期天数 <=115) then '重度逾期'
4        else '严重逾期'
5      endif
6    endif
7  endif
```

图 12.57　逾期天数离散化评估

然后对客户信用记录表进行初步处理,将"居住类型"中的"自购房"等同于"有房","租房"和"其他"等同于"无房"。

对两个数据集进行初步处理后,以"逾期天数_离散"为目标,性别、年龄、婚姻状态、户籍、教育程度、职业类别、工作年限、个人收入_连续、保险缴纳、车辆情况、房产为输入条件建立相应的类型节点。分析拖欠时间的数据挖掘流如图 12.58 所示。

在预测变量重要性分析中可以看到工作年限对拖欠时间影响最大,个人收入影响较大,户籍、职业类别、教育程度和性别影响较小。

如图 12.59 所示,在决策树中可以发现具有哪些特征的客户比较容易长时间拖欠。

（1）工作年限≤4 的客户(约占拖欠客户总数的 30%)大多数为轻度逾期,但对于教育程度为"大专""高中"和男性的"硕士及以上"的客户有重度逾期的倾向。

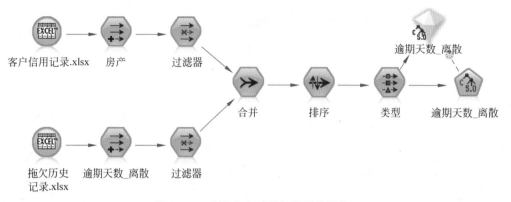

图 12.58　分析拖欠时间的数据挖掘流

```
工作年限 <=4 [模式：轻度逾期]
    教育程度 = 初中及以下 [模式：轻度逾期] ⇒ 轻度逾期
    教育程度 = 大专 [模式：重度逾期] ⇒ 重度逾期
    教育程度 = 本科 [模式：轻度逾期]
    教育程度 = 硕士及以上 [模式：严重逾期]
    教育程度 = 高中 [模式：严重逾期] ⇒ 严重逾期
工作年限 >4 [模式：重度逾期]
    户籍 in ["上海"] [模式：中度逾期]
    户籍 in ["内蒙古"] [模式：中度逾期] ⇒ 中度逾期
    户籍 in ["北京"] [模式：中度逾期]
    户籍 in ["吉林""新疆""西藏"] [模式：严重逾期] ⇒ 严重逾期
    户籍 in ["四川""天津""广东""江苏""江西""甘肃""辽宁"] [模式：重度逾期] ⇒ 重度逾期
    户籍 in ["宁夏"] [模式：重度逾期]
    户籍 in ["安徽"] [模式：重度逾期]
    户籍 in ["山东"] [模式：重度逾期]
    户籍 in ["山西"] [模式：重度逾期]
    户籍 in ["广西"] [模式：重度逾期]
    户籍 in ["河北"] [模式：重度逾期]
    户籍 in ["河南"] [模式：重度逾期]
    户籍 in ["浙江"] [模式：重度逾期]
    户籍 in ["海南"] [模式：中度逾期]
    户籍 in ["湖北"] [模式：重度逾期]
    户籍 in ["湖南"] [模式：重度逾期]
    户籍 in ["福建"] [模式：重度逾期]
    户籍 in ["贵州"] [模式：重度逾期]
    户籍 in ["重庆"] [模式：中度逾期]
    户籍 in ["陕西"] [模式：重度逾期]
    户籍 in ["青海"] [模式：轻度逾期]
    户籍 in ["黑龙江"] [模式：中度逾期]
```

图 12.59　C5.0 算法分析拖欠时间的决策树

(2) 工作年限＞4 的客户(约占拖欠客户总数的 70%)大多数为重度逾期,户籍此时对客户的逾期倾向影响很大,呈现明显的地域性差异。

银行在对用户进行信用评分时,可以酌情增加工作年限的比重。因为工作年限虽然在欺诈的判断模型中重要性不是很高,但对于用户的拖欠时间评判却有着非常高的重要性。

12.4.5　基于回归分析逾期客户特征

通过回归分析用户的人口属性对于拖欠行为的具体影响。因为“拖欠总金额”是和客户的总收入有关的,客户的总收入越高越能申请到高额度的信用卡,继而容易产生大金额的拖欠,而低收入的客户因为额度的关系,产生不了较大金额的拖欠,拖欠时间更能够反映用户的拖欠程度,拖欠时间越久,用户越可能不履行还款的义务,银行损失这笔贷款的可能性就越大。这里以用户是否拖欠为因变量来分析逾期客户的特征,如表 12.5 所示。

表 12.5 数据来源与说明

变量类型	变量名	详细说明	取值范围	备注
因变量	是否拖欠	0-未拖欠,1-拖欠	0/1	只取整数
自变量——客户因素	性别	定性变量(2 水平)	男、女	男性占比 71.01%
	年龄	单位:岁	18～80	只取整数
	婚姻状况	定性变量(4 水平)	离异/丧偶/未婚/已婚	未婚占比 65.12%
	户籍	定性变量(30 水平)	全国各省	
	教育程度	定性变量(5 水平)	初中及以下/高中/大专/本科/硕士及以上	本科占比 49.36%
	居住类型	定性变量(3 水平)	租房/自购房/其他	租房占比 68.74%
	职业类型	定性变量(5 水平)	个体户/国有企业/私营企业/外资企业/其他企业	私营企业占比 59.71%
	工作年限	单位:年	0～50	只取整数
	保险缴纳	定性变量(2 水平)	有/无	有占比 66.75%
	车辆情况	定性变量(2 水平)	有/无	无占比 65.85%

使用"合并"节点,将"客户号"作为合并的关键字,将信用记录和逾期记录表进行合并,选择"包含匹配和不匹配的记录(完全外部连接)",并对重复的字段进行滤除,将拖欠历史记录中的客户号、卡号、额度进行过滤,如图 12.60 所示。

图 12.60 "合并"节点结果预览

可以看到,未发生拖欠的用户记录中,拖欠相关的字段为 null,需要应用"填充"节点对这些字段进行填充,使用"填充"节点,将"拖欠标识""拖欠总金额""逾期天数"字段设置为填入字段,替换选项选择"空值",替换为 0,如图 12.61 所示。

为了减少户籍字段取值数多对算法的影响,使用"重新分类"节点将各省份聚集为"华北""华中""华南""西北""西南""东北""华东"等大区,如图 12.62 所示。

由于拖欠用户数占比极少,因此在"分区"节点中使用 80% 的记录作为训练集,20% 的记录作为测试集,增加"自动分类"节点,设置字段的目标变量和输入变量,并使用分区,如图 12.63 所示,在"专家"选项卡中选择所有分类模型。

综合实训:银行信用卡欺诈与拖欠行为分析

254

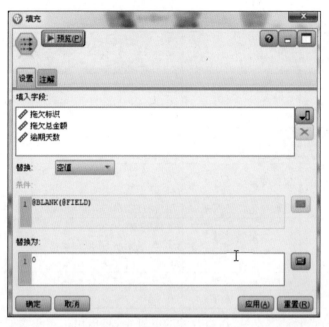

图 12.61 "填充"节点属性设置

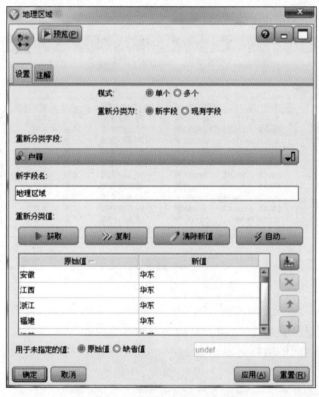

图 12.62 "重新分类"节点属性设置

　　运行自动分类获得效果最好的 3 个分类模型,结果如图 12.64 所示。对比输入变量包含省份或地理区域两种情况下的结果,发现模型的总体精确性几乎没有差别,但对结果模型详情进行查看,发现输入变量的显著性方面,以省份作为变量效果更佳。

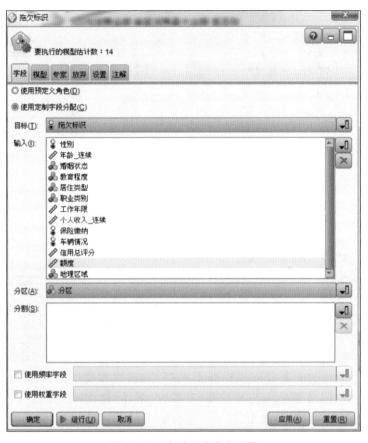

图 12.63 自动分类节点设置

是否...	图形	模型	构建时间(分钟)	最大利润	最大利润发生比率	增益(前 30...	总体精确性 (%)	使用的字段数	曲线下方面积
✔		Logistic 回归 1	1	-20.0	0	1.808	95.175	13	0.653
✔		C5 1	1	-54.11	0	1.000	95.092	13	0.5
✔		CHAID 1	1	-9.167	0	2.186	95.092	6	0.77

图 12.64 "自动分类"运行结果

选择结果较优的逻辑回归作为客户特征分析模型,详细的分析过程如图 12.65 所示,其中逻辑回归模型中的输入变量和目标变量与"自动分类"模型相同,在"专家"选项卡中选择"专家"模式,并且评估各个预测变量的重要性。

综合实训:银行信用卡欺诈与拖欠行为分析

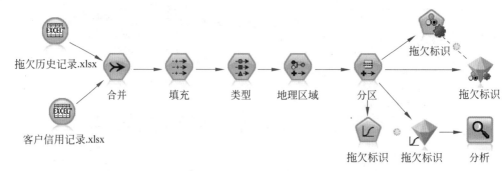

图 12.65　基于逻辑回归分析逾期客户的特征

运行逻辑回归模型并查看生成的模型结果,如图 12.66 所示,可以看到其显著性 Sig 指标为 0,但模拟 R^2 指标偏低,说明拟合较差。

Model Fitting Information

Model	Model Fitting Criteria			Likelihood Ratio Tests		
	AIC	BIC	-2 Log Likelihood	Chi-Square	df	Sig.
Intercept Only	1924.811	1931.278	1922.811			
Final	1845.185	2174.968	1743.185	179.626	50	.000

Pseudo R-Square	
Cox and Snell	.037
Nagelkerke	.111
McFadden	.093

图 12.66　回归模型拟合性能

图 12.67 显示了回归分析模型的具体结果,展示了各个变量的详细影响。从图中可以得出,具有较高显著性的变量(Sig 指标低于 0.05)为教育程度(本科、高中)、居住类型(其他)、保险缴纳(无)、信用等级(良好)、户籍(安徽、广东、河北、湖北、湖南、西藏)。无保险缴纳的用户拖欠高于有保险缴纳的用户。

12.4.6　根据消费历史分析客户特征

信用卡业务能够给银行带来巨大的利益,同时也存在潜在的风险。信用卡业务的两面性要求银行对用户进行分类,按照用户的价值和用户的风险对用户细分,从而对不同类别的用户采取不同的营销措施。

12.4.7　基于聚类分析客户特征

对客户的日常信用卡消费统计结果数据进行挖掘,从而实现客户分类,对于客户细分可应用聚类分析,详细的过程如图 12.68 所示。首先对数据进行审核,查看数据的完整性和分布特点,然后应用自动聚类来选择合适的聚类方法,经过比较发现 K-Means 算法的区分度最高,所以应用这种算法对客户数据进行聚类。

为了分析各变量的完整性和数据分布特点,应用数据审核节点对消费历史数据进行探索,如图 12.69 所示。可以看到,数据分布并不符合标准正态分布,特别是个人收入变量相差较大,标准差也很大。

单击"质量"界面,查看各输入变量的质量,如图 12.70 所示。可以看到没有数值缺失、空值、空白值等问题。

在图形板中应用散点图矩阵对日均消费金额、日均次数、单笔消费最小金额、单笔消费最大金额进行可视化显示,并以是否存在欺诈行为作为颜色标记,红色表示有欺诈行为,如图 12.71 所示。

拖欠标识[a]		B	Std. Error	Wald	df	Sig.	Exp(B)	95% Confidence Interval for Exp(B)	
								Lower Bound	Upper Bound
1.0	Intercept	-5.412	.901	36.110	1	.000			
	个人收入_连续	.000	.000	1.843	1	.175	1.000	1.000	1.000
	年龄_连续	-.010	.008	1.633	1	.201	.990	.976	1.005
	[教育程度=本科]	.785	.314	6.236	1	.013	2.193	1.184	4.062
	[教育程度=初中及以下]	.503	.385	1.703	1	.192	1.653	.777	3.518
	[教育程度=大专]	.138	.356	.151	1	.697	1.148	.572	2.305
	[教育程度=高中]	1.208	.363	11.056	1	.001	3.347	1.642	6.823
	[教育程度=硕士及以上]	0[b]	.	.	0	.	.	.	.
	[居住类型=其他]	1.125	.426	6.979	1	.008	3.080	1.337	7.095
	[居住类型=自购房]	.283	.555	.259	1	.611	1.327	.447	3.939
	[居住类型=租房]	0[b]	.	.	0	.	.	.	.
	[职业类别=个体户]	.321	.261	1.513	1	.219	1.379	.826	2.301
	[职业类别=国有企业]	-.654	.436	2.250	1	.134	.520	.221	1.222
	[职业类别=其他企业]	.487	.336	2.104	1	.147	1.627	.843	3.140
	[职业类别=私营企业]	.119	.212	.312	1	.577	1.126	.743	1.707
	[职业类别=外资企业]	0[b]	.	.	0	.	.	.	.
	[保险缴纳=无]	.449	.209	4.592	1	.032	1.566	1.039	2.360
	[保险缴纳=有]	0[b]	.	.	0	.	.	.	.
	[车辆情况=无]	1.012	.519	3.796	1	.051	2.751	.994	7.614
	[车辆情况=有]	0[b]	.	.	0	.	.	.	.
	[信用等级=A-优质客户]	-.535	.473	1.280	1	.258	.586	.232	1.479
	[信用等级=B-良好客户]	-.852	.252	11.417	1	.001	.427	.260	.699
	[信用等级=C-普通客户]	-.075	.148	.259	1	.611	.927	.694	1.240
	[信用等级=D-风险客户]	0[b]	.	.	0	.	.	.	.
	[户籍=安徽]	1.651	.653	6.396	1	.011	5.211	1.450	18.733
	[户籍=北京]	.609	.691	.776	1	.378	1.838	.474	7.119
	[户籍=福建]	1.054	.695	2.301	1	.129	2.868	.735	11.193
	[户籍=甘肃]	.478	.779	.377	1	.539	1.613	.350	7.427
	[户籍=广东]	1.424	.628	5.144	1	.023	4.153	1.213	14.213
	[户籍=广西]	.274	.781	.123	1	.726	1.315	.284	6.079
	[户籍=贵州]	.781	.728	1.148	1	.284	2.183	.524	9.102
	[户籍=海南]	.987	.706	1.956	1	.162	2.683	.673	10.703
	[户籍=河北]	1.789	.640	7.815	1	.005	5.983	1.707	20.971
	[户籍=河南]	.718	.724	.984	1	.321	2.050	.496	8.464
	[户籍=黑龙江]	1.149	.693	2.744	1	.098	3.153	.810	12.273
	[户籍=湖北]	1.534	.661	5.378	1	.020	4.636	1.268	16.950
	[户籍=湖南]	1.539	.662	5.398	1	.020	4.659	1.272	17.064
	[户籍=吉林]	.670	.746	.805	1	.370	1.953	.452	8.432
	[户籍=江苏]	.810	.746	1.176	1	.278	2.247	.520	9.705
	[户籍=江西]	.813	.705	1.327	1	.249	2.254	.565	8.980
	[户籍=辽宁]	.055	.783	.005	1	.944	1.057	.228	4.905
	[户籍=内蒙古]	.328	.779	.178	1	.673	1.389	.302	6.394
	[户籍=宁夏]	1.304	.683	3.642	1	.056	3.682	.965	14.046
	[户籍=青海]	1.223	.675	3.282	1	.070	3.397	.905	12.754
	[户籍=山东]	1.026	.695	2.182	1	.140	2.791	.715	10.895
	[户籍=山西]	.252	.778	.105	1	.746	1.286	.280	5.913
	[户籍=陕西]	1.291	.674	3.665	1	.056	3.637	.970	13.642
	[户籍=上海]	.773	.649	1.419	1	.234	2.165	.607	7.721
	[户籍=四川]	1.036	.682	2.308	1	.129	2.817	.740	10.722
	[户籍=天津]	1.033	.693	2.222	1	.136	2.810	.722	10.926
	[户籍=西藏]	1.839	.875	4.418	1	.036	6.291	1.132	34.955
	[户籍=新疆]	.517	1.179	.192	1	.661	1.677	.166	16.917
	[户籍=浙江]	1.060	.693	2.343	1	.126	2.887	.743	11.224
	[户籍=重庆]	0[b]	.	.	0	.	.	.	.
	[性别=男]	.091	.156	.339	1	.560	1.095	.807	1.485
	[性别=女]	0[b]	.	.	0	.	.	.	.
	[婚姻状态=离异]	.396	.306	1.673	1	.196	1.486	.815	2.707
	[婚姻状态=丧偶]	-17.085	.000		1	.	3.802E-8	3.802E-8	3.802E-8
	[婚姻状态=未婚]	.107	.157	.462	1	.497	1.113	.818	1.515
	[婚姻状态=已婚]	0[b]	.	.	0	.	.	.	.

图 12.67　逾期回归分析结果

综合实训：银行信用卡欺诈与拖欠行为分析

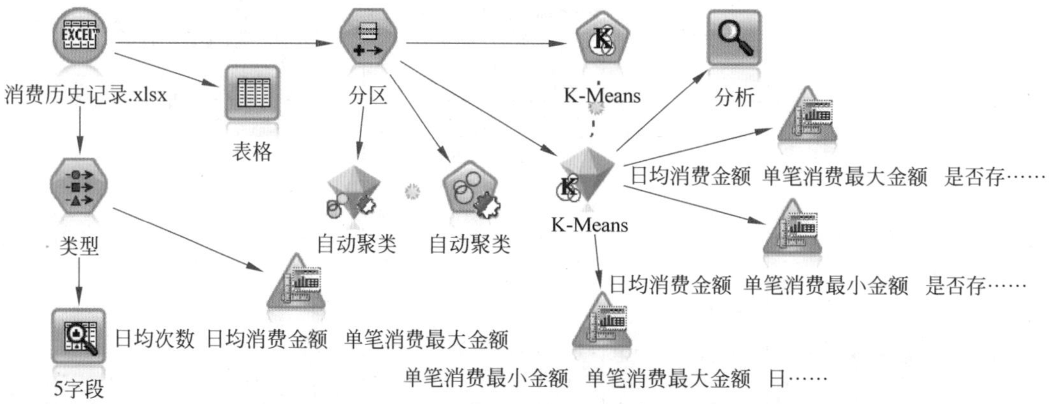

图 12.68 客户聚类分析流程图

字段	样本图形	测量	最小值	最大值	平均值	标准差	偏度	唯一	有效
日均消费金额		连续	30.000	81797.000	8588.844	19410.212	2.851	–	5954
日均次数		连续	1.000	28.000	3.017	2.139	3.256	–	5954
单笔消费最小金额		连续	1.500	6052.300	767.326	1520.346	2.390	–	5954
单笔消费最大金额		连续	30.300	500000.000	32985.127	61030.249	5.663	–	5954
个人收入_连续		连续	10416.000	9900000000.000	58940691.965	2226598764.237	44.241	–	5954

图 12.69 变量质量审核结果

完整字段(%): 100%　完整记录(%): 100%

字段	测量	离群值	极值	操作	缺失插补	方法	完成百分比	有效记录	空值	字符型空值	空白	空白值
日均消费金额	连续	0	545	无	从不	固定	100	5954	0	0	0	0
日均次数	连续	201	37	无	从不	固定	100	5954	0	0	0	0
单笔消费最小金额	连续	24	690	无	从不	固定	100	5954	0	0	0	0
单笔消费最大金额	连续	126	122	无	从不	固定	100	5954	0	0	0	0
个人收入_连续	连续	19	951	无	从不	固定	100	5954	0	0	0	0

图 12.70 各变量的质量审核结果

4个变量形成矩阵关系,图中16个图形左下角与右上角为横纵坐标对称,通过观察日均次数与日均消费金额散点图,可以看到呈现明显的聚类效应,且日均消费金额较低的客户欺诈行为较多。

在单笔消费最小金额与日均消费金额的散点图中,两个聚类均具有一定的线性关系,随着日均消费金额的增长,单笔消费最小金额也在快速提高,但其增长率在下降,即在较高的日均消费能力下,单笔消费最小金额增长较慢。

在单笔消费最大金额与日均消费金额散点图中,随着日均消费金额的增长,单笔消费最大金额呈现先慢后快的趋势。

在日均次数与单笔消费最小金额、单笔消费最大金额的散点图中,日均次数不具有区分能力,但单笔消费最小金额具有更高区分度,在单笔消费最大金额和单笔消费最小金额较低的情况下,欺诈行为较多。

在单笔消费最小金额和单笔消费最大金额的散点图中,在两者呈现在不同阶段的线性

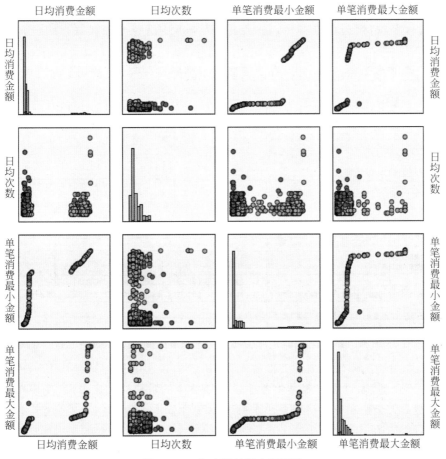

图 12.71　各变量的散点图矩阵

关系,在单笔消费最小金额增长的情况下,单笔消费最大金额变化并不明显,但在达到畸点时,单笔消费最大金额呈几何级增长。

从各散点图中的簇类分布情况可以看出,日均消费金额、单笔消费最小金额、单笔消费最大金额均具有较强的分类能力,如图 12.72 所示。

是否使…	图形	模型	构建时间 (分钟)	轮廓	聚类 数	最小 聚类 (N)	最小 聚类 (%)	最大 聚类 (N)	最大 聚类 (%)	最小/ 最大	重要性
☑		K-m…	< 1	0.897	5	6	0	2624	86	0.002	0.0
☐		两步 1	< 1	0.820	2	461	15	2571	84	0.179	0.0
☐		Koh…	< 1	0.461	11	6	0	1031	34	0.006	0.0

图 12.72　各变量的散点图矩阵

综合实训:银行信用卡欺诈与拖欠行为分析

在 K-Means 聚类中选择日均消费金额、日均次数、单笔消费最小金额和单笔消费最大金额作为输入字段,聚类数选 5 个,在"专家"选项卡中选择专家模式,参数为默认值,如图 12.73 所示。

运行模型,得到聚类结果,可以看到模型的聚类质量较高,达到 0.8 的轮廓系数值,如图 12.74 所示。

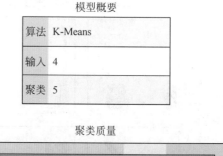

模型概要

算法	K-Means
输入	4
聚类	5

聚类质量

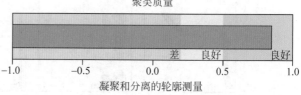

图 12.73　K-Means 聚类自变量选择　　　　图 12.74　K-Means 聚类模型结果

查看聚类的大小,发现最大的类别占比为 88.3%,最小的聚类只有 0.1%,说明聚类的类别数量并不合理,通过观察聚类中各变量在聚类中的重要性和区分度,发现单笔消费金额、单笔消费最大金额和单笔消费最小金额的重要性基本一致,除 88.3% 之外的几个簇的区别并不明显,如图 12.75 所示。

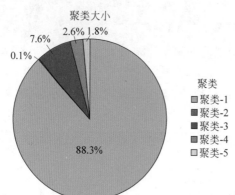

最小聚类大小	5(0.1%)
最大聚类大小	5256(88.3%)
大小的比率: 最大聚类比最小聚类	1051.20

图 12.75　K-Means 聚类各类别分布情况

保留模型的其他参数不变,K-Means 的聚类数量改为 2,并重新运行模型,得到新的模型结果,达到 0.9 的轮廓系数,图 12.76 是两种聚类的详细分类依据,从中可以看出,90.8% 的用户单笔消费最大金额低于 20 473 万元,单笔消费最小金额低于 326 元,日均消费金额少于 2488 元,可以归为一般客户,除此之外的 9.2% 用户为优质客户。

为了查看两个聚类下各自变量的分布情况,同时选中两个类别,在聚类比较界面可以看到不同类在单笔消费最大金额、单笔消费最小金额、日均消费金额中均有较大的不同,而日均次数几乎没有差别,说明其重要程度最低,如图 12.77 所示。

输入(预测变量)重要性

■1.0 ■0.8 ■0.6 ■0.4 □0.2 □0.0

聚类	聚类-1	聚类-2
标签		
描述		
大小	90.8% (5409)	9.2% (545)
输入	单笔消费最大金额 20 473.52	单笔消费最小金额 5145.18
	单笔消费最小金额 326.22	日均消费金额 69 134.74
	日均消费金额 2488.36	单笔消费最大金额 157 159.97
	日均次数 3.00	日均次数 3.17

图 12.76　输入变量的分类阈值

聚类比较

■聚类-1 ■聚类-2

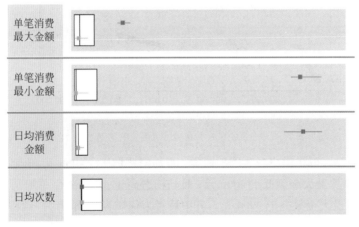

图 12.77　不同聚类的输入变量分布情况

　　为了查看聚类中最重要的两个自变量之间的关系,使用图形板分析两者的散点图分布,用颜色区分是否存在欺诈行为,红色表示存在欺诈行为。如图 12.78 所示,用户分为两类:日均消费金额低于 10 000 元,单笔消费最小金额低于 4500 元为聚类 A,而日均消费金额高于 60 000 元,单笔消费最小金额高于 4500 元为另一个聚类 B,其中 A 中单笔消费最小金额低于 1000 元的用户存在更多的欺诈行为,需要重点关注。而 B 中单笔消费最小金额高于5000 元的用户无欺诈行为,说明这部分人群为优质客户中的最优客户。

261

第12章

综合实训:银行信用卡欺诈与拖欠行为分析

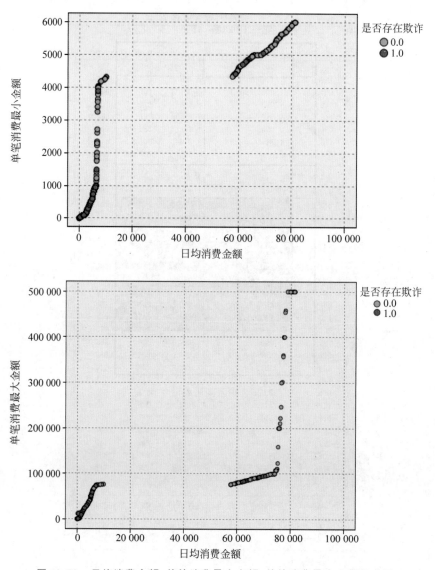

图 12.78 日均消费金额、单笔消费最小金额、单笔消费最大金额散点图

如图 12.79 所示,可将用户分为以下两类:日均消费低于 10 000 元,单笔消费最小金额低于 4400 元,单笔消费最大金额低于 9000 元;日均消费高于 59 000 元,单笔消费最小金额高于 4400 元,单笔消费最大金额高于 9000 元。其中后者为优质客户,前者为一般客户。

使用三维散点图展示日均消费金额、单笔消费最大金额、单笔消费最小金额之间的关系,以及由此构成的聚类特征,可以直观地看到三个变量在两种类别人群的分布情况。

12.4.8 基于客户细分的聚类分析

根据用户的历史消费记录,通过用户的日均消费金额、日均次数等可以划分用户给银行带来的价值,通过用户是否存在欺诈、拖欠得分(由拖欠金额和拖欠时间综合得到)、信用评分可以衡量用户潜在的风险。信用评分是对用户潜在风险的一个总体体现,包含用户的人口属性。对每一个持卡人可以划分 5 类特征,分别是日均消费金额、日均次数、是否欺诈、拖

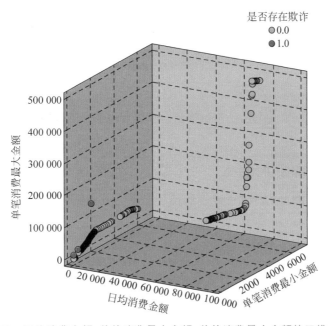

图 12.79　日均消费金额、单笔消费最大金额、单笔消费最小金额的三维散点图

欠得分和信用评分。

　　持卡人的 5 类特征可以分别进行排序。其中日均消费金额、日均次数、信用评分三个特征将数据分级为 5 部分,并对每一部分的客户赋予 1~5 的值。例如对于日均消费金额,最高的一组用户赋值为 5,中间的三组用户分别赋予 4、3、2,日均消费金额最低的一组用户值为 1。这样处理之后,记日均消费金额得分为 M,日均次数得分为 F,信用评分得分为 C。对于这三类特征的用户,得分越高说明客户的价值越高,或者风险越低。

　　在是否存在欺诈和拖欠得分两类特征的计算中,将未产生欺诈和拖欠的用户特征值记为 0。为了加重欺诈行为对于用户的惩罚,将产生欺诈的用户得分记为 5,无欺诈的用户得分设置为 0。而拖欠的用户按照拖欠得分的高低,从低到高分别赋值为 1~5。记处理后的欺诈特征值为 A,拖欠得分特征值为 D。对于这两类特征,得分越高说明用户的风险越高。具体计算方法如图 12.80 所示。

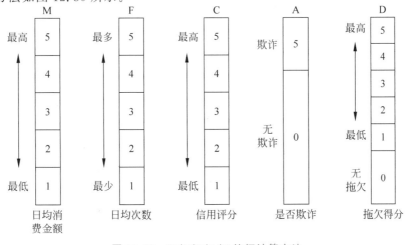

图 12.80　M/F/C/A/D 特征计算方法

综合实训:银行信用卡欺诈与拖欠行为分析

使用"过滤器"节点，将"客户号""卡号"等标识用户个人的变量过滤。删除本次分析的无效变量"拖欠标识""拖欠总金额"等字段，只剩下与用户人口属性有关的字段，如图 12.81 所示。

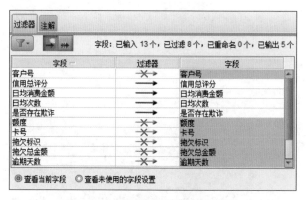

图 12.81　"过滤器"节点属性设置

使用"分级"节点，将用户的日均消费金额、日均次数、信用总评分、是否欺诈、拖欠得分进行分级处理，得出具体的 M、F、C、A、D 等级值，每级拥有相同的用户数量，使用 K-Means 算法按照用户的价值和风险分析用户的具体分类。具体设置如图 12.82 所示。

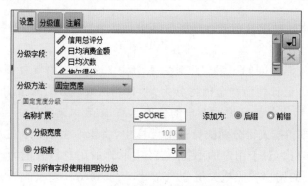

图 12.82　"分级"节点属性设置

基于这种特征计算方法，M、F 值均高的为高价值客户，均低的为低价值客户；C 值高，A、D 值均低的为低风险客户，C 值低，A、D 值高的为高风险客户。根据获取的用户交易数据，计算每个用户的 M、F、C、A、D 值，调用 K-Means 聚类算法将用户聚为 9 个簇，如图 12.83 所示。

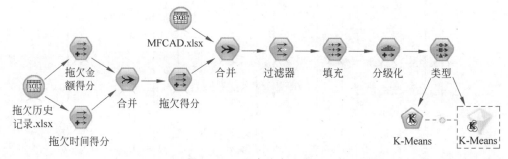

图 12.83　用户分类流程图

设置聚类数量为 9,图 12.84 显示模型的聚类效果良好,在可以接受的范围内。表 12.6 显示聚类后结果得到的 9 个簇、各个簇的编号以及对应的 5 个特征值。

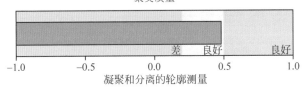

图 12.84　聚类模型质量

表 12.6　M/F/C/A/D 特征值的聚类结果

簇　号	M	F	C	A	D
1	1.81	2.00	1.75	5.00	0.01
2	4.41	4.99	3.90	5.00	4.02
3	4.15	4.66	4.08	0.00	0.01
4	3.15	4.94	1.49	5.00	1.85
5	2.48	3.04	3.08	0.00	3.64
6	1.42	3.92	2.69	5.00	3.12
7	4.01	1.99	4.04	0.00	0.00
8	2.48	3.04	3.08	0.00	3.64
9	1.75	4.68	1.95	0.00	0.01

对于所得到的 9 个簇,每个簇对应一类用户,用户按照价值和风险分类分为 9 类,如图 12.85 所示。

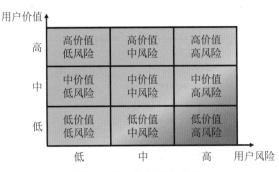

图 12.85　用户细分类别

按照 5 个特征值的定义方法,M、F 值越高的用户,价值就越高,反之价值越低;C 值越高的用户,风险就越低,反之风险越高;A、D 值越高的用户,风险就越高,反之风险越低。通过各个聚类的特征值比较,对 9 个簇分别划分类别,结果如表 12.7 所示。

表 12.7　用户分类及对应的聚类簇号

价　　值	高　风　险	中　风　险	低　风　险
高价值	2	4	3
中价值	6	8	7
低价值	1	5	9

对得到的 9 类用户,分别统计各类用户在总用户中的人数和所占百分比,得到的结果如表 12.8 所示。

表 12.8　各类别用户数量及所占比例

簇　　号	用户类别	用户数量/人	用户占比/%
1	低价值、高风险	1961	32.9
2	高价值、高风险	100	1.7
3	高价值、低风险	699	11.8
4	高价值、中风险	111	1.9
5	低价值、中风险	25	0.4
6	中价值、高风险	26	0.4
7	中价值、低风险	2298	38.6
8	中价值、中风险	31	0.5
9	低价值、低风险	703	11.8

这样的分类考虑了用户的价值和风险,引入了用户的人口属性来评估风险,可以有效地考虑到用户潜在的风险性。为银行的信用卡业务管理提供了参考,对不同类别的用户制定不同的营销策略,达到良好的服务效果。例如"高价值、低风险"的用户应当为其提供优质的服务,挽留这样的用户以防其流失。对于"低价值、高风险"的用户,则应适当加强管控,提高服务费。

练习题　将本案例使用 Python 语言进行改写,指出分析过程中可能存在的问题。

1. 以下哪种可视化图表适合用于比较不同类别的数据？（   ）

A. 条形图　　　　　　B. 饼图　　　　　　C. 散点图　　　　　　D. 折线图

2. 在进行可视化分析时，以下哪些事项不需要注意？（   ）

A. 选择合适的图表类型来展示数据

B. 确保图表的标题和标签清晰明确

C. 颜色和图例对区分不同的数据不重要

D. 确保数据的准确性和完整性

3. 以下哪种可视化图表适合用于显示数据的趋势和变化？（   ）

A. 饼图　　　　　　　B. 散点图　　　　　C. 折线图　　　　　　D. 条形图

4. 以下哪种可视化图表适合用于显示各类别数据的占比？（   ）

A. 条形图　　　　　　B. 饼图　　　　　　C. 散点图　　　　　　D. 折线图

5. 在特征变量选择过程中，以下哪种方法最适合用于识别对目标变量具有最大影响的变量？（   ）

A. 逻辑回归　　　　B. 决策树　　　　　C. K 均值聚类　　　D. 随机森林

6. 以下哪种算法使用信息增益率作为特征选择的准则？（   ）

A. ID3　　　　　　　B. CHAID　　　　　C. C4.5　　　　　　　D. CART

7. 以下哪种算法使用基尼指数作为特征选择的准则？（   ）

A. ID3　　　　　　　B. CHAID　　　　　C. C4.5　　　　　　　D. CART

8. 以下哪种算法使用随机子空间的方式构建多个决策树并进行集成学习？（   ）

A. 随机森林　　　　B. AdaBoost　　　　C. ID3　　　　　　　D. CART

9. 剪枝是决策树算法中的一种策略，以下哪种说法是正确的？（   ）

A. 剪枝是为了增加决策树的深度　　　　B. 剪枝是为了减少决策树的复杂度

C. 剪枝是为了增加决策树的准确性　　　D. 剪枝是为了减少决策树的准确性

10. 决策树剪枝过程中，以下哪种方法可以通过评估子树的性能来决定是否进行剪枝？（   ）

A. 预剪枝　　　　　B. 后剪枝　　　　　C. 剪枝因子　　　　D. 剪枝准则

11. 随机森林是一种基于决策树的集成学习算法，它通过什么机制提高模型的准确性？（   ）

A. 随机选择树的层次　　　　　　　B. 随机选择样本子集

C. 随机选择划分点　　　　　　　　D. 随机选择树的数量

12. 决策树算法中，剪枝的目的是什么？（   ）

  A. 提高模型的准确性   B. 减少模型的复杂度

  C. 增加模型的深度   D. 改善模型的稳健性

13. 分类和聚类在数据挖掘中的关系是什么?(   )

  A. 分类是一种有监督学习方法,而聚类是一种无监督学习方法

  B. 分类和聚类是完全相同的概念,只是使用的术语不同

  C. 分类和聚类都是用于数据预处理的方法

  D. 分类和聚类是用于数据可视化的方法

14. 在数据挖掘中,以下哪种方法可以将数据分为预定义的类别?(   )

  A. 分类   B. 聚类

  C. 回归   D. 关联规则挖掘

15. 在数据挖掘中,以下哪种方法可以将数据根据相似性进行分组?(   )

  A. 分类   B. 聚类

  C. 回归   D. 关联规则挖掘

16. K-means算法的目标是什么?(   )

  A. 最小化数据点与聚类中心的距离 B. 最大化数据点与聚类中心的距离

  C. 最小化聚类中心之间的距离   D. 最大化聚类中心之间的距离

17. K-means算法的步骤包括以下哪些操作?(   )

  A. 随机初始化聚类中心,计算数据点与聚类中心的距离,更新聚类中心,重复直到
   收敛

  B. 随机选择一个数据点作为聚类中心,计算数据点与聚类中心的距离,更新聚类
   中心,重复直到收敛

  C. 随机选择K个数据点作为聚类中心,计算数据点与聚类中心的距离,更新聚类
   中心,重复直到收敛

  D. 随机选择K个数据点作为聚类中心,计算数据点与聚类中心的距离,合并最近
   的聚类中心,重复直到收敛

18. K-means算法适用于处理哪种类型的数据?(   )

  A. 连续型数据   B. 离散型数据

  C. 混合型数据   D. 任意类型的数据

19. 在K-means聚类算法中,异常点(Outliers)可能对聚类结果产生哪些影响?(   )

  A. 增加聚类的准确性   B. 导致聚类中心偏离真实数据分布

  C. 使聚类结果更加稳定   D. 对聚类的计算时间没影响

20. 层次型聚类是一种基于什么原理的聚类算法?(   )

  A. 划分数据点到不同簇中   B. 基于密度的聚类

  C. 基于距离的聚类   D. 基于概率的聚类

21. Kohonen神经网络是一种什么类型的聚类算法?(   )

  A. 划分聚类算法   B. 密度聚类算法

  C. 层次聚类算法   D. 自组织聚类算法

22. 层次型聚类算法的特点是什么?(   )

  A. 不需要事先指定聚类个数   B. 必须指定聚类个数

C. 只适用于数值型数据   D. 只适用于分类问题

23. 在使用 K-means 算法时,应该如何选择合适的聚类个数?(　　　)

    A. 可以不考虑问题的先验知识选择

    B. 通过尝试不同聚类个数并评估聚类结果选择

    C. 根据数据样本的个数选择

    D. 聚类个数对结果没有影响

24. 在使用 K-means 算法进行聚类时,以下哪种情况可能导致结果不稳定?(　　　)

    A. 初始聚类中心的选择   B. 数据样本的顺序

    C. 数据的维度   D. 聚类个数的选择

25. CART 决策树算法生成的决策树是什么类型的树?(　　　)

    A. 二叉树   B. 多叉树   C. 平衡树   D. 多叉树

26. 数据挖掘过程中的数据清洗指什么?(　　　)

    A. 从数据源中获取数据   B. 对数据进行预处理和转换

    C. 剔除无关或重复的数据   D. 对数据进行可视化分析

27. 数据挖掘过程中的特征选择指什么?(　　　)

    A. 从原始数据中提取有用的特征   B. 对数据进行可视化展示

    C. 对数据进行预测和分类   D. 对数据进行聚类分析

28. 数据挖掘过程中的模型评估指什么?(　　　)

    A. 对数据进行可视化展示   B. 对数据进行预测和分类

    C. 对模型的性能进行分析和比较   D. 对数据进行预处理和转换

29. 数据挖掘过程中的模型训练指什么?(　　　)

    A. 对数据进行可视化展示

    B. 对数据进行预测和分类

    C. 对模型进行参数调整,从而最大限度地拟合数据

    D. 对数据进行预处理和转换

30. 数据挖掘过程中的特征工程指什么?(　　　)

    A. 从原始数据中选择最重要的特征

    B. 对数据进行可视化展示

    C. 对数据进行预处理和转换,以提取更有用的特征

    D. 对数据进行聚类分析

31. 在数据挖掘中,以下哪种方法不适合处理数据中的空值?(　　　)

    A. 删除包含空值的行   B. 使用平均值填充空值

    C. 使用中位数填充空值   D. 使用随机值填充空值

32. 在数据挖掘中,以下哪种方法最适合处理连续型数据的空值?(　　　)

    A. 删除包含空值的行   B. 使用众数填充空值

    C. 使用线性插值填充空值   D. 使用决策树算法填充空值

33. 在数据挖掘中,以下哪种方法最适合处理分类型数据的空值?(　　　)

    A. 删除包含空值的行   B. 使用平均值填充空值

    C. 使用众数填充空值   D. 使用 KNN 算法填充空值

习 题

34. 以下哪种方法可以处理时间序列数据的空值?(　　)

    A. 删除包含空值的行 　　　　　　　　B. 使用前一个值填充空值

    C. 使用后一个值填充空值 　　　　　　D. 使用平均值填充空值

35. 以下哪种方法可以处理多个特征之间的关联空值?(　　)

    A. 删除包含空值的行 　　　　　　　　B. 使用均值填充空值

    C. 使用随机森林算法填充空值 　　　　D. 使用聚类算法填充空值

36. 随机森林中的哪个参数可以控制决策树的最大深度?(　　)

    A. n_estimators 　　　　　　　　　　B. max_features

    C. max_depth 　　　　　　　　　　　 D. min_samples_split

37. 在进行随机森林参数优化时,什么是格点搜索(Grid Search)?(　　)

    A. 随机选择参数进行优化

    B. 通过遍历指定的参数组合来寻找最佳参数

    C. 使用随机森林自动调整参数

    D. 使用交叉验证来选择最佳参数

38. 在数据挖掘中,哪种可视化技术常用于展示分类变量之间的关系?(　　)

    A. 散点图 　　　　B. 热力图 　　　　C. 饼图 　　　　D. 条形图

39. 在关联规则挖掘步骤中,哪种可视化技术常用于展示频繁项集和关联规则?(　　)

    A. 散点图 　　　　B. 条形图 　　　　C. 饼图 　　　　D. 网络图

40. 在聚类分析步骤中,哪种可视化技术常用于展示数据点之间的相似性和聚类结果?(　　)

    A. 散点图 　　　　B. 雷达图 　　　　C. 热力图 　　　　D. 饼图

41. 支持向量机的目标是什么?(　　)

    A. 最大化决策边界 　　　　　　　　　B. 最小化决策边界

    C. 最大化分类准确率 　　　　　　　　D. 最小化分类错误率

42. 以下哪种说法是错误的?(　　)

    A. 与逻辑回归相比,支持向量机更适合处理高维数据

    B. 与决策树相比,支持向量机更适合处理非线性可分问题

    C. 与朴素贝叶斯相比,支持向量机对于处理小样本数据更有效

    D. 与神经网络相比,支持向量机更不容易解释和理解

43. 在 DBSCAN 算法中,核心对象指什么?(　　)

    A. 数据集中周边样本数比较多的数据点

    B. 数据集中的噪声点

    C. 数据集中的边界点

    D. 数据集中的稀疏点

44. 在 DBSCAN 算法中,Eps 和 MinPts 是两个重要的参数。其中,Eps 表示什么?(　　)

    A. 数据点的密度阈值 　　　　　　　　B. 簇内数据点的距离阈值

    C. 簇间数据点的距离阈值 　　　　　　D. 数据点的邻域半径

45. 在聚类算法性能评估中,哪种指标常用于衡量簇内数据点的紧密度?(　　)

    A. 轮廓系数 　　　　　　　　　　　　B. Dunn 指数

C. Calinski-Harabasz 指数　　　　　　D. Jaccard 系数

46. DBSCAN 是一种基于密度的聚类算法,其主要思想是什么?(　　　)
    A. 将数据点划分为不同的簇,使簇内的数据点密度较高,簇间的数据点密度较低
    B. 将数据点划分为不同的簇,使簇内的数据点距离较近,簇间的数据点距离较远
    C. 将数据点划分为不同的簇,使簇内的数据点方差较小,簇间的数据点方差较大
    D. 将数据点划分为不同的簇,使簇内的数据点平均值较大,簇间的数据点平均值较小

47. 在数据预处理步骤中,哪种可视化技术常用于检测数据中的异常值?(　　　)
    A. 散点图　　　　　B. 饼图　　　　　C. 折线图　　　　　D. 条形图

48. 在变量相关性分析中,相关系数的取值范围是多少?(　　　)
    A. $-1\sim1$　　　　B. $0\sim1$　　　　C. $0\sim100$　　　　D. $-\infty\sim+\infty$

49. 在数据挖掘中,哪种方法常用于计算变量之间的线性相关性?(　　　)
    A. K-means 聚类　　　　　　　　　　B. 主成分分析
    C. 皮尔逊相关系数　　　　　　　　　　D. 决策树算法

50. 在数据挖掘中,数据衍生指什么?(　　　)
    A. 从原始数据中提取新的特征或变量　　B. 删除无关的数据
    C. 对数据进行可视化展示　　　　　　　D. 将数据转换为不同的格式

51. 哪种数据衍生方法常用于将文本数据转换为数值特征?(　　　)
    A. 独热编码　　　　　　　　　　　　B. 主成分分析
    C. 特征缩放　　　　　　　　　　　　D. 相关系数计算

52. 在数据衍生过程中,特征缩放常用于处理什么?(　　　)
    A. 将数值特征转换为分类特征　　　　　B. 将特征值映射到指定的范围
    C. 提取文本特征　　　　　　　　　　　D. 删除无关的特征

53. 在数据挖掘中,哪种方法常用于处理缺失数据?(　　　)
    A. 删除包含缺失值的样本
    B. 使用均值或中位数填充缺失值
    C. 使用最近邻方法填充缺失值
    D. 使用随机值填充缺失值

54. 在数据预处理中,哪种方法常用于处理离群值(Outliers)?(　　　)
    A. 删除包含离群值的样本或单独处理离群值
    B. 用中位数替换离群值
    C. 使用插值方法替换离群值
    D. 对离群值进行标记

55. 在数据挖掘中,哪种方法常用于将分类变量转换为数值变量?(　　　)
    A. 独热编码　　　　　　　　　　　　B. 主成分分析
    C. 特征缩放　　　　　　　　　　　　D. 相关系数计算

56. 在数据挖掘过程中,为了保护数据隐私,应该采取什么措施?(　　　)
    A. 公开原始数据　　　　　　　　　　B. 将数据备份在多个服务器上
    C. 使用加密技术保护数据传输　　　　　D. 忽略数据清洗步骤

272

57. XGBoost 中的树是如何构建的？（　　）

    A. 垂直分裂　　　　　　　　　　　　B. 水平分裂

    C. 深度优先　　　　　　　　　　　　D. 广度优先

58. 对于分类问题，XGBoost 中的损失函数是什么？（　　）

    A. 平方损失函数　　　　　　　　　　B. 交叉熵损失函数

    C. Hinge 损失函数　　　　　　　　　D. 均方根损失函数

59. 有关支持向量机处理多类别分类问题的说法哪个是错误的？（　　）

    A. 可以处理多分类问题，将每个类别与其他所有类别进行区分

    B. 可以处理多分类问题，将每对类别之间进行区分，在测试阶段统计每个类别的胜出次数最高的类别作为预测结果

    C. 不能处理两个以上类别的分类问题

    D. 可以处理多分类问题，把多分类转换为多个二分类问题

60. AdaBoost 算法中的权重更新是根据什么准则进行的？（　　）

    A. 分类错误率　　　　　　　　　　　B. 分类准确率

    C. 最小化损失函数　　　　　　　　　D. 最大化模型复杂度

图书资源支持

❖❖❖

感谢您一直以来对清华版图书的支持和爱护。为了配合本书的使用,本书提供配套的资源,有需求的读者请扫描下方的"书圈"微信公众号二维码,在图书专区下载,也可以拨打电话或发送电子邮件咨询。

如果您在使用本书的过程中遇到了什么问题,或者有相关图书出版计划,也请您发邮件告诉我们,以便我们更好地为您服务。

❖❖❖

我们的联系方式:

清华大学出版社计算机与信息分社网站: https://www.shuimushuhui.com/

地　　址: 北京市海淀区双清路学研大厦 A 座 714

邮　　编: 100084

电　　话: 010-83470236　010-83470237

客服邮箱: 2301891038@qq.com

QQ: 2301891038（请写明您的单位和姓名）

- -

资源下载: 关注公众号"书圈"下载配套资源。

资源下载、样书申请

书 圈

图书案例

清华计算机学堂

观看课程直播